新编高等职业教育电子信息、机电类规划教材·公共课

# 新编计算机应用基础教程
## （第 4 版）

刘　勇　主　编

黄晓敏
　　　　副主编
彭　斌

张智雄　主　审

電子工業出版社·

**Publishing House of Electronics Industry**

北京·BEIJING

## 内 容 简 介

本书介绍计算机基础知识、中文输入技术、Windows 7 基础、计算机网络基本知识、计算机安全、Internet 知识和应用、中文 Word 2010 基础、文档的编辑、文档版式设计与编排、文档表格处理、图文混排、Excel 2010 工作簿操作、电子表格数据处理、PowerPoint 2010 使用以及 Office 2010 综合应用等内容。

编写过程中突出了实际操作，加强了操作技能的培养，具有语言简练、开门见山、重点突出、图文并茂、理实一体的特点，有助于理实一体的行动导向教学方法的实施。

全书内容涵盖了全国计算机信息高新技术考试办公软件模块操作员级的全部内容和高级操作员级的主要内容，同时也提供了全国计算机等级考试（一级）的主要内容。因此，本教材是高职高专院校和相关中等职业学校计算机应用基础课的理想教材，亦是全计算机信息高新技术考试办公软件应用模块培训的理想教材和全国计算机等级考试（一级）的培训教材，是参加计算机技能职业技能鉴定的好帮手。

**图书在版编目（CIP）数据**

新编计算机应用基础教程/刘勇主编 . —4 版 . —北京：电子工业出版社，2012.7
新编高等职业教育电子信息、机电类规划教材·公共课
ISBN 978 – 7 – 121 – 17601 – 2

Ⅰ. ① 新…　Ⅱ. ① 刘…　Ⅲ. ① 电子计算机 – 高等职业教育 – 教材　Ⅳ. ① TP3

中国版本图书馆 CIP 数据核字（2012）第 158666 号

策　　划：陈晓明
责任编辑：赵云峰　　特约编辑：张晓雪
印　　刷：北京京师印务有限公司
装　　订：北京京师印务有限公司
出版发行：电子工业出版社
　　　　　北京市海淀区万寿路 173 信箱　邮编　100036
开　　本：787×1092　1/16　印张：18.25　字数：467 千字
版　　次：2003 年 8 月第 1 版
　　　　　2012 年 7 月第 4 版
印　　次：2017 年 9 月第 8 次印刷
定　　价：38.00 元

# 前　　言

　　《新编计算机应用基础教程》于 2002 年由电子工业出版社出版第 1 版以来，受到许多读者肯定，2004 年、2008 年又分别两次再版发行。随着软件的升级换代，我们对第 3 版又进行了修订，本次修订选择的软件是 Windows 7、Word 2010、Excel 2010、PowerPoint 2010 等主流软件，同时，也适当地补充了一些流行的病毒查杀软件、木马防患软件和实时通信软件等的应用知识。在修订过程中，我们更加注重为学生设计丰富、实用的学习任务，鼓励学生更多地自主学习，也力求使本课程的教学，能更好地服务于学生学习、使用和管理个人电脑。本教材经过四次修订，是一部成熟的教科书，具有语言简练、开门见山、重点突出、图文并茂、理实一体的特点，既是通俗易懂的教科书，又是较好的计算机操作手册。

　　本书内容涵盖了全国计算机信息高新技术考试办公软件模块操作员级的全部内容和高级操作员级的部分内容，同时也提供了全国计算机等级考试（一级）的主要内容，是高职高专院校和相关中等职业学校计算机应用基础课的理想教材，亦是全计算机信息高新技术考试办公软件应用模块培训的理想教材和全国计算机等级考试（一级）的培训教材，是参加计算机技能职业技能鉴定的好帮手。使用本教材建议安排 70～100 课时，并充分保证学生的上机练习时间。各章后面的习题是典型题，一般要求按顺序全部完成，特别是操作题，在完成书中习题后，可以适当补充全国计算机高新技术考试办公软件应用模块的操作员和高级操作员级的试题汇编中的题目作为课后上机作业，对于参加等级考试的读者，则需适当完成一些课外模拟等级考试题，以加强应试能力。

　　本书第 1、2、5、6、7 章由刘勇老师编写，第 3、4、12 章由彭斌老师编写，第 8、9 章由陆文逸老师编写，第 10、11、13 章由黄晓敏老师编写，主编为刘勇，副主编为黄晓敏、彭斌，主审为张智雄老师。参加本书修订工作的还有刘猛、彭癸业、施越英、万青松老师。对于书中错误之处，恳请读者指正。


编　者
2012 年 3 月于南昌

# 目　　录

# 第1章 计算机基础知识

随着科学技术的进步，计算机技术发展日新月异，其应用范围已从科学计算扩展到非数值处理的各个领域。计算机作为现代文明的一个重要标志，已被世人所认同，并成为人们工作、学习、生活不可缺少的工具之一。

计算机是一种能快速、准确、高效、自动处理和加工信息的现代化电子设备，也称之为电子计算机。它具有高速运算、计算准确、记忆存储、逻辑判断和程序控制下自动操作的性能特点，能帮助人们完成部分脑力工作，所以，计算机又称为电脑。

## 1.1 计算机的发展及应用

### 1.1.1 计算机发展概况

人类在长期劳动生产中，为了提高计算速度，很早就发明并不断改进了各种计算工具。我国从唐宋时代开始使用并流传至今的算盘、1622 年英国数学家奥特瑞德根据对数表设计的计算尺、1642 年法国数学家帕斯卡发明的加法器、1673 年德国数学家莱布尼茨设计的计算器、1834 年英国剑桥大学巴贝奇教授设计的差分机和分析机等都属于计算工具。现代计算机是上述计算工具的继承和发展，并且还将随着科学技术的发展而不断更新换代。

1946 年，电气工程师普雷斯波·埃克特（J. Preeper Eckert）和物理学家约翰·莫奇莱（John William Manchly）教授在美国的宾夕法尼亚大学研制成功了世界上第一台电子计算机 ENIAC（Electronic Numerical Integrator And Calculator，电子数字积分机和计算机）。ENIAC 用了 1800 只电子管，占地 1500 平方英尺，重 30 吨，功率 150 千瓦，运算速度为每秒 5000 次加法运算。ENIAC 的诞生标志着计算机时代的真正开始。

自 ENIAC 的诞生以来，电子计算机已由当初的电子管计算机，发展到现在的超大规模集成电路计算机，运算速度从每秒几千次，提高到现在的每秒几十万亿次，计算机体积越来越小、性能越来越高、造价越来越低、应用越来越广。电子计算机已成为现代人们工作、生活不可或缺的重要工具。

#### 1. 按计算机采用的电子元器件分类

根据计算机所采用的电子元器件的不同，可以把计算机的发展分为如下四个阶段（或四代）：

☞ 第一代：电子管计算机（1946 ~ 1957 年）。

☞ 第二代：晶体管计算机（1958 ~ 1964 年）。

☞ 第三代：集成电路计算机（1964 ~ 1972 年）。

☞ 第四代：超大规模集成电路计算机（1972 年～现在）。

**2. 按计算机发展特征分类**

如果按计算机的发展特征划分，可以将计算机的发展分为三个阶段：

（1）主机阶段（1946～1971 年）。这个阶段的计算机体积大、功能弱、价格高，从而使其应用受到极大限制。

（2）微机阶段（1971 年以来）。自 1971 年首次出现微型计算机起，计算机便进入了微型计算机的高速发展时期。由于微型计算机体积小、功能强、价格低，使得计算机脱去了"贵族"外衣，走近大众，进入普通单位和家庭，成为人们工作、学习和生活的助手。

微型计算机的推出主要是面向个人用户的，所以微型计算机（简称微机）又称为"个人计算机"，即通常所说的"PC 机"（Personal Computer），其外形如图 1-1 所示。

图 1-1　微型计算机

（3）网络阶段（20 世纪 90 年代以来）。计算机基本上是以单机方式工作的，不同的计算机之间没有联系，计算机资源和数据均不能共享。为了解决这个问题，人们开始把若干台计算机联到一起，形成各种计算机网络。目前，计算机网络正处在一个高速发展时期，从一个单位内的局域网，发展到信息传输距离为数公里的城域网，又在局域网和城域网的基础上，将不同的计算机、不同的局域网和城域网联到一个网中，同时将信息传输距离增大到数百公里以上，形成一个范围更广阔的广域网。Internet（因特网）就是最典型的广域网，其传输距离可达数千千米以上。根据中国互联网络信息中心（CNNIC）发布的《第 28 次中国互联网络发展状况统计报告》，截至 2011 年 6 月底，中国网民规模达到 4.85 亿，网络已成为人们工作、生活的重要工具。

## 1.1.2　计算机的主要特点

计算机具备特殊的优良特性，概括起来有如下五个方面：

☞ 处理速度快：目前微型计算机每秒钟进行加减基本运算的次数可高达千万次/秒，巨型计算机则可高达数十万亿次/秒。

☞ 计算精度高：一般的微机的有效位数均可达到 8 位以上，甚至十几位至几十位，这是其他计算工具所无法比拟的。

☞ 存储容量大，存储时间久：计算机的存储器可以临时或永久性地存储程序和大量的原始数据、中间结果及最后结果。

☞ 具有逻辑判断能力：逻辑运算和逻辑判断是计算机的基本功能之一，计算机通过对现场信息的分析和运算，进行逻辑判断，并自动作出不同的选择或对策，从而实现对系统内外部设备的控制和协调，这使得计算机内部的操作和计算都能按照人们预先编好并存入计算机存储器的一组有序代码（即程序）而自动控制进行，进而实现无须人工干预的工作全自动。

☞ 适应范围广，通用性强：由于计算机可以在无人干预的条件下自动完成预定的、需要逻辑判断能力的工作，而且处理速度快、处理能力强，故在当今的信息社会中有着极其广泛的应用，并且处理问题的方法具有通用性。

## 1.1.3　计算机的分类

目前，对计算机的分类主要如下：

☞ 按处理数据的形态可分为：数字计算机，模拟计算机和混合计算机。

☞ 按使用范围可分为：通用计算机和专用计算机。

☞ 按计算机本身的性能可分为：超级计算机，大型计算机，小型计算机，微型计算机和工作站。

超级计算机是速度最快、处理能力最强的计算机。截止 2011 年 10 月，运算速度最高的计算机是日本富士通公司命名为"K"的计算机，其速度为每秒 8.162 千万亿次浮点运算，我国国防科大研制的"天河一号"计算机则以每秒 2.566 千万亿次浮点运算的速度位居世界第二。

随着计算机技术的不断发展，计算机的类型将越来越多，分类方式也会不断改变。从目前的研究情况来看，未来新型计算机很可能在光子计算机、生物计算机和量子计算机等方面取得重大突破。光子计算机用不同波长的光表示不同的数据，利用光子进行数据的存储、传输和运算；生物计算机采用由生物工程技术产生的蛋白质分子构成的生物芯片，信息以波的形式传播，运算速度快、能量消耗低，而且由于蛋白质分子能够自我组合、复制再生，故有望使生物计算机可以像生物一样自我繁殖，成为真正的机器人；量子计算机则是利用处于多现实态下的原子进行数据的存储、传输和运算。

## 1.1.4　计算机的应用领域

现代计算机技术的发展使我们迈入了信息社会的时代，而作为信息社会主要标志的计算机影响着社会的每一个方面，成为我们工作、学习和生活不可缺少的工具之一。计算机的应用主要表现在以下五个领域。

### 1. 科学计算

科学计算又称为数值计算，是电子计算机的重要应用领域之一。由于计算机具有计算速度快，计算精度高的特点，它能够承担起运算量大、精度要求高、时效性强的数值计算课题。例如在数学、核物理学、量子化学、天文学、空气动力学、生物工程等领域。

### 2. 信息处理（数据处理）

信息作为当今社会重要的战略资源，已引起人们广泛的重视。信息处理不同于科学计算，它主要是对数据进行收集、计算、分类、排序、检索、存储、传递、更新等综合性分析工作，从而提炼出有用的信息，以便为人们进行各项活动提供准确的科学依据。从此角度看，计算机又可以称为"信息处理机"。当前大多数个人计算机主要用于信息处理。计算机在现代社会信息处理领域的实际应用主要表现在：办公自动化（Office Automation，OA）；管理信息系统（Management Information System，MIS）；决策支持系统（Descission Support System，DDS）等方面。

### 3. 自动控制

计算机被广泛应用于工业生产过程控制、检测现场信号和控制设备运行。如飞机、导弹等系统的自动控制，这种应用也称为实时控制。实时控制为生产和管理实现高速化、大型化、综合化、自动化带来了极大的方便，从而能有效地提高劳动生产力。

### 4. 计算机辅助系统

计算机辅助系统是指人们利用计算机运算速度快、精确度高、模拟能力强的特点，把传统的经验和计算机技术结合起来，代替人们完成复杂而繁重工作的一门技术系统。计算机辅助设计（Computer Aided Design，CAD）、计算机辅助制造（Computer Aided Manufacturing，CAM）、计算机辅助教学（Computer Aided Instruction，CAI）等都属于计算机辅助系统。

### 5. 人工智能与专家系统

计算机人工智能（Artificial Intelligence，AI）与专家系统（Expert System，ES）是利用计算机具有信息存储和逻辑判断的能力，建立计算机系统的知识、推理、学习及其他类似人的认识和思维能力的一门综合性的计算机应用技术，它被广泛应用于机器人、医学（如医疗诊断系统）、化学（如高分子化合物鉴定专家系统）和地质（如找矿专家系统）等领域。

## 1.2  计算机系统组成

一个完整的计算机系统由计算机硬件系统和软件系统两部分构成。计算机完成一项工作，既需要必备的计算机硬件设备的支持，也需要相应的软件环境的支持。

### 1.2.1  计算机硬件系统的基本组成

硬件是指计算机系统中各种电子器件和机电装置组成的物理设备。硬件系统则是计算机系统中所有硬件设备的总称。

1946 年，冯·诺依曼（Von Neumann，1903~1957）领导的研制小组提出了计算机的结构方案，该方案首次提出计算机应由五个基本部分组成，即运算器、控制器、存储器、输入设备和输出设备。后来人们称计算机的这种体系结构为"冯·诺依曼体系"。冯·诺依曼计算机结构体系的建立被誉为计算机发展史上的里程碑，它标志着电子计算机时代的真正开始。下面简要分别介绍各个部件的主要功能：

### 1. 运算器（Arithmetic Unit）

运算器是计算机中直接执行各种操作的部件。在运算器中进行的主要操作有：算术运算

（如加、减、乘、除）、逻辑运算（如与、或、非），以及其他操作。

运算器主要由算术逻辑单元 ALU（Arithmetic　and Logical Unit）及存放操作数及结果的各种寄存器所组成。ALU 的核心部件是加法器。运算速度和运算精度是运算器的重要指标。

## 2. 控制器（Control Unit）

冯·诺依曼计算机模型是以控制器为中心的。控制器是计算机硬件的指挥中枢，它依据程序给出的操作步骤，控制各部件协调工作。

控制器在工作过程中，根据程序的规定，不断地从存储器中取出指定计算机完成规定操作的命令（取出指令），并进行分析（分析指令），然后完成指令所规定的操作（执行指令）。这样，控制器不断地取出指令、分析指令、执行指令，并发出完成各条指令所需要的各种控制信号，使各部件有条不紊地工作，最终完成一个程序所规定的各种操作。

在大规模集成电路出现以后，微机中常把运算器和控制器集成在一块芯片上，合称为中央处理单元 CPU（Central Processing Unit），它是微型计算机的中枢神经，负责指挥和协调计算机硬件各组成部分协调地工作。

随着工艺技术的不断进步，近年来，将多组中央处理单元集成到一个 CPU 的多核心技术已大量投入实际应用，例如，Intel（R）Core（TM）2 Duo 是广泛应用于个人电脑的双核 CPU，而日本富士通公司研制的高性能计算机"K"则使用 8 核的 CPU。

## 3. 存储器（Memory）

存储器是计算机的记忆装置，用来存放程序和数据。由于有了存储器，计算机具有了记忆功能，存储器是计算机存放信息的"仓库"。

下面介绍关于存储器的几个概念。

（1）存取与存取速度。向存储器里送入信息，通常称为"写入"或"存"，从存储器里取出信息，则称为"读出"或"取"。存取的速度越快越好。

（2）内存储器与外存储器。按存储器与 CPU 之间的关系，存储器可分为内（主）存储器（Main memory）和外存储器（External memory）。内存的存取速度快，可直接与 CPU 交换信息，考虑造价的原因，一般内存的容量不宜太大。为了存放更多的信息，所以配置了外存储器。外存一般容量很大，存取速度相对较慢，造价较低，且外存多为能够永久存放信息的设备。外存不能直接与 CPU 交换信息，它用来存放暂时不用的信息，待 CPU 需要加工其中的信息时，通过内存与外存的信息交换，调入内存，供 CPU 使用，内存暂不操作的信息，又可调到外存保存。常用的外存有：磁盘、磁带、光盘等。

近年来，现出大量的 U 盘、存储卡、记忆棒等快速存储设备，它们均属于闪存（Flash Memory），是一种长寿命的非易失性的存储器，在断电情况下仍能保持所存储的数据信息。

（3）位、字节及存储容量。位（bit）：由于计算机中以二进制形式存储、加工、传输信息，故把二进制的一位称为"位"（bit），常用"b"表示。一个二进制位可以表示两种状态，即"0"和"1"。

字节（Byte）：8 个二进制位称为一个"字节"，用"B"表示。1Byte 为 8bit。

存储容量（Capacity）：一个存储器所包含的存储单元的数量。所谓存储单元就是存储信息的"房间"，在微机中，通常采用 1 个字节作为一个存储单元，它可以存放 8 位二进制信息。

存储容量常用 KB、MB、GB 为单位来表示，它们之间的换算关系如下：

$$1B = 8b$$
$$1KB = 2^{10}B = 1024B$$
$$1MB = 2^{10}KB = 1024KB$$
$$1GB = 2^{10}MB = 1024MB$$

存储容量也是衡量存储器性能的重要指标。

在计算机硬件系统中，将 CPU 与内存合称为主机，将输入、输出设备和外存合称为外部设备。因此，计算机的硬件是由主机和外部设备两大部分组成。

### 4. 输入设备（Input device）

输入设备用来把程序、图形、图像、声音等信息输入计算机。目前微机常用的输入设备是键盘和鼠标。近年来新的输入设备也在不断出现，如光笔，数字化仪，图形扫描仪，声音输入设备等。

### 5. 输出设备（Output device）

输入设备用来把计算机处理的结果、包括中间结果、以及原始输入信息，以人们要求的形式输出。目前常用的输出设备有显示器，各种打印机、绘图仪、声音输出装置等。

将输入设备、输出设备以及外存储器合称为外部设备（Exteral device），简称 I/O 设备。

## 1.2.2 计算机软件的基本组成

前面已经提到，计算机系统由硬件系统和软件系统两部分组成。硬件系统是构成计算机系统的物质基础，是各种物理装置的总称。软件系统是管理和支持计算机运行的各种程序、运行程序所需要的数据、以及有关资料说明和文档的总称。没有软件系统的计算机称为"裸机"。

### 1. 程序与指令

程序是人们预先编好并存入计算机存储器的一组有序代码，计算机只能识别和处理事先约定的二进制代码，这种能被计算机识别和处理的二进制代码被称作指令。构成程序的代码若不是指令，则必须转化为指令后，方可被计算机执行。计算机运行程序的过程，实质上就是对其指令逐条进行分析和执行的过程，有两种信息在执行指令的过程中流动，这就是信息流和数据流。图1-2形象地表示了计算机的工作流程，图中双线箭头表示数据流，单线箭头表示控制信息流。

一台计算机有多种指令，这些指令的集合称为该计算机的指令系统。不同类别的计算机，其指令系统可能是不相同的，这取决于计算机的制造者对指令系统的约定。虽然不同计算机的指令系统不尽相同，但所有指令的基本结构则是相同的，都是由操作码和操作数两部分组成，而且采用二进制编码。操作码用于表明指令要完成的操作类型，如取数、做加法或输出数据等。操作数用于指定操作对象的内容或所在的存储单元地址。例如，0100101101001001是某计算机的一条指令，它一共有 16 位二进制编码，其中左边的高 4 位为操作码，此处 0100 的含义是将计算机的运算器中累加器的内容清除，再将由指令中的操作数指定的运算数据送入累加器，此处的操作数 101101001001 是运算数据所存放的存储单

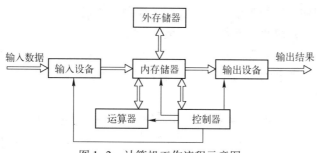

图 1-2　计算机工作流程示意图

元地址码。

计算机执行指令的过程可分为如下四个步骤：

（1）取指令。

（2）分析指令。

（3）执行指令。

（4）准备执行下一条指令。

## 2. 程序设计语言

计算机只能识别和执行用二进制代码表示的指令编写的程序，而这些指令单调、琐碎，不利于人们记忆和使用，为了便于人与计算机的"沟通"，需要一种供人们使用的计算机语言，用于编写计算机程序，这就是程序设计语言。程序设计语言可分为机器语言、汇编语言和高级语言三类。

（1）机器语言。直接用二进制代码表示的指令系统的语言称为机器语言。机器语言是计算机唯一能够识别并直接执行的语言，它无须"翻译"，执行速度快。机器语言实际就是一串串的二进制代码，它虽能被计算机直接识别，但对使用计算机的人来说，这些代码难读、难认、难记、难改，而且由于不同类型的计算机具有各自独特的指令系统，故机器语言的通用性差。

（2）汇编语言。由于机器语言的直观性和通用性差，不利于人们编写程序，所以人们想到了用一些人们熟悉的符号（如英文单词、数字等）来直观地代替机器语言，这样就产生了汇编语言。汇编语言是对机器语言进行"符号化"的程序设计语言。

用汇编语言编写的程序称为汇编语言源程序，计算机不能直接识别它，必须先把汇编语言源程序翻译成机器语言程序（称为目标程序），然后才能被计算机执行。

（3）高级语言。汇编语言的指令和机器语言的指令是一一对应的，它虽然改进了直观性，但通用性差仍然是其致命弱点，终究还是面向机器的低级语言。为了克服机器语言和汇编语言依赖于机器的通用性差的弱点，各种面向人的程序设计语言相继面世，这些语言有两个共同特点：一是与人类的语言比较接近；二是与计算机的硬件无关，通用性好。具有这两个特点的计算机程序设计语言被称之为高级语言。

用高级语言编写的源程序要用翻译的方法把它翻译成机器语言才能被计算机执行。高级语言源程序的翻译方法有"解释方法"和"编译方法"两种。

## 3. 系统软件（System Software）

软件（Software）按其功能不同可分为两类：系统软件和应用软件。

系统软件是指面向计算机系统本身，管理、控制、监视、维护计算机正常运行的各类程序，是最基础、最基本的软件。系统软件一般由计算机的生产厂家提供。系统软件的着眼点是控制和管理计算机系统的资源，使用户能方便地使用计算机，支持用户程序、应用软件的运行。系统软件主要包括操作系统、语言处理程序、数据库管理系统和支持软件、服务程序、标准程序库等四大类。

（1）操作系统（Operating System）。操作系统是最核心的系统软件。主要功能是直接控制和管理计算机系统的硬件、软件资源，使用户充分而有效地应用计算机系统。操作系统是用户与计算机之间的接口，它把一台裸机变成了可操作的、方便灵活的计算机系统。

一个操作系统应包括 5 大功能模块：处理器管理、作业管理、存储器管理、设备管理和文件管理。

操作系统通常分成以下 5 类：

① 单用户操作系统。微软的 MS – DOS、Windows 等属于此类。

② 批处理操作系统。在批处理操作系统中，用户可以把作业一批批地输入系统。IBM 的 DOS/VSE 属于此类。

③ 分时操作系统。该类操作系统的特点是将 CPU 的时间划分成时间片，轮流接收和处理各个用户从终端输入的命令。UNIX 属于此类。

④ 实时操作系统。其主要特点是指对信号的输入、计算和输出都能在一定的时间完成。

⑤ 网络操作系统。这是能够管理网络通信和网络上的共享资源，协调各个主机上任务的运行，并向用户提供统一、高效、方便易用的网络接口的一种操作系统。Novell Netware、Windows NT、Windows Server 等属于此类。

（2）语言处理程序。语言处理程序的功能，就是把汇编语言源程序、高级语言源程序转换成机器语言程序。语言处理程序有如下三类：

① 汇编程序（Assembler）：它的功能是把用汇编语言编写的源程序，转换成由机器指令组成的目标程序，以便计算机执行。

② 解释程序（Interpreter）：把高级语言源程序逐句解释成目标程序并执行，直到程序运行结束。解释执行的特点是边解释边执行，及时提示运行（或出错）信息，便于人机交互和调试程序，但是运行速度较慢。

③ 编译程序（Compiler）：把高级语言源程序经过编译、连接，形成完整的目标程序后再去执行，中间不能进行人工干预，执行速度较快。

（3）数据库管理系统（Data Base Management System）。数据库（Data Base，DB）可以理解为存储数据的仓库，它是按一定组织方式存储的相关的数据集合，这些数据不仅彼此关联而且可动态变化。数据库管理系统（DBMS）是对数据库进行管理的软件。

（4）支持软件、服务程序、标准程序库。为方便用户及系统维护人员操作和管理计算机，逐渐出现了各种服务通用的、标准的方法库、程序库，以及各种用于编辑、测试、诊断、修复等支持软件。

### 4. 应用软件（Application Software）

应用软件是专门为某一问题或特定用户而编制的面向具体问题和具体用户的软件，它以计算机硬件为基础，在系统软件支持下运行。应用软件的种类很多，如图形软件，文字处理软件，财会软件，辅助设计软件，及模拟仿真软件等。这些应用软件是可以随时删改和更改的。

### 1.2.3　多媒体计算机系统

#### 1. 多媒体技术

多媒体（Multimedia）技术是用计算机综合处理文本、图形、动画、音频及视频影像等多种信息，并使这些信息建立逻辑连接的一种技术。由于计算机只能接受二进制数，所以，文本、图形、动画、声音、视频影像等多媒体信息，首先必须转换成二进制编码信息，然后应用压缩技术将其进行压缩，以解决大容量信号存储和传输的困难，再将压缩信息交 CPU 加工处理，处理完毕后，还要解压缩并转换成音像设备可以接受的信号。

#### 2. 多媒体计算机

多媒体个人计算机（Multimedia Personal Computer，简称 MPC）是指具有多媒体处理功能的个人计算机。按照以 Microsoft 为首的主要多媒体开发厂商成立的组织——"多媒体个人计算机工作组"制定的 MPC3 标准，一台多媒体个人计算机，应该是一台以计算机为基础的，具有必要的音频、视频输入输出处理设备（如麦克风、音箱、声音卡、视频卡等）、乐器数字接口、CD – ROM 等设备的硬件系统。

多媒体计算机系统由多媒体计算机和计算机软件（含必要的多媒体处理软件）组成。

## 1.3　数据编码

电子计算机中的存储器是由许多电子线路单元组成的，每个单元有两种状态，分别可以表示 0 和 1。因此，一个单元可模拟一个二进数位（bit），而一个 8 位的二进制数，可以用 8 个单元来模拟。计算机的内存储器通常是由集成电路组成，其中包含几百万甚至几亿个电子线路单元。

数据可分为数值、字符文字、图形图像、声音和视频等形式。由于计算机内部采用二进制数方法存储，所以任何形式的数据，用电子计算机存储、传输和处理前，都必须将其转换为二进制形式。因此，学习计算机的人，都有必要了解二进制数。

### 1.3.1　几种常用的进位计数制

#### 1. 十进制数

这是大家熟悉的数制，其特征是：

☞ 可使用 0、1、2、3、4、5、6、7、8、9 十个数字（称作基数为 10）。

☞ 按"逢十进一"方法运算。

#### 2. 二进制数

其特征是：

☞ 可使用 0、1 二个数字（即基数为 2）。

☞ 按"逢二进一"方法运算。

例如，$(110101)_2 + (1110001)_2 = (10100110)_2$。其中：括号外的下标 2 表示该数为二进制数。以下我们约定：一个数括号外的下标为该数的基数，无下标的数为十进制数。

### 3. 十六进制数

其特征是：

☞ 可使用 0、1~9 和 A、B、C、D、E、F（分别代表 10~15）共十六个数字（基数为 16）。

☞ 按"逢十六进一"方法运算。

例如，$(97A3E)_{16} + (216E2)_{16} = (B9120)_{16}$。

## 1.3.2 不同数制间的转换

### 1. 其他进制数化为十进制数

由十进制数的计算公式：

$$(abcde.fg)_{10} = a \times 10^4 + b \times 10^3 + c \times 10^2 + d \times 10^1 + e \times 10^0 + f \times 10^{-1} + g \times 10^{-2}$$

不难理解，若基数为 N，便有如下计算公式：

$$(abcde.fg)_N = a \times N^4 + b \times N^3 + c \times N^2 + d \times N^1 + e \times N^0 + f \times N^{-1} + g \times N^{-2}$$

按这个公式，任何进制的数都可以化成十进制数。例如，

$$(10100110)_2 = 1 \times 2^7 + 0 \times 2^6 + 1 \times 2^5 + 0 \times 2^4 + 0 \times 2^3 + 1 \times 2^2 + 1 \times 2^1 + 0 \times 2^0 = 166$$

$$(B2E)_{16} = B \times 16^2 + 2 \times 16 + E = 11 \times 16^2 + 2 \times 16 + 14 = 2862$$

$$(104)_8 = 1 \times 8^2 + 4 = 68$$

### 2. 十进制数化为二进制数

（1）整数部分。十进制整数转换为二进制，通常用"除 2 取余法"，即将十进制整数反复除以 2，直到商为 0，然后将每次相除所得之余数依次排列（第一个余数为最低位），就得到二进制形式的数。

例如，将 156 化为二进制数：

| 除数 | 被除数 | 余数 |
|:---:|:---:|:---:|
| 2 | 156 | |
| 2 | 78 | 0 |
| 2 | 39 | 0 |
| 2 | 19 | 1 |
| 2 | 9 | 1 |
| 2 | 4 | 1 |
| 2 | 2 | 0 |
| 2 | 1 | 0 |
| | 0 | 1 |

所以，156 = (10011100)₂。

十进制整数化为二进制数的口诀是：除 2 取余、从下到上（即：写结果时从最后一个余数开始向上依次取余数作为二进制数的从左到右的数字）。

（2）小数部分。将十进制小数转换为二进制，通常采用"乘 2 取整法"，即将小数部分不断乘以 2，直到其小数部分变为 0 后，再将每次相乘所得乘积之整数部分（1 或 0）依次排列作为小数部分各位数字，第一次相乘所得乘积的整数部分为最高位，这样就得到二进制形式的数。

例如，将 0.375 化为二进制数：

$$
\begin{array}{cl}
\text{取整} & \begin{array}{l}\text{被乘数} \\ \text{（小数）}\end{array} \\
 & 0.375 \\
 & \times\quad 2 \\
0 & \leftarrow\boxed{0}.75 \\
 & \times\quad 2 \\
1 & \leftarrow\boxed{1}.5 \\
 & \times\quad 2 \\
1 & \leftarrow\boxed{1}.0
\end{array}
$$

所以，0.375 = (0.011)₂。

上述过程亦可以用一口诀概括：乘 2 取整、从上到下。

### 3. 二进制数与十六进制数之间的转换

（1）十六进制数化为二进制数。一个 1 位十六进制数，可由 4 位二进制数表示。要将一个十六进制数化为二进制数，只需将其每个十六进制数字分别用一个 4 位的二进制数替换，就得到相应的二进制数。

例如，将 (B2.E)₁₆ 化为二进制数：
由于 (B)₁₆ = 11 = (1011)₂、(2)₁₆ = (0010)₂、(E)₁₆ = (1110)₂
所以，(B2E)₁₆ = (10110010.1110)₂ = (10110010.111)₂

可见，将一个十六进制数化为二进制数，只要对十六进制数的各位数字"一分为四"即可。

（2）二进制数化为十六进制数。二进制数化为十六进制数的做法正好与上述方法相反，是"合四为一"。具体方法为：从小数点开始，向左、向右每四位一组（不足四位补 0），每组用一个十六进制数字表示。

例如，将 (101001.101)₂ 化为十六进制数：
(101001.101)₂ = (0010,1001.1010)₂ = (29.A)₁₆

## 1.3.3　数值的二进制编码

数值的二进制编码主要分为定点数和浮点数。定点数约定小数点隐含在某一固定位置。定点数又分定点整数和定点小数两种。定点整数是将小数点固定在数的最低位之后，表示整数；定点小数是将小数点固定在数的最高位之前，表示纯小数。

浮点数约定小数点的位置不固定，随实际的数据大小变动。浮点数的表示方法，与数值的科学记数法相似，也由两部分组成，即尾数和阶码，底数是事先约定的，在机器中不出现。数值在存放时用一个数位表示数的正负，0 表示正，1 表示负。

## 1.3.4 字符的二进制编码

字符分为西文字符和中文字符。与数值相比较，字符是不能做算术运算的数据。

### 1. ASCII 码

计算机处理的不仅是数值，也有字符，如人名、地名、单位名等等。这些非数值性的字符必须先化为二进制编码，才能存储到计算机中供计算机处理。在计算机中普遍使用的字符编码为 ASCII 码（American National Standard Code for Information Interchange），原是美国国家标准，1967 年被定为国际标准。ASCII 码给 94 个字符、34 个控制符规定了编码。94 个字符中包括了 10 个数字、26 个大写英文字母和 26 个小写英文字母、标点符号以及其他常用符号等。大致情况是：0~9 的 ASCII 码是 48~57；A~Z 的 ASCII 码为 65~90；a~z 的 ASCII 码为 97~122。在进行字符排序时，均是按相应字符的 ASCII 码值来比较大小。

西文字符除了常用 ASCII 码外，还有一种较有影响的编码，这就是 EBCDIC 码（Extended Binary Coded Decimal Interchange Code，扩展的二——十进制交换码），这种编码主要用于大型机器中（如 IBM 系列大型机），它采用 8 位二进制编码，可以对 256 个字符进行编码。

### 2. 汉字的编码

汉字的象形文字，其编码远比英文等拼音文字困难得多。由于键盘一直是作为计算机的标准输入设备，故此，为将汉字输入计算机内，首先，要将汉字转为汉字输入码，输入码的码元与键盘的键位是对应的，然后，将汉字输入码转换为机内码存储在计算机中，为了输出显示汉字，还要有用于在显示器或打印机输出的字模，也叫汉字字形码，在机内码与字形码之间，用汉字地址码实现两者的对应转换。

（1）汉字输入码。汉字输入码是用计算机标准键盘上的键位组合来对汉字进行编码。汉字输入码的编码方案很多，按汉语拼音编码的为音码类编码，按汉字的字形笔画编码的为形码类编码。如，全拼、双拼、自然码和智能 ABC 等都属音码类，而五笔字型、郑码输入法则属于形码类。

为了方便更多的用户群体，近年来输入码的编码方案趋向于智能化和人性化，各种基于模式识别的语音识别输入、手写输入和扫描输入等不断推出，微软公司在其新推出的 Office XP 中提供了和联机手写输入功能，语音识别输入功能使计算机用户只要口述就能完成汉字的录入，而联机手写输入功能使录入者可以像用笔写字一样输入汉字。

（2）汉字国标码。1980 年我国公布了《信息交换用汉字编码字符集·基本集》，国家标准代号为 GB2312-80。其中为 6763 个常用汉字和 682 个其他符号分配了标准编码，并将其分为若干个区，每个区有 94 个汉字，用区号和位号构成了区位码，区号和位号各加 32 就构成国标码。

（3）汉字机内码。汉字国标码占用两个字节，其每个字节的最高位为 0。英文字符的机内码是 7 位 ASCII 码，最高位也为 0。为了在计算机内部区分汉字编码和 ASCII 码，将国标码的两个字节的最高位都改为 1，便得到对应汉字的机内码。即，汉字国标码的每个字节的最高位改为 1 就是汉字的机内码。可见，每个汉字机内码的每个字节都大于 128，而每个西文字符的 ASCII 码值都是小于 128。例如，"华"字的汉字国标码为 $(00111011\ 00101010)_2$，其汉字机内码便是 $(10111011\ 10101010)_2$。

（4）汉字字形码。汉字字形码是用于显示和输出的字模，主要有点阵和矢量两种表示方法。用点阵表示字形时，有 $16 \times 16$ 点阵、$24 \times 24$ 点阵、$32 \times 32$ 点阵和 $48 \times 48$ 点阵等。在 $16 \times 16$ 点阵字模中，有 16 行 16 列共 256 个方格，每个方格对应一个二进制数位，像小学生用方格法描图一样，被字迹覆盖的方格对应的二进制数位为 1，否则为 0。显然，点阵越大，字形就越精细美观，但所占存储空间也越大。矢量表示方法存储的是描述汉字字形轮廓特征，矢量字模的质量高于点阵字模，而且不会因为字的放大而失真。Windows 中使用的 TrueType 技术就是采用了矢量表示方法。

（5）汉字地址码。汉字字形码在汉字字库中的相对位移地址称为汉字地址码。只通过地址码才能在汉字库中找到相应的汉字字形码。

此外，由于世界上使用汉字的地区很多，这些地区也有相应的汉字编码。如我国台湾地区广泛使用的是"大五码"（BIG-5），海外华人用得较多的是 HZ 码。

除了数值和字符数据外，计算机还能处理大量的图形、图像、音频、视频等多媒体信息。与数值和字符数据一样，多媒体信息在计算机内也只能以二进制形式存储、传输和处理，多媒体数据的编码一般要经过采样、量化和编码三个阶段，最后形成多媒体数据的二进制编码。为了保证多媒体信息不失真，采样必须有足够的密度，这样数据量就非常之大，故处理多媒体信息的难题之一就是多媒体数据的压缩编码问题，只有较好地解决了这个问题才能实现用计算机有效地处理多媒体信息。

# 1.4　计算机汉字输入技术

## 1.4.1　微机键盘简介及操作方法

目前，计算机的输入设备越来越多，但常用的输入设备仍是键盘。尽管键盘输入速度慢、使用不方便，但由于其价格便宜、设备简单，目前仍然被广泛采用。

### 1. 键位的分布和使用特点

通常键盘分为五个区域：打字键区、控制键区、状态指示区、数字键区和功能键区。以下我们逐个介绍。

（1）打字键区。微机上使用得最多的是 101 键盘和 104 键盘。二者相差不大，后者只是多了三个 Windows 专用键位。如图 1-3 所示为一个 104 键盘。

打字键区包括：字母键（(A~Z) 26 个、数字键（0~9）10 个、专用符号键（如 |+|、|-|、|\*|、|\\|、|?|等）11 个，特殊功能键（如 |Enter|、|Ctrl|、|Alt|等）11 个，共计 58 个键（有些键位上标有两个字符，称为双字键，如 |%|、|5|）。除特殊功能键外，它的键位安排与英文打字机键盘的键位安排完全相同。

图 1-3　104 键盘图

打字键区内特殊功能键简介：

Backspace 或 ←— 键——退格键，位于打字键区右上角。它具有退格及删除字符功能，此键每击一下，光标向左移动一个字符，并且把光标左侧的字符删掉。

Enter——回车键（有时也用 <┘ 符号表示），在中英文输入软件中，按下此键可使光标移到下一行行首。在 DOS 命令状态下或许多程序设计语言中，按下此键表示命令输入完毕，计算机开始执行命令或程序。

Space——空格键，是打字键区中最长的键，每按一次产生一个空格，光标向右移动一个字符位置。

Caps lock——大小写锁定键，此键为反复键，即按一次可将英文字母锁定为大写状态（此时 Caps lock 指示灯亮），再按一次，又将英文字母锁定为小写状态（此时 Caps lock 指示灯灭）。初始状态为小写锁定状态。

Shift——换档键，位于打字键区左右两侧各一个。主要用于字母大、小写的临时转换或取双字符上部符号。使用时，在按下 Shift 键的同时，键入所需要的字符。

Tab——制表键，位于 Caps lock 键上方。在文本编辑软件中按下此键，屏幕光标向右移动 8 个空格的位置。

Ctrl——控制键，位于键盘最下面一行，两侧各一个。在通常情况下很少单独使用，往往和其他键组合，用来完成多种功能。如：Ctrl + Alt + Del，这三个键组合，完成重新启动计算机功能。

Alt——交替换档键，位于空格键两侧各一个。与 Ctrl 键功能相似，可与其他的键组合完成一些特定的控制功能。

另外还有三个印有图标的键位，其中两个标有"▦"符号，分别位于两个 Alt 键旁边，它们用于打开或关闭 Windows 操作系统的开始菜单（与鼠标单击开始菜单效果相同）；另外一个位于右 Ctrl 键旁边的键，则是用于在 Windows 操作系统下打开或关闭快捷菜单（通常与按下鼠标右键作用相同）。

（2）控制键区（编辑键区）。控制键区共有 13 个键，有两组控制光标移动的功能键和 3 个控制键。两组光标控制键主要用于对光标上下左右移动的控制。

$\boxed{\text{Insert}}$——插入/改写转换键。插入状态时，可在光标处插入一个字符。再按此键变为改写状态。

$\boxed{\text{Delete}}$——删除键，删除光标右侧的一个字符，光标位置不变。

$\boxed{\text{Pgup}}$——向上翻页。

$\boxed{\text{PgDn}}$——向下翻页。

$\boxed{\text{Home}}$——将光标移至行首。

$\boxed{\text{End}}$——将光标移至行尾。

$\boxed{\text{PrintScreenSysRq}}$——屏幕复制。

$\boxed{\rightarrow}$、$\boxed{\uparrow}$、$\boxed{\leftarrow}$、$\boxed{\downarrow}$——光标移动键。

（3）数字键区。数字键区又称为小键盘，小键盘区键位的分布与计算器上的键位分布相同，它由数字键（0～9）、运算键（$\boxed{+}$、$\boxed{-}$、$\boxed{*}$、$\boxed{/}$）及控制键等 17 个键组成。该键区主要是在大批量输入数字时使用。

$\boxed{\text{Num lock}}$——数字锁定控制键，此键具有锁定功能。主要用于小键盘与光标控制键的切换。当 Num lock 指示灯亮，则小键盘上数字有效；灯灭，光标控制键有效。

$\boxed{\text{Del}}$——删除键，与控制键区的 $\boxed{\text{Delete}}$ 键作用相同。

$\boxed{\text{Ins}}$——插入/$\boxed{\text{改写}}$状态转换键。插入状态时，可在光标处插入字符。

（4）状态指示区。状态指示区一般有 Num lock、Caps lock 、Scroll Lock 三个指示灯，用来指示这些功能键的锁定状态。

（5）功能键区。功能键区共有 13 个键，分别为 $\boxed{\text{Esc}}$ 和 $\boxed{\text{F1}}$ ～ $\boxed{\text{F12}}$ 键，它们的作用在不同的软件系统中有不同的定义（也可由用户自己定义）。如在 WPS 系统中，功能键 $\boxed{\text{F3}}$ 定义为放弃存盘并退回到主菜单；在 FoxBASE 系统中，功能键 $\boxed{\text{F3}}$ 储存 List 这条命令，按 $\boxed{\text{F3}}$ 相当于键入 List 命令。有时，这些功能键还可以和一些控制键联合使用来实现一些特定的功能。

$\boxed{\text{Esc}}$——退出键。该键位于键盘的左上角，常常用于中止或退出命令的执行状态。

## 2. 键盘操作基本方法

（1）正确的姿势。坐姿——坐姿端正，高度适当，两脚自然平放；腰背挺直，身体稍向前倾，与打字桌的距离约 20～30 厘米。

手姿——两肩放松，上臂贴身，下臂与手腕向上倾斜，手指略弯，自然下垂，拇指放在空格键上，其余八指放在基准键位上。

正确的姿势如图 1-4 所示。

（2）手指指法。手指指法即手指分工，就是把键盘上的全部字符合理地分配给两手的十个手指。手指分工如图 1-5 所示。

图 1-4　打字姿势

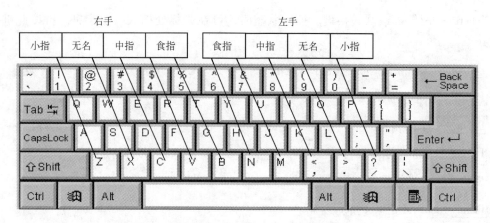

图 1-5　手指分工

此外，大拇指负责按空格键，打字键区的其他键一般由相应的小指负责。当手指不按键时，双手除大拇指外的手指应自然地处在"A、S、D、F、J、K、L、；"这八个键位上方，这八个键也叫基准键。

（3）指法练习要点。

① 手指必须严格遵守指法的规定，分工明确，任何不按指法要点的操作都必然造成指法混乱，严重地影响速度的提高和差错率的降低。

② 初学时就要严格要求自己，否则一旦养成错误指法的习惯，正确的指法就难以学会。

③ 每当手指到上下行键位去"执行任务"后，一定要习惯地回到各自的基准键位上，这样，再击别的字符键时，就不会错位，且平均移动的距离比较短，便于提高击键速度。

④ 不要按键，而应手指轻击键。击键要短促、有弹性。

⑤ 击键应用手指的指肚部分击键，不可用指尖或手指伸直击键。

⑥ 用拇指侧面击空格键，右手小指击回车键。

⑦ 击键力度应适中，节奏均匀。

⑧ 击键时尽量不要看着键盘，坚持练习盲打，使手指熟悉键盘。

（4）手形和击键方面易出现的错误。

① 手指无弹性，一按到底。

② 击键时手指形态变形，手指翘起。手形掌握不好是初学时常见的现象。

③ 手腕搁在桌子上打，没有悬腕。打字与写毛笔字一样，必须悬腕。

④ 小指缺少力量，击键不到位。

⑤ 空格键只会用右手拇指控制，左手拇指不会用。一开始就要养成左右拇指都能控制空格键的习惯。

⑥ 坐姿不端正，座位高低不适当。

## 1.4.2　拼音输入法与区位码输入法

用计算机处理汉字信息，必须要将汉字录入到计算机。用键盘将汉字录入到计算机，首先要将汉字用键盘上的键符进行编码，然后通过相应的软件在计算机内部完成编码转换为汉字的工作。用键盘录入汉字时，通常是根据汉字的字形或字音，用小写字母或数字等编码。

以下介绍的输入法均是汉字键盘输入方法。

## 1. 拼音输入法

拼音码是以国家文字改革委员会公布的汉语拼音方案为基础的输入编码。由于拼音输入法简单易学，只要掌握汉语拼音便可以输入汉字，所以使用较普遍，所有汉字操作系统都至少配备了一种拼音输入方法。但由于汉字同音字为数众多，故重码很多，拼音字母键入后还必须进行同音字选择，所以输入速度较慢。

拼音输入法有很多版本，但都大同小异，主要可分为全拼和双拼两类。

（1）全拼输入法。用相应的字母作为拼音字母，形成汉字输入码，直接在键盘上输入。如：在键盘上键入"wei"后，在候选提示区便出现"未"、"为"等汉字供选择，用户只要键入相应汉字前的序号即可完成一个汉字的输入。若输入完编码后，所需的汉字在候选区没有出现，则可用键"+"向后查找。按"-"键则向前查找。

注意韵母"ü"要用"v"代替。

（2）双拼输入法。双拼输入法依据汉字读音和双拼输入键位表（见表1-1）对汉字进行编码。每个汉字对应两键，第一键为声母，第二键为韵母。

表1-1　双拼输入键位表

| 键 位 | a | b | c | d | E | f | g | h | i | j | k | l | m |
|---|---|---|---|---|---|---|---|---|---|---|---|---|---|
| 声母 |  | b | c | d |  | f | g | h | ch | j | k | l | m |
| 韵母 | a | ou | iao | uang、iang | E | en | eng | ang | i | an | ao | ai | uiang |
| 键位 | n | o | p | q | R | s | t | u | v | w | x | y | z |
| 声母 | n |  | p | q | R | s | t | sh | zh | w | x | y | z |
| 韵母 | in | ouo | un | iu | uaner | ue | u | uiue | iaua | ie | uaiü | ei | ing |

## 2. 区位码输入法

区位码是指国家标准信息交换汉字编码 GB2312－80 中汉字的区位编码。

区位码把国标汉字分为 94 个区，其中 1～15 区是字母、数字、符号；16～87 区为一、二级汉字。每区分 94 位，其中一级汉字是从第 16 区 01 位到第 55 区 89 位，二级汉字是从第 56 区 01 位到第 87 区 94 位。在区位码中区码在前，取 01～94；位码在后，取 01～94。这样每个汉字就可以用一组十进制区码和位码（4 位数字）来表示。区位码需四键输入，先输入区号后输入位号（当区码或位码是一位数时，则前面补 0，输入时应输入 01 到 09）。

如：双（4311）、至（5443）、荠（6089）、Ω（0624）、Σ（0618）、20.（0236）。

如果在键入区位码过程中，发现输入了错误的数字，可以按一下 Enter 键，将错误输入的数字去掉，重新输入。

区位码的特点：

（1）四键输入一个汉字或其他字符。

（2）每一区位码对应一个汉字或字符，没有重码。

（3）区位码较难记忆，输入不方便，主要用于设计报表时输入字符使用，以及用于键盘上没有的字符（如日文、希文、俄文字母和罗马数字等）的输入。

# 习　题　1

1.1　计算机硬件由_____、_____、_____、_____和_____五个部分组成。

1.2　计算机系统由_____和_____两大部分构成。

1.3　第一台电子数字计算机于_____年诞生在_____国。

1.4　计算机中常常把_____和_____合称为 CPU。

1.5　内存储器通常包括_____和_____两类。

1.6　在计算机中 1KB 是指_____字节。

1.7　计算机软件包括_____和_____两大部分；Windows 操作系统属于_____。

1.8　计算机病毒是人为编制的_____，具有_____、_____、_____和_____四个特征。

1.9　微型计算机在工作中尚未进行存盘操作，突然电源中断，则计算机中_____的信息全部丢失，再次通电启动后也不能恢复。

1.10　能把汇编语言源程序翻译成目标程序的程序是_____。

1.11　运算器的主要功能是_____。

1.12　在微机的硬件系统中，CD–ROM 是_____。

1.13　存储器分为内存储器和外存储器，内存储器与 CPU_____交换信息（直接、间接、不、部分）。

1.14　"计算机辅助教学"的常用英文缩写是_____。

1.15　微型计算机存储器系统中的 Cache 是_____存储器。

1.16　第三代计算机使用的逻辑元件是_____。

1.17　在计算机内部，用来传送、存储、加工处理的数据或指令都以_____形式进行。

1.18　一个字节的二进制位数是_____。

1.19　计算机中常用单位是字节，它的英文是_____。

1.20　在计算机硬件组成中，打印机属于_____。

1.21　二进制数 1101 × 1010 的结果是_____。

1.22　计算机辅助功能包括计算机辅助设计、计算机辅助测试、_____和_____。

1.23　美国信息交换标准代码，简称为_____。

1.24　请完成如下数制转换：

$(1010011.011)_2 = ($　　$)_{16} = ($　　$)_{10}$

$(254.75)_{10} = ($　　$)_8 = ($　　$)_{16}$

1.25　指法训练中的八个基准键位是哪些？

1.26　键盘上 Shift、CapsLock、BackSpace、NumLock 这四键的功能如何？

1.27　把高级语言源程序翻译成机器语言程序的方法有两种：编译和解释。其中_____是指先将整段程序进行翻译，然后执行；_____则是指将源程序翻译一句执行一句。

1.28　相对于高级语言，_____和汇编语言都是面向机器的，因此通常被称做_____。

1.29　将使用汇编语言编写的程序翻译成_____后，才可以被机器识别，实现这种功能的软件叫做汇编程序。

# 第 2 章　Windows 7 基础

Windows 7 是美国微软（Microsoft）公司开发的 Windows 操作系统第七个版本，相比该公司的之前 Windows XP 而言，这次的变化较大，所有命令按钮组织得更加有序合理，操作更加便捷，界面更加直观，为人们提供了更加高效易行的工作环境。

## 2.1　Windows7 的基本知识

在介绍 Windows 7 的应用前，我们先了解一些最基本的概念和最基本的操作。

### 2.1.1　Windows7 的版本简介

在安装 Windows 7 前，应该简单了解软件的版本和主要功能。

Windows 7 简易版。Windows 7 简易版保留了 Windows 为大家所熟悉的特点和兼容性，并吸收了在可靠性和响应速度方面的最新技术。

Windows 7 家庭普通版。Windows 7 家庭普通版为用户提供了更快、更方便地访问使用最频繁的程序和文档的方法。

Windows 7 家庭高级版。使用 Windows 7 家庭高级版，可以轻松地欣赏和共享您喜爱的电视节目、照片、视频和音乐。

Windows 7 专业版。Windows 7 专业版具备各种商务功能，并拥有家庭高级版卓越的媒体和娱乐功能。

Windows 7 旗舰版。Windows 7 旗舰版具备 Windows 7 家庭高级版的所有娱乐功能和专业版的所有商务功能，同时增加了安全功能以及在多语言环境下工作的灵活性。

本书以 Windows 7 旗舰版为默认版本介绍基本知识和基本操作。

### 2.1.2　Windows7 的启动与关闭

微机的启动与关闭，本质上就是操作系统的启动和关闭，对于 Windows 7，与此操作相关联的操作是用户切换和用户注销。

#### 1. 启动

在使用 Windows 7 之前，先要启动 Windows 7。打开计算机电源开关后，计算机会自动检测硬件，检测完毕后 Windows 7 会随之启动。Windows 7 支持多用户，第一次启动时，由于只有一个用户，且没有密码，故启动过程中不需验证用户身份，若用户设了密码，或用户不唯一，则启动时会出现如图 2-1 所示的对话框，并要求用户登录。用户可用鼠标选择对应用户的图标，然后在随后出现的密码输入框中输入对应的密码。

登录时选择一个用户账号，再输入对应的密码。密码在屏幕上显示为星号（＊），输入

图 2-1　Windows 7 的登录对话框

完密码后，单击右旁的箭头状按钮⟶。

为了方便用户，在登录界面的三个角上设置了一些方便用户登录的工具，左下角有一个按钮，通过此按钮可以在登录时提供朗读、放大等服务功能；在登录界面的左上角则是一个软键盘，可以单击放大后在屏幕上提供录入密码的软键盘；右下角则是一个直接关机按钮。

### 2.　关闭与重新启动

如果要关闭计算机，可单击按钮打开"开始菜单"，从中选择"关机"退出 Windows 7 并关闭计算机。如果未关闭应用程序就想退出 Windows 7，那么 Windows 7 会提示用户保存所做的工作，略为停顿后即强制关闭程序，然后退出 Windows 7 并关闭计算机。

改变了计算机的设置、安装了新的程序后，常常需要重新启动计算机，才能使新的设置和程序生效。重新启动计算机可以通过按钮打开"开始菜单"，将鼠标指向其中"关机"按钮右旁的按钮"▶"，从中选择"重新启动"按钮即可。

### 3.　计算机的锁定与睡眠设置

如果需要离开一段时间不操作计算机，可以将计算机置为"锁定"状态，以防其他用户操作不当而损坏自己的数据文件，也可以预防非法用户对计算机的操作。处于"锁定"状态的计算机，只有知道本账号的密码方可解锁。

除了"锁定"状态以外，还有"睡眠"状态。使计算机进入"睡眠"状态时，首先将内存中的所有内容保存到硬盘，然后关闭计算机。重新启动计算机时，桌面将完全恢复到计算机进入"睡眠"前的状态。对于处于"睡眠"状态的计算机，只需单击开机电源按钮即可使其转入"锁定"状态，然后通过以上的方法解锁或切换用户，即可进入工作状态。

### 4.　用户的切换和注销

当多个用户共用一台计算机时，可以通过用户的切换来更换用户账号。通过单击任务栏左端的开始菜单按钮，然后将鼠标指向弹出菜单中"关机"按钮右旁的展开按钮"▶"，从中可以选择"切换用户"，即可进入另一用户的登录状态。

当用户不需要再使用计算机时，可以注销自己的账号，但仍保持开机状态，以便其他用户使用计算机。要注销当前的账号，可以通过单击任务栏左端的开始菜单按钮🔘，然后将鼠标指向弹出菜单中"关机"按钮右旁的展开按钮"▶"，从中选择"注销"即可。

需要说明的是：不同账号登录后，所看到的"桌面"和"文档"等所含项目是不一样的，计算机的个性化设置（如桌面背景）也是不同的。此外，切换用户时，被更换的用户并没有注销，其运行的程序仍被保留着，但切换用户后，前一用户所运行的程序不可见，只有切换回前一用户账号，这些程序才会显示出来。

### 2.1.3 鼠标及其操作

#### 1. 鼠标

鼠标是控制屏幕上光标运动的手持式设备，在计算机上可以使用鼠标执行任务。在 Windows 7 中，鼠标是最重要的输入设备，绝大多数操纵都是通过鼠标来完成的。

#### 2. 鼠标操作

在 Windows 7 中移动鼠标时，鼠标指针将在屏幕上移动。将光标放在某对象上时，可以按下鼠标按钮执行对有关对象的不同操作：

（1）指向：把鼠标移动到某一对象上，以鼠标指针的尖端指向该对象。一般用于激活对象或显示工具与图标的提示信息。

（2）左键单击：将鼠标指针指向某一对象，然后快速按一下鼠标器左键。用于选取某个对象、选取某个选项、打开菜单或按下某个按钮。左键单击也可简称为单击。

（3）右键单击：将鼠标指针指向某一对象，然后快速按一下鼠标器右键。用于打开或弹出对象的快捷菜单或帮助提示。

（4）双击：将鼠标指针指向某一对象，然后快速按两下鼠标器左键。常用于启动程序、打开窗口。

（5）拖动：将鼠标指针指向某一对象，然后按住鼠标不放，移动鼠标指针到指定位置后，松开鼠标左键。常用于标尺滑块的移动或复制、移动对象、选取数据等。

鼠标指针在正常状态下常常显示为箭头，也可以通过设置鼠标形状来更改之。另外，在不同的工作状态下，如忙碌、等待、就绪等，鼠标指针的形状是不同的。

### 2.1.4 桌面及其操作

#### 1. 桌面组成

Windows7 启动成功之后，呈现在屏幕上的画面叫做"桌面"，桌面上摆放着一些漂亮的小图形，这些小图形就是图标，图标的下方是标题文字。每个图标都代表一个 Windows 对象，Windows 对象的含义较广，它可以是磁盘、程序、文件、文件夹，也可以是指向某一具体对象的快捷方式。例如图 2-2 中"计算机"、"网络"、"控制面板"和"回收站"等都是程序，除了程序外，桌面上还可创建文件夹，如"中会试卷"、"LL"便是用户创建的文件夹。为了便于操作，桌面上还可创建指向应用程序或文件夹的快捷方式，如，"QQ 音乐"、"暴风影音 5"和"教学管理"等，当我们双击快捷方式图标时，将会运行与该快捷方法相关联的应用程序，或打开相应的文件夹。通常，从图标一般看不出该项目是程序还是快捷方式，但将鼠标指向项目图标时，可以看到显示的项目说明，如果是程序会有功能说明，如果是快捷方式会显示其所指向的位置。

图2-2　桌面组成形式

桌面是用户工作的空间，类似于我们的办公桌，办公桌一般放置一些常用物品，而此处的桌面是个特殊的容器，其内通常存放一些经常运行的程序和指向常用程序的快捷方式，以方便用户操作。

桌面底部是任务栏，用于显示系统正在执行的任务和锁定在任务栏上的快捷方式，以及系统自动运行程序的通知区域。任务栏中包括"开始"按钮、用户运行程序的显示区域、系统自动运行程序的通知区域。任务栏中的任务按钮代表一个或一组正在执行的程序。用鼠标指向任务栏上的图标，可以查看正在运行的程序，继而用鼠标单击相应的程序窗口，可以显示指定程序窗口。

### 2. 桌面操作

用户可以对桌面进行如下几种操作。

（1）添加新对象。用右键单击桌面，在出现的快捷菜单中指向"新建"，在其子菜单中选择新对象的类型，便可创建相应的新对象。也可以从别的地方通过拖动的方法添加一个新的对象。

（2）删除桌面上的对象。用右键单击桌面上的某个对象，然后从弹出的快捷菜单中选择"删除"命令。

（3）启动程序或窗口。一般双击桌面上相应的图标对象即可打开该图标对应的程序或窗口。例如，双击桌面上"我的电脑"图标，便可以打开"我的电脑"程序窗口。但有的计算机可能将打开程序或窗口的方法设置为单击方式打开，这种情况下，我们只要单击桌面图标，就能打开相应程序或窗口。要将单击方式改为双击方式打开，可按下面操作设置。

（4）将打开程序或窗口的方法设置为双击方式。

☞ 打开桌面的"计算机"，然后从"工具"菜单中选择"文件夹选项"（见图2-3）。

☞ 在"文件夹选项"对话框中（见图2-4），单击"常规"处，再单击"通过双击打开项目（单击时选定）"圆形按钮处，使其中心出现小黑点，然后单击"确定"按钮。

图 2-3　"文件夹选项"菜单　　　　　　　图 2-4　设置打开程序或窗口的方法

在以后的介绍中，如不特别声明，均假定已将打开程序或窗口的方法设置为双击方式。

（5）排列桌面对象。用鼠标可以把图标对象可以拖放到桌面上的任意地方，也可以用鼠标右击桌面空白处，在弹出菜单中选取"排序方式"，然后，在其下级菜单中选择"项目类型"命令。如图 2-5 所示。

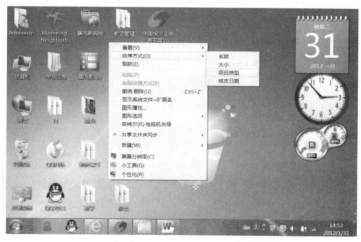

图 2-5　桌面快捷菜单

## 2.1.5　窗口及其操作

Windows7 是一个多任务的操作系统，每运行一个程序，便会打开一个相应的窗口。所以，也可以说 Windows 7 是多窗口的操作系统。熟练掌握窗口的操作是必要的。

### 1. 窗口组成

所有窗口的外观均较为相似，都是由控制栏、标题栏、搜索栏、菜单栏、工具栏、状态栏、导航区、工作区、预览区和滚动条等部分组成，如图 2-6 所示。

（1）控制栏。控制栏位于窗口最上端，其中左上角的三个按钮分别是窗口最小化、窗口最大化和关闭窗口按钮。

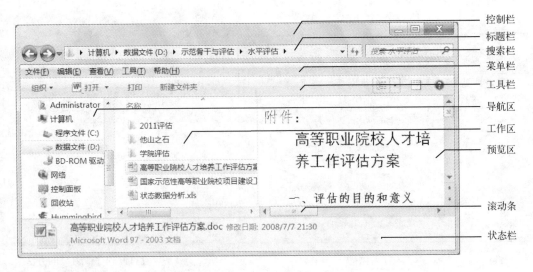

图 2-6　窗口组成

除了利用以上三个按钮控制窗口外，还有以下四种方法可以控制窗口：

① 用鼠标右键单击控制栏空白处打开控制菜单，通过该菜单中的命令可以控制窗口的大小、移动窗口位置，有的应用程序在其控制菜单中加入了一些特殊项目。

② 双击控制栏的空白处可以关闭窗口。

③ 利用鼠标将窗口拖至屏幕的左（右）边，窗口自动靠左（左）边并调整为半个屏幕大小，而将窗口拖至屏幕上边，窗口自动最大化（离开上边则还原为原来的大小）。

④ 当窗口处在屏幕中间时，可以通过拖动窗口的四边来调整窗口的大小。

⑤ 如果关闭窗口，则与之相关的程序也将被关闭，所以关闭窗口时，要注意及时保存相关数据。

（2）标题栏。标题栏位于控制栏下方。标题栏中列出了工作区当前文件所属的文件夹。标题栏既可用来显示当前位置，也可以在其中输入新的文件夹路径和要运行的程序名称。如，直接输入"D：\ LY"时，D 盘上文件夹"LY"中的文件和子文件夹就会出现在工作区中；而输入"calc"就运行计算器程序 calc. exe。标题栏左旁有两个箭头状的按钮，其中左箭头用来返回上一个位置，右箭头则从上一位置前进到下一位置。

在 Windows 7 中，标题栏中路径的每个节点后都带了一个三角形按钮"▶"，单击它可以看到该节点下所含文件和子文件夹。

（3）搜索栏。搜索栏位于标题栏右旁，用于在当前位置搜索具有指定特征的文件。例如，要查找文件名中带有"表"字的文件，可在搜索栏中输入"表"字，工作区中立即会显示所有文件名含有"表"字的文件。

（4）菜单栏。菜单栏位于标题栏下面，菜单是指单击菜单名可弹出的下拉菜单，再单击其中的菜单项即可执行其中的命令。

（5）工具栏。工具栏位于菜单栏下面，此处提供了一些与工作区当前项目相关的常用工具或工具组。例如，工作区的当前项目是文件夹时，工具栏中提供了用于管理维护文件和文件夹的常用工具，并将其集中于在一个名为"组织"的工具组中，里面有删除、复制、更名、剪切等工具。工具栏处的按钮，其功能与菜单栏中的命令相仿。Windows 7 的工具栏相比以前的版本有了些改变，工具栏的样式与菜单的样式趋于相似。

工具栏的右端有两个工具，一个用于改变工作区的视图，另一个是显示或关闭预览区的按钮。最左端是一个帮助按钮，用于寻求操作指导。

（6）导航区。导航区位于屏幕中部的左边，该区以树状显示了计算机中的全部资源，树枝的每个节点均可以展开或收拢。通过该树状目录，可以很方便地找到所需资源。与早期的Windows相比，不同之处是这里将计算机及所属的硬盘上的资源归属于桌面之中。

注意：导航区可以展开至多级，但只显示到文件夹这一级，并不显示具体的文件。

（7）工作区与预览区。工作区位于屏幕的中央区域，该区域显示的是当前可以直接处理的文件。我们可以在此处选定文件后，或使程序文件运行，或对数据文件进行维护。工作区只显示导航区中选择的文件夹下的子文件夹和文件，只显示一级目录。

预览区位于屏幕中部的右端，只用于显示工作区中所选定文件的首部内容。用户通过预览区可以迅速知晓选定文件的内容。如要显示或关闭预览区，可以通过工具栏"组织"或工具栏右端的"显示/隐藏预览窗格"（即右端第二个）按钮来打开或关闭预览区。

（8）状态栏与滚动条。状态栏位于窗口底部，用于显示用户当前所选对象或菜单命令的简短说明。

滚动条用于调整显示位置，当项目太多时，必然有项目因位置不够而没有显示，这时系统会自动出现滚动条，用鼠标拖动滚动条就可以调整显示位置，以便找到所需的项目。滚动条一般有水平和垂直两种，用法相似。

## 2. 窗口操作

（1）改变窗口大小。要改变窗口尺寸，可将鼠标指针移到窗口边框或角上，指针会变成双箭头，此时，可按下左键并拖动鼠标便能改变窗口大小。

另外，在Windows 7中，通过单击位于标题栏最右边的窗口控制按钮可以改变窗口的大小。具体操作见表2-1。

表2-1　对窗口进行控制操作的按钮及其用途

| 按　　钮 | 名　　称 | 用　　途 |
|---|---|---|
| － | 最小化 | 将窗口最小化。最小化后的窗口以任务按钮形式隐藏在任务栏中 |
| □ | 最大化 | 将窗口放大，充满整个屏幕 |
| 回 | 还原 | 将窗口还原为最大化以前的大小 |
| × | 关闭 | 关闭窗口并中止相关程序运行 |

隐藏所有窗口的快捷操作是同时按下"⊞"键和"m"键即可。

（2）移动窗口。移动窗口时将鼠标指向控制栏并按下左键拖动，可在桌面上移动窗口。

如果用鼠标通过控制栏拖着窗口晃动，可以将其他窗口全部最小化，只保留显示被拖动的一个窗口，再次晃动时，原被最小化的窗口又还原显示于屏幕。

（3）切换窗口。当打开了多个窗口时，用户往往需要在多个窗口之间进行切换，而桌面上任何时刻都至多只能有一个窗口处在激活状态，称为活动窗口或当前窗口，其他的窗口都称为后台窗口。Windows 7的窗口风格变化较大，控制栏的空白处呈半透明，后台窗口较当前窗口更为透明。要想改变活动窗口，可按如下方法进行切换：

☞ 直接单击要激活的窗口的任何位置。

☞ 单击任务栏相应任务按钮，或在任务分组图标中选择相应的程序窗口。

☞ 按 Alt + Tab 键在已打开的窗口中切换，选择所需窗口。

### 3. 复制屏幕和窗口图形

屏幕和窗口的图像可以作为一个图形保存在文件中。

☞ 要复制屏幕图像，可以按下"Print Screen/SysRq"键（一般该键在"Insert"键上方）。

☞ 要复制当前被激活的窗口图像，可以按住 Alt 键后，再按下"Print Screen/Sysrq"键。

被复制的图像被暂时保存在"剪贴板"中，当要将其中的图形插入文档时，可以先打开文档，将光标定位到插入位置，再按 Ctrl + V（调用"粘贴"命令）。注意："剪贴板"中只能保存一个复制内容。

## 2.1.6 菜单及其操作

菜单是 Windows 7 中具有特色的设计，它的出现使计算机具有了直观、方便、快捷和易用的特性。

### 1. 菜单介绍

图 2-7 和图 2-8 所示是 Windows 7 的"文件"菜单在两个不同的状态时的显示情况。下面简要介绍菜单的基本表述方式。

图 2-7　选定文件夹时的文件菜单

图 2-8　选定压缩文件时的文件菜单

（1）带三角箭头的菜单项。说明此菜单下有子菜单，当鼠标指向此项，将自动弹出此菜单项的子菜单。如图 2-8 中所示的"共享（H）"就是带子菜单的项。

（2）带有"…"的菜单项。下拉式菜单中某些菜单项在文字的后面带有"…"符号（见图2-8），单击这些菜单项，屏幕上将出现一个对话框，可以进一步选择操作的内容。

（3）菜单的智能化。Windows7中的菜单是智能化的，同样是"文件"菜单，如果用户选定的操作对象不是同类项目，其内容是不一样的，也就是说，系统会自动将与当前对象相关的菜单项列出。即使是相同类型，甚至相同的文件（夹），同一菜单的显示也不一定完全相同，例如，在图2-9和图2-10中，显示的菜单都是"编辑"菜单，选定的操作对象也是相同的项目，但由于打开菜单前执行的操作不同，一个之前没执行复制操作，另一个则执行了复制操作，故菜单的显示方式不太一样，图2-9中的"粘贴"和"粘贴快捷方式"显示为灰色。

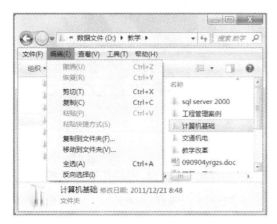 

图2-9　执行复制命令前的编辑菜单　　　图2-10　执行复制命令后的编辑菜单

（4）呈灰色显示的信息。不可用的菜单项用灰色字符显示出来，表示当前状态下它是不能被执行的。可用的菜单项是用黑色的字符显示出来的，用户可以随时选取它。

（5）快捷键。我们可以不打开菜单栏，而是通过菜单中对应菜单项的快捷键来完成菜单项的选择。在下拉式菜单中，各菜单项右侧显示的快捷键提示（见图2-9）便是对应菜单项的快捷键。例如，按下Ctrl + C键为复制，按下Ctrl + V键为粘贴。此外，许多菜单项后都带有一个字母，如"剪切（T）"，表示当菜单打开时，直接按下"T"键，可以选择该命令。

## 2. 菜单操作

（1）打开菜单。用鼠标单击菜单栏上的菜单名，就会打开相应的菜单。对于窗口控制菜单，用鼠标单击窗口左上角的控制图标就可以打开它。另外，右键单击对象会弹出操作该对象的快捷菜单，单击其中的菜单项就可以执行相应的菜单命令。还可用键盘打开菜单，菜单名上会有一个带下画线的字母，称为"热键"。如图2-9中，"编辑（E）"菜单的"E"，表示在按住"Alt"键后，再按这个带下画线的字母同样可以打开编辑菜单。

提示：对于熟悉快捷键和热键的用户，可以快速完成菜单操作。例如，执行编辑菜单中的复制命令，可以按Ctrl + C，也可以用ALT + EC。

（2）关闭菜单。打开菜单后，如果不想选取菜单项，在菜单以外的任意空白位置处单击，就可以关闭该菜单。

## 2.1.7 对话框及其操作

### 1. 对话框与窗口的对比

对话框是供用户对所进行的操作做进一步说明的人机交互界面，其外形与窗口有些相似，如图2-11所示为一个较典型的对话框示例。

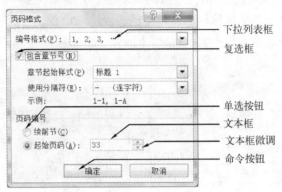

图2-11 对话框示例

对话框与窗口有本质区别，具体表现在以下方面：

（1）窗口是伴随着程序运行而出现的，而对话框则是用户执行某些操作时，系统要求进一步明确该操作的具体要求时出现的人机交互界面。窗口关闭时程序也随之关闭，而对话框关闭后程序并没关闭。

（2）窗口可以任意放大或缩小，而对话框则不能。

（3）窗口中有菜单栏、工具栏等，而对话框没有。

（4）窗口中有控制栏，控制栏中含有三个控制按钮（最小化、最大化/还原、关闭按钮），而对话框没有单独的控制栏，只有标题栏，且标题栏只有一个关闭按钮。

（5）窗口可以通过晃动操作将屏幕上其他窗口最小化，晃动对话框无此功效。

（6）窗口被拖至左、右两边的边框时，会自动调到半个屏幕大小显示，对话框则不然。

（7）窗口拖至屏幕上边框时会最大化，对话框无此功效。

### 2. 对话框组成

标题栏：标题栏说明对话框的标题，并且有一个关闭按钮。

文本框：文本框供用户输入文本信息。为了方便用户操作，有的文本框后带有一个微调，单击向上或向下箭头，可调高或调低文本框中的数值。

列表框：在列表框中，具有若干个选项提供给用户选择。当列表项较多而显示不下时，列表框会自动附上调整滑块，用户可以通过拖动滑块来调整显示项目。

下拉列表框：下拉列表框是在列表框的基础上将列表项隐藏起来，并在右旁附一个三角形的下拉列表按钮，需要时单击它就可以显示隐藏的列表项。由于列表框占据的位置较大，在显示位置有限的情况下，下拉列表框是较好的选择。

复选框：复选框供用户输入逻辑值。如："是"与"否"、"需要"与"不需要"。

单选按钮：单选按钮也是供用户输入逻辑值，与复选框不同的是，单选按钮不是孤立的，而是成组出现，并且任何时间至多只能有一个被选中；另外，它的形状呈圆形按钮状。

命令按钮：命令按钮是执行预先设置的命令的启动按键。不同的命令按钮预先设置的命令是不同的。例如，"确定"按钮用于确认输入或修改有效，并执行相关的操作命令，而"取消"按钮一般用于取消当前的操作。

### 3. 对话框操作

（1）关闭对话框。要关闭对话框，可以根据需要在如下操作中选择：

☞ 确认输入或修改有效，单击"确定"。

☞ 取消操作，单击"取消"。

☞ 直接单击标题栏右端的"关闭"。

☞ 用鼠标右键单击标题栏，再从弹出菜单中选择"关闭"。

☞ 按 Esc 键退出。

（2）移动对话框。如要移动对话框在桌面的位置，可将鼠标指向对话框的标题栏，再按下鼠标左键拖动鼠标。

（3）文本框的操作。在文本框中，用户可从键盘输入文字。有时，框中已经输入了一些文字，如果想要保留这些文字，则不要去改动；如要修改则需重新输入。有时对话框中的文字以高亮度或反白显示，则输入的新文字将全部代替原有的文本。在输入文字时，输入的文字都是从文本光标所在位置开始的。

（4）列表框的操作。

对展开式列表框的操作：图 2-11 所示的列表框总是呈展开状态，对于这种列表框，用户可以直接用鼠标指向列表框中要选择的项目单击之，所选项目便呈高亮度或反白显示状态。当选项过多时，其右边及下边会出现箭头"▼"和滚动条，用鼠标单击箭头"▼"或拖动滑块时，可以将没有显示的选项移到框内。显然，这种列表框所占空间较大，因此，下面一种列表框也常被用于对话框之中。

对下拉列表框的操作：与上述展开式列表框不同的是，下拉列表框并不总是呈展开状态。下拉列表框的右边都有一个下拉箭头"▼"，当用户不对它操作时，这种列表框呈收缩状态，只是单击该箭头时，该列表框下方会展开一个选项列表，这时，可以用鼠标单击选择其中一个选项，也可以再次单击"▼"将列表框收回。

（5）复选框的操作。复选框呈小方格状，用鼠标单击此小方格，可以使其中出现"✓"，此时表示该复选框被选中；用鼠标单击已被选中的复选框，则可以取消其中的"✓"，这时表示未被选中。对于成组出现的复选框，可以同时选中多个复选框。

（6）单选按钮的操作。单选按钮的操作是一种多选一的操作，其中一个按钮被选中时，原来选中的按钮同时被取消。被选中的单选按钮，其圆形中心会出现黑点，否则为一空心圆。要选择一单选按钮，只需用鼠标指向该按钮单击即可。

（7）命令按钮的操作。命令按钮的操作分鼠标操作和键盘操作，鼠标操作是用鼠标单击相应的命令按钮；键盘操作是先用 Tab 键选择命令按钮（被选中的命令按钮带有虚线矩形框），再按 Enter 键。

## 2.1.8 "开始"菜单及其操作

"开始"菜单是计算机程序、文件夹和设置的主门户。"开始"菜单一般在任务栏左端，可单击"开始"按钮![]或按下"![]"键，即可打开"开始"菜单。"开始"菜单如图 2-12 和图 2-13 所示。

图 2-12 "开始"菜单→常用程序　　　　图 2-13 "开始"菜单→所有程序

### 1. "开始"菜单的基本结构

"开始"菜单分为四个基本部分。

（1）左边的大窗格显示计算机上程序的一个列表。这个列表有两种视图，一个是常用程序视图，它根据使用的频率列出常用程序，也可以锁定一些程序于列表的上部；另一个是所有程序视图，即列出了该计算机上安装了的所有程序。在如图 2-12 所示的菜单上单击程序列表下面的"所有程序"，即可切换到如图 2-13 所示的所有程序视图。

（2）左边窗格的底部是搜索框，通过键入搜索项可在计算机上查找文件（默认范围是库）。

（3）右边窗格提供对常用文件夹的访问、对文件的操作、对计算机进行设置和调用各项功能等。

（4）右边窗格的底部是关机按钮及关机子菜单。

### 2. "开始"菜单的使用

通过"开始"菜单可以运行计算机上安装的程序、可以对文件夹访问、使用计算机的各种资源、对计算机进行设置等。

（1）从"开始"菜单打开程序。"开始"菜单最常见的一个用途是打开计算机上安装的程序。若要打开"开始"菜单左边窗格中显示的程序，可单击它，该程序就打开了，并且"开始"菜单随之关闭。

如果看不到所需的程序，可单击左边窗格底部的"所有程序"，左边窗格会立即按字母顺序显示程序的长列表，后跟一个文件夹列表。单击某个程序的图标可启动该程序，并且"开始"菜单随之关闭。例如，单击"附件"就会显示存储在该文件夹中的程序列表，单击任一程序可将其打开。

如果不清楚某个程序是做什么用的，可将指针移动到其图标或名称上，会出现一个框，该框通常包含了对该程序的描述。例如，指向"计算器"时会显示这样的消息："使用屏幕"计算器"执行基本的算术任务。"此操作也适用于"开始"菜单右边窗格中的项。

随着时间的推移，"开始"菜单中的程序列表也会发生变化。出现这种情况有两种原因：一是安装新程序时，新程序会添加到"所有程序"列表中；二是"开始"菜单会检测最常用的程序，并将其置于左边窗格中以常用程序视图方式显示。

刚打开"开始"菜单时，看到的是常用程序视图（见图2-12），这时单击其中的"所有程序"便切换到所有程序视图（见图2-13），要返回常用程序视图可单击"返回"。

（2）查找信息。在"开始"菜单的左边窗格的底部是搜索框，在"搜索程序和文件"框中键入要搜索项的文件名或文件内容中所含的字符串，就会在搜索框上方显示所找到的项目。

当找到项目太多时，反馈列表只显示前面数十项，单击"查看更多结果"可列出所有结果。

输入搜索关键词时，计算机随着输入动态地显示搜索结果。完成搜索后，只要全部清除搜索框中的内容，"开始"菜单就恢复正确。

（3）启动不在程序组中的应用程序。对于在"开始"菜单中没有列出的程序，可以用"运行"命令来启动，步骤如下：

☞ 打开"开始"菜单，然后单击"运行"，就会弹出"运行"对话框，如图2-14所示。

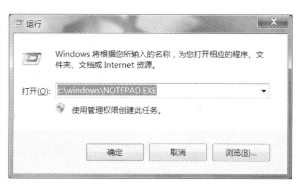

图2-14　通过"开始"菜单下的"运行"命令来运行程序

☞ 在该对话框的"打开"文本框中输入程序的路径和名称，然后单击"确定"按钮，就可以运行所输入的程序。当用户记不住程序的路径或名称时，可单击"浏览"按钮来查找所需的程序。

例如，要运行上述"记事本"程序，可以键入"C：\WINDOWS\NOTEPAD. EXE"后单击"确定"。

如果用户知道要运行的程序的存放位置，则可以通过"资源管理器"及"计算机"等找到该程序后，双击其图标就能运行该程序。

有时，可能只知道程序的名称，但不知道程序的存放位置，这时，可以用"开始"菜单中"搜索"命令下的"文件和文件夹"来查找该程序，找到后，双击该程序图标也可以运行程序。

### 3. 自定义"开始"菜单

除了"开始"菜单程序列表的视图可以切换外，常用程序列表项目、右边窗格、以及关机子菜单都可以根据用户的要求改变。

（1）右边窗格中的列表内容及其设置。"开始"菜单的右边窗格中是个链接区，它可帮助用户快速访问相关的计算机资源。可以在此区域列示的资源依次有：

① 个人文件夹。用于打开个人文件夹。

② 文档。"文档"文件夹一般存储文本文件、电子表格、演示文稿以及其他类型的文档。

③ 图片。"图片"文件夹一般存储数字图片及图形文件。

④ 音乐。"音乐"文件夹一般存储音乐及其他音频文件。

⑤ 游戏。通过"游戏"文件夹可以访问计算机上的所有游戏。

⑥ 计算机。打开一个可以访问磁盘驱动器、照相机、打印机、扫描仪及其他连接到计算机的硬件的窗口。

⑦ 控制面板。"控制面板"用于自定义计算机的外观和功能、安装或卸载程序、设置网络连接和管理用户账户。

⑧ 设备和打印机。打开一个可以查看有关打印机、鼠标和计算机上安装的其他设备信息的窗口。

⑨ 默认程序。打开一个窗口，在这里可以选择要让 Windows 运行用于诸如 Web 浏览活动的程序。

⑩ 帮助和支持。打开 Windows 帮助和支持，可以浏览和搜索有关使用 Windows 和计算机的帮助主题。

以上项目可以根据各自的需要来设置，其操作方法如下：

☞ 用鼠标右键单击"开始菜单"按钮，选择弹出菜单中的"属性"，打开如图 2-15 所示的"任务栏和「开始」菜单属性"对话框。

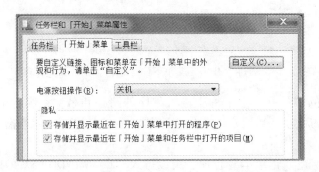

图 2-15　"任务栏和「开始」菜单属性"对话框

图2-16 "自定义「开始」菜单"对话框

☞ 单击"「开始」菜单"选项卡，然后单击"自定义"，打开如图2-16所示的"自定义「开始」菜单"对话框。

☞ 在"自定义「开始」菜单"对话框（图2-16）中，从列表中选择所需选项，例如，在"计算机"项目下选择"显示为菜单"，可以在链接区增加一个以菜单方法显示的项目。又例如，在"控制面板"下选择"显示为链接"，则在链接区增加一个以链接方式显示的项目。

☞ 单击"确定"回到上一个对话框，然后再次单击"确定"完成设置。

（2）程序列表区列表项数目及跳转列表项数目的定义。程序列表区列出的是最近运行频率最高的若干个程序的名称，具体列出的项目数目是可以自行定义的，上限由如图2-16所示的对话框"要显示的最近打开过的程序的数目"后的数字决定。

程序列表区的常用程序视图中，往往能看到一些项目后面跟有三角符号"▶"，这表示其后跟有一个子菜单，其中列有最近使用该程序打开的文件列表，例如用 Word 程序编辑过的文档列表。如果要限制此处的列表项目数，只要在如图2-16所示的对话框中调整"要显示在跳转列表中的最近使用的项目数"后的数字即可。

（3）将程序图标锁定到"开始"菜单常用程序列表中。对于定期要使用的程序，可以通过将程序图标锁定到"开始"菜单以创建程序的快捷方式。锁定的程序图标将出现在"开始"菜单的左侧。锁定或解除程序锁定的操作如下：

☞ 右键单击想要锁定到"开始"菜单中的程序图标。

☞ 在弹出菜单中单击"锁定到「开始」菜单"。

☞ 若要解锁程序图标，右键单击它，然后在弹出菜单中单击"从「开始」菜单解锁"。

☞ 若要更改固定的项目的顺序，请将程序图标拖动到列表中的新位置。

若要删除程序列表项，只需用鼠标右键单击相关项目图标，然后在弹出菜单中单击"从列表中删除"。

（4）改变"关机"按钮键的定义。右窗格的底部是"关机"按钮。单击"关机"按钮可以关闭计算机。此按钮也可以定义成其他的功能，如锁定计算机、注销用户等。改变"关机"键定义只需在如图 2-15 所示的对话框中单击"电源按钮操作"右旁的下拉列表框，从展开的列表中选择适当的功能即可。可以选择的功能有：切换用户、注销、锁定、重新启动、睡眠和关机。如果选择关机以外的选项，则"开始"菜单右下方原来的关机按钮就变为其他操作按钮了。

### 2.1.9 任务栏及其相关操作

#### 1. 任务栏概述

任务栏是位于屏幕底部的水平长条。与桌面不同的是，桌面可以被打开的窗口覆盖，而任务栏几乎始终可见。它有三个主要部分："开始"菜单按钮、显示已打开程序和文件的中间部分、通知区域。

图 2-17  任务栏

任务栏如图 2-17 所示。其中，"开始"菜单的用法已介绍，而通知区域主要用于显示系统自动运行程序的信息。这里重点介绍任务栏的中间区域的用法。

#### 2. 应用任务栏控制程序窗口

如果一次打开多个程序或文件，则可以将打开窗口快速堆叠在桌面上。由于窗口经常相互覆盖或者占据整个屏幕，因此有时很难看到下面的其他内容，或者不记得已经打开的内容。这种情况下使用任务栏会很方便。无论何时打开程序、文件夹或文件，Windows 都会在任务栏上创建对应的按钮，按钮会显示表示已打开程序的图标，每个程序在任务栏上都有自己的按钮，这些按钮中突出显示的是活动窗口，意味着它位于其他打开窗口的前面，可以直接对其操作。

若要切换到另一个窗口，只要单击它的任务栏按钮，当窗口处于活动状态（突出显示其任务栏按钮）时，单击其任务栏按钮会"最小化"该窗口，这意味着该窗口将从桌面上消失。最小化窗口并不是将其关闭或删除其内容，只是暂时将其从桌面上删除。若要还原已最小化的窗口（使其再次显示在桌面上），只要单击其任务栏按钮即可。

#### 3. 查看运行程序窗口的预览

从 Windows 7 开始，微软运用了一种动态缩略图技术，即，将鼠标指针移向任务栏按钮时会出现一个小图片，上面显示缩小版的相应窗口，此预览非常有用，如果其中一个窗口正在播放视频或动画，则会在预览中看到它正在播放。

当显示了缩小版的预览窗口时，鼠标再指向预览窗口，则在屏幕上会显示对应程序的最大化窗口。当鼠标离开该预览窗口时，屏幕上对应的最大化窗口随即消失。

为了方便管理运行的程序，采用了按同类程序分组的管理方式，相同类型的程序窗口共一组按钮，当鼠标指向组按钮时，通常会弹出该组当中所有的程序预览窗口，除非窗口太多无法显示。

### 4. 自定义任务栏

（1）将程序项锁定到任务栏。打开"开始"菜单，在常用程序视图下用鼠标右键单击要锁定到任务栏的程序项目，然后在弹出菜单中选择"锁定到任务栏"。见图2-18所示。

（2）将程序项锁定到任务栏。无论是桌面，还是文件夹中的程序，均可以锁定到任务栏，以便快速打开程序。例如，要将桌面的应用程序"QQ音乐"锁定到任务栏，可用鼠标右键单击桌面应用程序图标，然后在弹击菜单中选择"锁定到任务栏"。见图2-19。

图2-18　将常用程序锁定到任务栏

图2-19　将桌面程序锁定到任务栏

（3）将非程序项附加到任务栏。非程序项也可以固定到任务栏，如Word文件，文件夹等，只不过附加非程序文件时，不是直接附加这些非程序文件，而是先将打开这些文件的程序锁定到任务栏，并在任务栏上建立一个程序组按钮，所附加的非程序文件则是作为程序组快捷菜单的固定项目。

例如，要将桌面上的文件夹"LL"附加到任务栏，可以用鼠标将文件夹"LL"图标拖到任务栏，松开鼠标时，任务栏上会增加一个文件夹管理程序图标，同时还会出现如图2-20所示的信息提示框，单击鼠标后它会自动消失。当我们用鼠标右键单击该新增程序图标时，还会现出如图2-20所示的菜单，这时选择其中的"LL"便可快速打开文件夹"LL"。

（4）解锁任务栏上的程序。要解锁任务栏上的程序项，只需用鼠标右键单击相应的程序或程序组图标，在弹出的菜单中选择"将此程序从任务栏解锁"。见图2-20。

（5）解锁任务栏程序组上的固定项目。要解锁任务栏上程序组上的固定项目，可以用鼠标右键单击相应的程序组图标，再用鼠标指向要解锁的项目，单击其后显示按钮，即可解锁相应项目。见图 2-20。

（6）任务栏的外观设置。任务栏可以隐藏、也可以使用不同大小的图标、还可以定义是否允许拖动到其他位置。其操作方法如下：

☞ 鼠标右键单击"开始"菜单按钮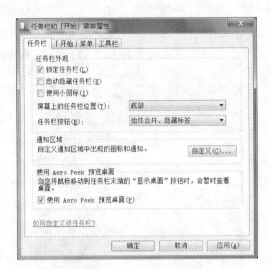，并选择弹出菜单中的"属性"，打开"任务栏和「开始」菜单属性"对话框，然后在该对话框中选定"任务栏"选项卡（见图 2-21）。

图 2-20　将非程序项附加到任务栏　　　　图 2-21　设置任务栏属性

☞ 如不允许拖动任务栏，请选中"锁定任务栏"复选框。

☞ 如希望任务栏隐藏，请选中"自动隐藏任务栏"复选框，任务栏平时是隐藏的，只有当鼠标指向任务栏的位置时，任务栏才会显示。

☞ 若不希望任务栏的图标太大，请选中"使用小图标"，取消选中时恢复大图标显示。

（7）调整任务栏的位置。任务栏的位置通常是在屏幕下边，也可以在屏幕的左边、右边和上边。在任务栏没被锁定状态时，用鼠标可将其拖放到屏幕四边的任一方位。如果任务栏被锁定了，则只能在如图 2-21 所示的对话框中，通过"屏幕上的任务栏的位置"后的下拉列表框选择所需的位置。

（8）改变任务栏上的按钮。任务栏上的按钮通过是按同类程序合并为一个程序组按钮的方式显示的，相同程序打开的多个窗口被合并成一个组，而且按钮的标签也被隐藏了。这种显示方式被称之为"始终合并、隐藏标签"，还有另外两种方式："当任务栏被占满时合并"、"从不合并"。

如果要改变任务栏的按钮，可以在如图 2-21 所示的对话框中，通过"任务栏按钮"后的下拉列表框中选择。

### 2.1.10　中文输入

中文输入是使用计算机进行汉字处理的前提，其中用键盘输入是最常见的。下面我们介绍中文输入法的设置、切换、添加及删除。

### 1. 输入法切换

Windows7 提供了多种输入法，切换方式有两种：键盘组合键切换和鼠标切换。

键盘组合键切换：我们可用"Ctrl + 空格键"组合键来实现中文和英文之间的切换。用"Ctrl + Shift"组合键选择输入法（每按一次组合键，切换一种输入法，直到切换到所需要的输入法为止）。

用鼠标切换：Windows 7 桌面的右下角有一个输入法小图标，它就是输入法选择按钮，用鼠标单击这个小图标，屏幕上会立刻出现一个菜单，上面列出 Windows 7 系统提供的各种输入法，如图 2-22 所示。用鼠标单击某个输入法图标，该输入法就被选中了，这时屏幕右下角中文输入图标变成了被选中的输入法的图标。

图 2-22　切换输入法

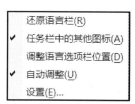

图 2-23　设置输入法属性

### 2. 设置输入法的热键

热键是打开输入法的快捷方法，设置输入法热键后，只要按一组指定键位，就能立即打开相应的输入法。设置输入法的热键的操作如下：

☞ 用鼠标右键单击输入法图标，出现如图 2-23 所示的弹出菜单，选择其中的"设置"，打开"文字服务和输入语言"对话框，并选择"高级键设置"，出现如图 2-24 所示的对话框。

☞ 在如图 2-24 所示的对话框中选择要设置或改变输入法热键的项目，例如，切换到极点五笔输入法，选择列表中的第 2 项，单击"更改按键顺序"，打开如图 2-25 所示的"更改按键顺序"对话框，并完成热键设置。

图 2-24　选择要改变设置的输入法

☞ 单击"确定"退回到"文本服务和输入语言"对话框后再单击"确定"或"应用"使设置生效。如图 2-25 所示是将切换到极点五笔输入法的热键设置为"Ctrl + Shift + 5"。设置生效后，若输入法不是极点五笔输入法，只需按下"Ctrl + Shift + 5"就完成了输入法切换。

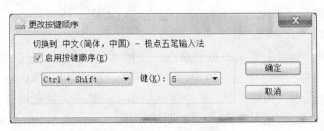

图 2-25　设置输入法热键

### 3．设置输入法的属性

☞ 在如图 2-24 所示的"文字服务和输入语言"对话框中，单击"常规"选项卡，切换到如图 2-26 所示的对话框。

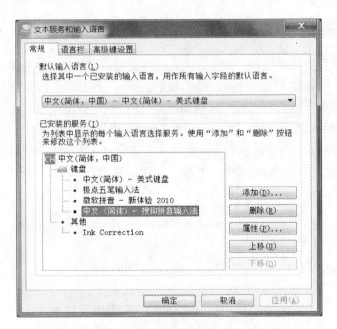

图 2-26　选择要改变属性的输入法

☞ 选中输入法列表中的一个输入法，再单击"属性"按钮，可以打开对应输入法的属性设置对话框。例如，选中"搜狗拼音输入法"后所打开的属性设置对话框如图 2-27所示。

☞ 在对应的属性设置对话框中完成属性设置后单击"确定"或"应用"使设置生效。以搜狗拼音输入法为例，常规的属性设置在"常用"选项卡下，其中可对输入风格、初始状态和特殊习惯等方面进行设置。对于其他深入的设置，可以在其他选项卡下完成。

图 2-27　设置输入法属性——搜狗拼音输入法

## 2.1.11　微软拼音输入法及其鼠标输入功能

微软拼音输入法是一种音码键盘方案，它采用汉语拼音字母作为输入码，具有全拼和双拼两种模式，并有整句和词组两种转换方式，在某种程度上支持不完整拼音输入和模糊音。为了方便不习惯使用键盘的用户输入中文和特殊字符，微软拼音输入法还提供了输入板和软键盘功能，使用人们只用鼠标就能完成中文和特殊字符的输入。下面我们以微软拼音输入法2010 版为例进行介绍，其他版本的微软拼音输入法大同小异。

### 1. 使用微软拼音输入法

使用微软拼音输入法前，应确认微软拼音输入法已经安装。使用时，将输入法切换至微软拼音输入法，然后输入汉字的拼音字母。由于微软拼音输入法的基本输入单位为语句，所以在输入语句时，不需要逐字拼写、逐字选择，只需连续输入汉语语句的拼音，待输入完一个完整的语句后，再进行选择。例如，要输入"和谐社会"，只需连续输入"hexieshehui"即可。输入过程中，在输入的汉字下方都有一条虚线，这时还可以对所输入的文字进行修改。修改时将插入光标移动到需修改的文字前，然后从随之变化的候选字窗口中重新选择所需的汉字。输入时发现错误不要急于修改，可以等一个语句输入完后一并修改，只要汉字下方还有虚线，就可以进行整句智能修改，微软拼音输入法会自动根据上下文做出调整，将语句修改为最可能的形式，修改句子应从首句开始。一个语句输入完毕并确认准确无误时，可以按 Enter 键确认。

提示：在输入中、英文混合语句时，可以用 Shift 键在中、英文输入状态间切换。

为了适合不同用户的输入习惯，可以通过设置微软拼音输入法的属性来用户的一些特殊要求。微软拼音输入法的属性页面的打开方法与其他输入法相同，其属性页面如图 2-28 所示，其中，"常规"页面用于拼音方式（全拼还是双拼）选择、模糊拼音设置和中英文输入切换键定义；"双拼方案"用于确定采用双拼时，输入码与拼音字母的对应关系。

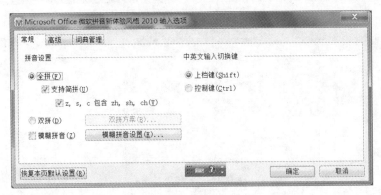

图 2-28　微软拼音输入法属性页面

## 2. 使用输入板输入

输入板输入法是微软拼音输入法中附带的一个功能，它用鼠标模拟写字笔，通过"书写"方式输入汉字和字符。使用输入板的方法如下：

☞ 单击屏幕右下方输入法状态栏中的还原按钮"▭"，出现如图 2-29 所示的输入法状态栏。

☞ 单击输入法状态栏中的输入法开关键"输入板"，即出现输入板窗口。如图 2-30 所示。

☞ 在输入板窗口左侧的方框中按下鼠标并拖曳就可进行文字的"书写"。

☞ 在"书写"完一个汉字后，"书写"窗口右侧会出现候选汉字或字符，单击其中汉字或字符后，所选汉字或字符便插入到文档中。插入文档中的文字下方会带一条虚线，表示输入工作还在进行中，这时用户可以对其进行修改，修改完成按 Enter 键确认。

图 2-29　输入法状态栏

图 2-30　输入板

## 3. 使用软键盘

为了方便地输入一些除英语外的外语字母、特殊字符和数字序号，例如，α、β、ξ、Θ、①、Ⅲ、÷、±、∫、§ 和 ◎ 等，微软拼音输入法提供了一个软键盘，用软键盘可以方便的输入许多特殊字符。软键盘的种类如图 2-31 所示。单击输入法状态栏中的"软键盘"，在弹出菜单中选择软键盘，便会显示软键盘的种类。

如图 2-32 所示为"希腊字母"软键盘，单击其中的键位就输入与之对应的字母。输入上档字母时，应先单击"Shift"键位，然后单击对应的字母键。

图 2-31　软键盘种类　　　　　　　　图 2-32　"希腊字母"软键盘

要关闭软键盘，只需鼠标右键单击软键盘，在弹出菜单中选择关闭软键盘即可。

## 2.2　管理文件和文件夹

计算机中的文件，是指存放在存储介质（如磁盘）上的、按一定方式组织起来的信息的集合。而文件夹则可以理解为文件的容器，一个文件夹中既可以包含许多文件，也可以包含许多文件夹。

### 2.2.1　使用资源管理器管理计算机资源

#### 1. 打开"资源管理器"

资源管理器是用于管理本地计算机上的文件及文件夹，以及网络上共享的文件及文件夹的工具。打开"资源管理器"的方法有以下几种：

（1）在键盘上按下"■ + E"键能够快速打开"资源管理器"。

（2）右键单击"开始"按钮，在弹出的快捷菜单中单击"资源管理器"。

（3）直接双击要管理的文件、文件夹或指向文件夹的快捷方式，也可打开资源管理器。

（4）在"开始"菜单的"所有程序"组中找到"附件"，并从中选择"资源管理器"选项，单击该选项即可。

例如，双击桌面上"计算机"图标、可打开资源管理器，并将计算机的磁盘资源置为当前位置，用于管理计算机上的文件、文件夹和磁盘等资源。双击某个对象，或右键单击某个对象后从快捷菜单中选择"打开"命令，均可打开一个对象。例如，双击"C:"可以打开 C 盘并显示其上内容。若要查看某个文件夹的内容，也可双击其图标，以此逐级查阅每个文件夹的内容。

如果当前位置为子文件夹，则标题栏中会显示该位置的路径，路径节点之间用"▶"

分隔。要回到上级某个文件夹，只需单击对应的路径节点即可。标题中的路径中，每个节点旁都有一个"▼"按钮，单击该按钮，可以展开该节点的所有下层文件夹和文件地址栏选项列表，在列表中选择资源名称，可快速选定要管理的资源。

### 2. "资源管理器"的窗口组成与操作

"资源管理器"窗口如图2-33所示。右窗格是当前可以直接管理的文件及文件夹；左窗格是一个资源结构图，它反映了文件、文件夹及其他资源间的从属关系和位置，我们可以单击其中某一资源图标左旁的"▷"号展开它下属资源名称，也可以单击"◢"号将其下属资源收缩隐藏起来。当用鼠标单击选定某个项目时，相应项目名称将变成突出显示，且右窗格会出现该项目的下属资源。

图2-33 "资源管理器"窗口

### 3. 库及其应用

库是Windows 7中新引入的概念。库是用于管理文档、音乐、图片和其他文件的组织形式。可以使用与在文件夹中浏览文件相同的方式浏览文件，也可以按属性（如日期、类型和作者）排列文件。

库可以收集不同位置的文件，并将其显示为一个集合，而无须从其存储位置移动这些文件。在操作方面，库类似于文件夹。例如，打开库时将看到一个或多个文件，但与文件夹不同的是，库中显示的项目，看起来在一起，实际上可能是存储在多个位置中的文件。库实际上不存储项目，这点与快捷方式较为类似。

默认情况下，有四个类型的库，即：文档、音乐、图片和视频。用户可以根据需要创建自己的库。由于在资源管理器窗口的工具栏上，提供了统一的库工具，即"包含到库中"，无论是在哪个文件夹下，都可以通过"包含到库中"这个工具，将当前文件夹添加到指定库中。

## 2.2.2 查看与选择文件（夹）

### 1. 查看文件

在"资源管理器"窗口的右窗格中，双击要查看的文件夹，便能看到文件夹中的内容，但有时看不到隐藏文件和文件扩展名。若要查看隐藏文件和文件扩展名，请在查看前完成如下操作：

☞ 在"资源管理器"窗口单击"工具"菜单，并选择其中的"选项"，出现"文件夹选项"对话框。

☞ 在"文件夹选项"对话框中单击"查看"选项卡，出现如图 2-34 所示的对话框。

☞ 在"高级设置"列表框中找到"隐藏文件和文件夹"，选中"显示隐藏的文件、文件夹和驱动器"即可查看隐藏文件。

☞ 如果想查看文件的扩展名，请单击取消"隐藏已知文件类型的扩展名"复选框即可。

提示：默认情况下，系统文件、文件扩展名是隐藏的，如果要显示这类文件，可以在资源管理器下用鼠标右键单击文件夹的空白处，从弹出菜单中选择"隐藏系统文件＋扩展名"。

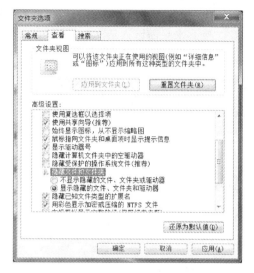

图 2-34　查看扩展名与显示所有文件

### 2. 选择多个文件和文件夹

对一个文件（夹）或一组文件（夹）进行操作前，必须先选中相应的文件（夹）作为操作对象。选择文件或文件夹的基本方法如下：

（1）要逐个选择多个文件或文件夹，只需按住 Ctrl 键单击要选择的对象即可。

（2）要选择窗口中所有的文件和文件夹，请在"编辑"菜单中，单击"全选"。

（3）要选择"Windows 资源管理器"中彼此相邻的一组文件，选单击第一个文件，然后按住 Shift 键的同时，单击该组中最后一个文件。

（4）要选择除少数对象外的其余全部对象，可以先用上述方法选择要排除的对象，然后在"编辑"菜单中，单击"反向选择"菜单项。

## 2.2.3　文件（夹）的创建、改名和删除

### 1. 创建文件夹

（1）菜单操作法。

☞ 在"资源管理器"中单击要在其中创建新文件夹的驱动器或文件夹，使其成为当前窗口。

☞ 在"文件"菜单中，指向"新建"，然后单击"文件夹"。见图 2-35。

☞ 键入新文件夹的名称，然后按 Enter 键。

（2）鼠标操作法。

☞ 在"资源管理器"窗口左边的"文件夹"窗格中，单击选中要在其中创建新文件夹的驱动器或文件夹。

☞ 在"资源管理器"窗口的右边窗格空白处单击鼠标右键，便会弹出一快捷菜单。

&#9758; 将鼠标指向快捷菜单中的"新建"项，将会弹出其下级子菜单（见图2-36），然后单击该子菜单中的"文件夹"项，便在当前文件夹下创建一个名为"新建文件夹"的新文件夹。

&#9758; 接下来只需键入新文件夹的名称，然后按 Enter 键即可。

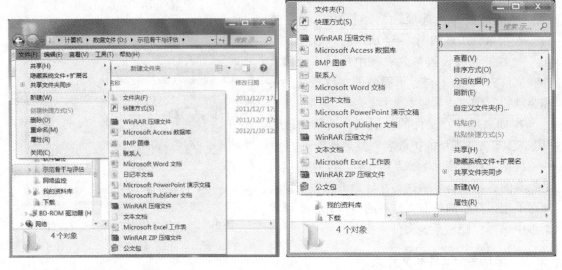

图 2-35　创建文件夹　　　　　　　　　　图 2-36　创建文件夹的鼠标操作

### 2. 创建快捷方式

（1）创建快捷方式的菜单操作方法。

&#9758; 在"资源管理器"中，打开要在其中创建快捷方式的文件夹。

&#9758; 单击"文件"菜单，指向"新建"，然后单击"快捷方式"。注意，若选中了一个文件后再打开文件菜单，则其中会有两个"新建"，创建快捷方式应选用带子菜单（有三角箭头的标志）的菜单项。

&#9758; 在"创建快捷方式"对话框中（见图2-37），输入新建快捷方式的项目位置和名称。例如，若要创建计算器的快捷方式，可输入"C:\WINDOWS\system32\calc. exe"。

图 2-37　创建快捷方式

☞ 单击"下一步"，进入"在选择程序的标题"对话框，在其中输入新建快捷方式的名称后，再单击"完成"。例如，在此输入"我的计算器"的话，就得到一个名称为"我的计算器"的快捷方式，以后只要双击这个快捷方式图标，就可以运行计算器程序。

（2）创建快捷方式的鼠标拖动法。

☞ 找到要创建快捷方式的对象。

☞ 用鼠标右键将该对象拖到存放快捷方式的文件夹或桌面。

☞ 在出现的快捷菜单中选择"在当前位置建立快捷方式"。

（3）将快捷方式置于桌面上。

☞ 在"资源管理器"中，单击要为其创建快捷方式的对象（如文件、程序、文件夹、打印机或计算机）。

☞ 在"文件"菜单中，单击"创建快捷方式"。

☞ 将快捷方式拖放到桌面上。

### 3. 删除文件或文件夹

☞ 在"资源管理器"中，单击要删除的文件或文件夹。

☞ 在"文件"菜单中，单击"删除"菜单项。

删除文件（夹）也可以通过鼠标操作完成，其方法是：右击要删除的文件（夹），再选择弹出菜单中的"删除"命令即可。

值得注意的是，此处的删除一般只能将删除的文件移到"回收站"，"回收站"中的文件或文件夹还可以被恢复到文件原来位置，恢复文件（夹）是通过"回收站"中的"还原"操作来实现的。如果要将文件从计算机中彻底删除，请单击桌面上的"回收站"后，选定要删除的文件，再单击"文件"菜单的"删除"命令；如果要将回收站中所有文件从计算机中删除，可以单击"文件"菜单中的"清空回收站"命令。

### 4. 更改文件或文件夹的名称

☞ 在"资源管理器"中，单击要重命名的文件或文件夹。

☞ 在"文件"菜单中，单击"重命名"菜单项。

☞ 键入新名称，然后按 Enter。

更改文件（夹）名称的鼠标操作有两方法：

其一是：单击选中要删除的文件（夹），稍作停顿再次单击该已被选中的文件（夹），便进入文件名的编辑状态（此时图标为正常显示，而文件名呈选中状态），然后输入新的文件名即可。

另一种鼠标更名方法是：先右击需要重新命名的文件（夹），再从随后弹出的菜单中选择"重命名"命令，然后在文件名编辑状态输入新的文件名即可。

## 2.2.4 移动和复制文件（夹）

### 1. 移动文件或文件夹

☞ "资源管理器"中，单击选定要移动的文件或文件夹。

☞ 在"编辑"菜单中，单击"剪切"菜单项。

☞ 选中要存放文件或文件夹的文件夹。

☞ 在"编辑"菜单中，单击"粘贴"菜单项。

### 2. 复制文件或文件夹

☞ 在"资源管理器"中，单击选定要复制的文件或文件夹。

☞ 在"编辑"菜单中，单击"复制"菜单项。

☞ 选中要存放副本的文件夹或磁盘。

☞ 在"编辑"菜单中，单击"粘贴"菜单项。

### 3. 鼠标拖动操作

（1）复制文件或文件夹的鼠标拖动操作。

☞ 选定要复制的文件或文件夹。

☞ 按住 Ctrl 键不松手，然后用鼠标将选定对象拖到新位置后松开鼠标。

☞ 松开 Ctrl 键。

注意：用该方法复制文件（夹）时，在拖动过程中，鼠标箭头后会带上"＋"标记。

（2）移动文件或文件夹的鼠标拖动操作。

☞ 选定要复制的文件或文件夹。

☞ 按住 Shift 键不松手，然后用鼠标将选定对象拖到新位置后松开鼠标。

☞ 松开 Shift 键。

注意：与复制文件（夹）不同的是，此时随着鼠标的移动，鼠标箭头后没有"＋"标记。

## 2.2.5 文件属性和文件类型

### 1. 查看、设置文件或文件夹的属性方法

在 Windows 7 中，文件具有如下六种常规属性：

• 只读属性。用于设定文件是否允许修改。

• 隐藏属性：用于设定文件是否在一般的文件操作中被隐藏。

• 存档属性：用于标记文件自最后一次备份以来是否修改过。

• 编制索引属性：用于指定所选文件或文件夹的内容是否索引为快速搜索。一旦文件或文件夹被索引，您就可以搜索该文件或文件夹中的文本，也可以搜索诸如日期的属性，或文件和文件夹的属性。

• 压缩属性。用于设定文件或文件夹是否被压缩，默认设置为不压缩，而且具有加密属性的文件（夹）不能同时设置为压缩属性。

• 加密属性。用于设定对文件或文件夹是否加密存储，默认设置为不加密，而且不能对具有压缩属性的文件（夹）设置加密属性。

系统属性是用于指定文件为系统文件。要改变一个文件的属性，可按如下操作实现：

☞ 在"资源管理器"中，单击要更改属性的文件或文件夹。

☞ 在"文件"菜单中，单击"属性"。

☞ 单击"常规"选项标签，然后在对话框中设置文件的常规属性值。见图 2-38。

如果要设置文件的其他属性，在如图 2-38 的对话框中单击"高级"按钮，在如图 2-39 所示的对话框完成相关属性的设置。

图 2-38　更改文件（夹）的常规属性

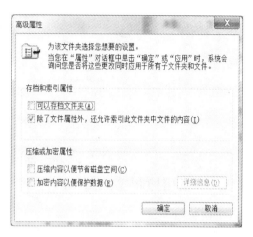

图 2-39　更改文件（夹）的其他属性

### 2. 文件类型

文件大体可以分为应用程序文件和文档文件，文档文件一般要由特定的应用程序打开。以前在使用文档文件时，总是要先启动应用程序，然后再打开文档文件，这样，就给用户带来许多不便。Windows 7 为了方便用户，在安装新的应用程序（软件）时，会自动建立应用软件与文档之间的关联，有了这种关联，用户只要双击文档文件名，计算机就自动根据这种关联启动相应的应用程序来打开指定文档。例如，当我们双击一个 Word 文档时，计算机就根据安装 Word 时建立的关联，直接运行 WinWord. exe 程序来打开双击的 Word 文档。

在应用程序与文档之间建立关联的主要依据是文档的扩展名。如果安装新软件时，应用程序没有与文档建立关联，则当用户双击该文档想打开它时，计算机便会要求为文档指定关联应用程序，并可以要求 Windows 7 以后始终用该指定的应用程序来打开与此文档文件扩展名相同的文档文件。

当一类文档与某种应用程序建立了关联后，如果我们更改了这类文档的扩展名，则会影响到这个文档文件与此应用程序的关联。例如，将一个 Word 文档的扩展名改变后，其文件图标立即会改变，而将它的扩展名改回来后，又立即恢复原来的图标。

## 2.3　"控制面板"和个性化设置

在 Windows 7 环境下，主要个性化设置都可以通过"控制面板"来完成。单击"开始"菜单，选择其中的"控制面板"即可打开如图 2-40 所示的窗口。下面介绍几种常见的个性化属性设置方法。

图 2-40　控制面板窗口

### 2.3.1　常用控制操作

#### 1. 用户管理

Windows 7 系统允许多个用户共用一台计算机，每个用户的文件资料、运行环境可以相对独立。计算机区分不同用户是按账号进行的，用户的身份则是通过相应的密码来验证的。我们通过如图 2-40 所示的窗口选择"用户账户和家庭安全"组内的"添加或删除用户账户"，可以打开如图 2-41 所示的"管理账户"窗口，通过该窗口可以创建新用户、修改已有用户信息、删除用户。

#### 2. 鼠标设置

（1）设置左手习惯与双击速度。

☞ 打开"控制面板"，在"硬件和声音"组中找到"鼠标"。

☞ 用鼠标右键单击"鼠标"图标，在弹出菜单中选择"属性"，打开"鼠标属性"对话框，见图 2-42。

图 2-41　"管理账户"窗口

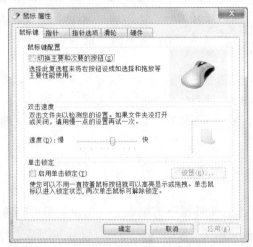

图 2-42　改变鼠标左手习惯与双击速度

☞ 要将使用鼠标习惯设置为左手习惯，请单击选定"鼠标键配置"区域内的"切换主要和次要按钮"复选框。

☞ 要改变鼠标的双击速度，请用鼠标拖动"双击速度"区域内的"速度"调整滑块。注意，鼠标双击速度不可设置太快，否则操作鼠标时双击很难达到设定速度。拖动"慢—快"滑块后，可以双击框内的测试区域中的图标进行测试。

☞ 单击"确定"按钮。

（2）更改鼠标指针的外观。

☞ 在如图 2-42 所示的对话框中单击"指针"选项标签，打开"鼠标属性"对话框的"指针"选项卡。见图 2-43。

☞ 如果要同时更改所有指针，请在"方案"下拉框中选择一个方案；如果希望只更改一种指针，请先单击选中要更改的指针，再单击"浏览"，然后双击希望使用的指针的文件名。

图 2-43　更改鼠标指针的外观

图 2-44　调整鼠标指针轨迹

（3）调整鼠标指针移动速度和移动轨迹。

☞ 在如图 2-42 所示的对话框中单击"指针"选项标签，打开"鼠标属性"对话框的"指针选项"选项卡。见图 2-44。

☞ 单击"指针选项"选项标签。若要调整鼠标移动速度，可以"移动"区域调整速度滑块的位置；若要调整鼠标移动轨迹，可在"可见性"区域下选中"显示指针轨迹"，再用其下方的滑块调整指针轨迹的长度。

## 3. 中文输入法的添加与删除

安装和删除中文输入法可按照以下步骤操作：

☞ 单击"开始"按钮，打开"开始"菜单。

☞ 在"开始"菜单的右边窗格选择"控制面板"，打开"控制面板"窗口。

☞ 在"控制面板"窗口，单击"时钟、语言与区域"组中的"更改键盘或其他输入法"，出现"区域和语言"对话框。

☞ 在"区域和语言"中单击"键盘和语言"选项标签，再单击"更改键盘"按钮，出现"文本服务和输入语言"属性对话框。

☞ 在"文本服务和输入语言"对话框中选择"常规"标签，在该页面包含"添加"和"删除"两个按钮，其中"添加"按钮用于添加输入法，"删除"按钮用于删除已安装的输入法。

☞ 若要添加中文输入法，可以单击"添加"按钮，在弹出的"添加输入语言"对话框内选择要安装的输入法后单击"确定"按钮返回"文字服务和输入语言"对话框；若要删除输入法，可以在"文本服务和输入语言"对话框内先选中要删除的输入法，再单击"删除"按钮即可。

☞ 在"文本服务和输入语言"对话框内单击"确定"或"应用"按钮使操作生效。添加和删除输入法的操作过程如图 2-45 所示。

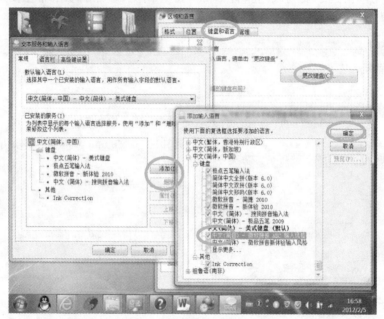

图 2-45　添加和删除输入法

说明：此处删除一个输入法并没有从硬盘上将其删除，而只是将其标记为不可用状态。

### 4. 显示器设置

（1）用预设方案整体改变显示设置。Windows7 通过一个命名为"主题"预设方案组，为用户准备了一些典型的显示设置方案，其中预先定义了一组图标、字体、颜色、鼠标指针、声音、背景图片、屏幕保护程序以及其他窗口元素来确定显示外观。用预设方案（主题）整体改变显示设置的操作方法如下：

☞ 打开"控制面板"窗口，选择"外观和个性化"组中的"更改主题"，打开如图 2-46 所示的窗口。

☞ 在主题列表框中选择预设显示方案。用鼠标指向任务栏的右端或下端，单击其矩形框可以看到预览效果，如果启用了"使用 Aero Peek 预览桌面"，鼠标指到任务栏末端时就能预览桌面。

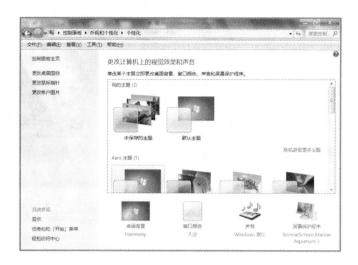

图 2-46　用预设方案整体改变显示设置

（2）设置桌面背景。

☞ 在如图 2-46 所示的窗口中，单击"桌面背景"图标，出现如图 2-47 所示的"桌面背景"窗口。

☞ 在"桌面背景"窗口的下方的图片列表框内选择图片，或单击"浏览"按钮，在计算机中选择存储图片文件的位置。

☞ 在"图片位置"下拉列表框中选择图片在屏幕上的位置，可选择项有：填充、适应、拉伸、平铺和居中。

☞ 屏幕背景可以静态的显示一张图片，也可以动态地在多张图片之间来回切换。切换图片的间隔时间在"更改图片时间间隔"下拉列表框中确定。

提示：要选择多张图片时，可以按住 Ctrl 键选择不连续的多张图片，也可以按住 Shift 键选择连续的多张图片。

图 2-47　"桌面背景"窗口

（3）设置屏幕保护程序。

☞ 在如图2-46所示的窗口中，单击右下角的"屏幕保护程序"图标，出现如图2-48所示的"屏幕保护程序设置"对话框。

☞ 在"屏幕保护程序"下拉列表框中选择屏幕保护程序。

☞ 在"等待"文本框中输入启动屏幕保护程序的等待时间。

☞ 如果要求退出屏幕保护程序返回工作状态时验证身份，应该选中"在恢复时显示登录屏幕"复选框。

☞ 如果对屏幕保护程序还有其他要求，可以通过单击"设置"按钮来进一步设置。

☞ 单击"预览"可以通过屏幕观察运行屏幕保护程序的效果，单击屏幕任何位置返回设置对话框。

图2-48　设置屏幕保护程序

☞ 单击"确定"或"应用"使设置生效。

（4）设置字体大小和屏幕分辨率。

☞ 在如图2-46所示的窗口中，单击左下方的"显示"链接，打开如图2-49所示的窗口。

☞ 如要改变字体的大小，可以在窗口右边选择"较小"、"中等"和"较大"单选按钮。

☞ 如要改变屏幕分辨率，单击窗口左边的"调整分辨率"

☞ 单击"应用"使设置生效。

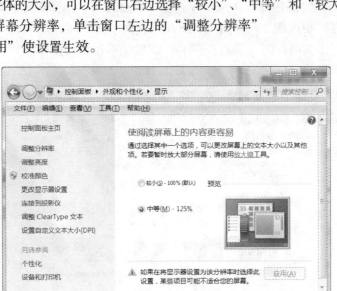

图2-49　设置窗口外观

## 2. 日期与时间设置

☞ 打开"控制面板"窗口，然后单击"时钟、语言和区域"链接，出现如图2-50所示的窗口。

☞ 在如图 2-50 所示的窗口，单击"日期和时间"链接，出现如图 2-51 所示的对话框。

☞ 在"日期和时间"对话框中根据需要完成下列操作：

① 要更改日期和时间：单击"更改日期和时间"按钮，在弹出的新对话框中完成更改设置。

② 要更改时区：单击"更改时区"按钮，在弹出的新对话框中完成更改设置。

③ 要同时显示多个时区的时间：可以选择"附加时钟"选项卡，增加新的时钟显示。

④ 要将本计算机上的时间定时与互联网上的时间同步，可以选择"Internet 时间"选项卡设定同步方式。

☞ 单击"确定"按钮。

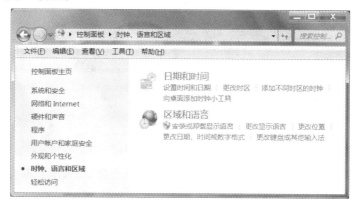

图 2-50　"时钟、语言和区域"窗口

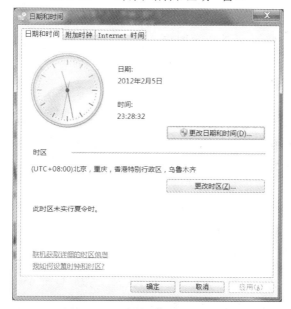

图 2-51　"日期和时间"对话框

### 3. 添加/删除程序

"添加/删除程序"可以添加或删除 Windows 7 组件，也可以添加或删除其他应用程序。

（1）添加与删除其他应用程序。添加与删除其他应用程序的操作如下：

☞ 打开"控制面板"窗口，单击其中的"程序"图标下的"删除程序"，出现如图 2-52 所示的"程序和功能"窗口。

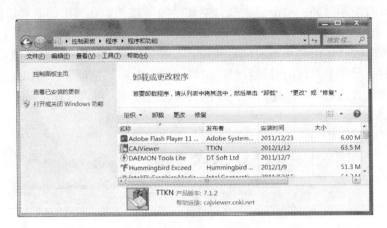

图 2-52　"程序和功能"窗口

☞ 要删除或更改一个已安装了的程序，需先选中要删除或更改的程序，然后单击程序列表框上方的"卸载"。

☞ 要删除已安装的更新程序，单击窗口左边的"查看已安装的更新"链接，在右边更新后的列表框选择要删除的程序，再单击"卸载"。

（2）添加或删除 Windows 组件。Windows 组件是随 Windows 操作系统一起提供的实用程序，这其中有些程序对一般用户而言是不需要的，故在安装时被忽略。如果需要安装这些程序或删除某些组合，可以通过如下操作完成：

☞ 打开如图 2-53 所示的"程序和功能"窗口，并单击其中的"打开或关闭 Windows 功能"，打开如图 2-54 所示的"Windows 功能"窗口。

☞ 在"Windows 功能"窗口中列出了 Windows 的主要功能。对于不需要的功能，可以取消复选框，需要打开的功能要选中对应的复选框。

☞ 单击"确定"

图 2-53　"Windows 功能"窗口

（3）向桌面添加小工具。Windows7 提供了向桌面提供小工具的新功能。通过桌面小工具的应用，可以使桌面更具个性化，更加方便用户。例如，在桌面增加一个便笺程序，可以方便用户随手记录一些备忘事件；又例如，桌面上设置一个 CPU 仪表盘工具，可以使我们随时观察 CPU 和内存的利用率。向桌面增加小工具的操作如下：

☞ 打开"控制面板"窗口，单击其中的"程序"图标，出现如图 2-54 所示的"程序管理"窗口。

☞ 单击"程序管理"窗口中的"桌面小工具"，出现如图 2-55 所示的小工具程序选择窗口。

☞ 在图 2-55 所示窗口中，用鼠标右键单击要添加的小工具程序图标，在弹出菜单中选择"添加"即可。若要取消桌面小工具，在此单击对应程序图标后，在弹出菜单中选择"卸载"即可。

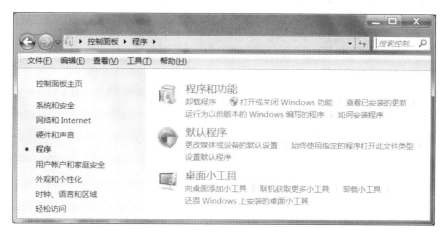

图 2-54 "程序管理"窗口

图 2-55 小工具程序选择窗口

# 习 题 2

2.1 操作系统通过_____方式管理计算机中的信息。

2.2 如果不想在运行应用程序时任务栏出现在屏幕中，应该选择任务栏的属性为_____。

2.3 用户可以通过_____管理计算机上所有资源。

2.4 在 Windows7 下，如果要添加某个中文输入法，应选择_____中的"输入法"。

2.5 选定一个文件夹后，按_____组合键，可复制该文件夹，而移动该文件夹可以用_____组合键。

2.6 在 Windows7 下，复制软盘可通过单击鼠标右键，在弹出的菜单中选择_____命令来完成。

2.7 快速打开文档的方法是用鼠标_____文档图标。

2.8 要查看磁盘剩余的大小，可以在"资源管理器"中用鼠标_____键单击该磁盘的图标，然后选择_____命令。

2.9 _____用来指定磁盘中文件存放的位置。

2.10 鼠标主要有哪几种操作方法？

2.11 请写出将打开程序或窗口的方法设置为双击方式的操作步骤。

2.12 请写出将桌面对象按名称排列的操作步骤。

2.13 如何将一个屏幕图形保存到一个文件之中？

2.14 Windows 7 中，多数菜单命令都有快捷键，试问 Ctrl + V，Ctrl + C 及 ctrl + X 分别是什么菜单命令的快捷键？

2.15 对话框与窗口的区别是什么？

2.16 文本框与列表框的区别是什么？

2.17 复选框与单选按钮的区别是什么？

2.18 试写出安装"智能 ABC 输入法"的操作步骤？

2.19 试写出删除"区位码输入法"的操作步骤？

2.20 打开"资源管理器"窗口主要有哪几种方法？

2.21 写出在同一个文件夹中，选择多个文件和文件夹的操作方法。

2.22 请写出两种为文件或文件夹更名的方法。

2.23 请写出两种复制文件的方法。

2.24 请写出取消屏幕保护程序的主要操作步骤。

# 第3章 计算机网络

当今社会中，人们工作、生活的各个方面都与计算机网建立了深刻的联系。学习网络环境的设置，有必要了解一些计算机网络的基本知识。本章介绍网络的基本知识，以及与使用计算机网络密切相关的知识。

## 3.1 网络概述

### 3.1.1 计算机网络简介

#### 1. 计算机网络的概念

计算机网络是指分布在不同地理位置上的具有独立功能的多个计算机系统，通过通信设备和通信线路相互连接起来，在网络软件（网络协议）的管理下实现数据传输和资源共享的系统。

#### 2. 计算机网络的功能

计算机网络的功能主要体现在信息交换、资源共享两个方面。

信息交换：信息交换功能是计算机网络最基本的功能，网上不同的计算机之间可以传送数据、交换信息。计算机网络为人们提供了最快捷、最方便的信息交换手段，通过网上传送电子邮件、发布新闻消息、进行音频和视频聊天等，已成为人们工作和生活的重要手段之一。

资源共享：资源是指网络中所有的软件、硬件和数据等，资源共享指的是网络中的用户都能够部分或全部地使用这些资源。例如，在办公室的几台计算机可以通过网络共用同一台激光打印机。

### 3.1.2 计算机网络的组成

计算机网络主要由资源子网和通信子网两部分组成。资源子网主要包括联网的计算机、终端、外部设备、网络协议及网络软件等，其主要任务是负责收集、存储和处理信息，为用户提供网络服务和资源共享功能；通信子网即把各站点互相连接起来的数据通信系统，主要包括通信线路（即传输介质）、网络连接设备、网络协议和通信控制软件等。它主要的任务是负责连接网上各种计算机，完成数据的传输、交换、加工和通信处理工作。

通信子网中的主要设备有：

- 调制解调器：具有调制信号和解调信号的设备。

- 网络接口卡：简称为网卡，用于将计算机和通信电缆相连的设备。
- 路由器：用于检测数据的目的地址，对路径进行动态分配，根据不同的地址将数据分流到不同的路径中。

### 3.1.3 Internet

#### 1. 什么是 Internet

Internet 是通过路由器将世界不同地区、规模大小不一、类型不同的网络互相连接起来的网络，是一个全球性的计算机互联网络。

#### 2. Internet 提供的服务

Internet 能提供丰富的服务，其主要服务有以下四类。

万维网（WWW）交互式信息浏览：WWW 是 Internet 的多媒体信息查询工具，是 Internet 上发展最快和使用最广的服务，它使用超文本和链接技术，使用户能简单地浏览或查阅各自所需的信息。

电子邮件（E-mail）：电子邮件是 Internet 的一个基本服务，是 Internet 上使用最频繁的一种功能。

文件传输（FTP）：为 Internet 用户提供在网上传输各种类型文件的功能。

远程登录（Telnet）：远程登录是一台主机的 Internet 用户，使用另一台主机的登录账号和口令与该主机实现连接，作为它的一个远程终端使用该主机的资源的服务。

除以上服务之外，Internet 还提供电子公告板（BBS）、新闻（Usenet）、网络电话（IP 电话）、网上寻呼机（ICQ）、聊天室（IRC）等等。

## 3.2 IP 属性

IP（Internet Protocol）即 Internet 协议，主要负责源计算机的数据包向目的计算机传输过程中的寻址和路径选择问题。为了保证数据包的正确传递，必须有一个科学的地址系统，这就是 IP 地址。我们所说的 IP 地址，就是指网络设备（含上网计算机）按 Internet 协议进行的编码。

为了使网络中的计算机之间的通信能正常进行，事先需要为每台上网计算机设置 IP 地址以及相关的信息。

### 3.2.1 IP 地址及其分类

#### 1. IP 地址表示方法

在使用 TCP/IP 协议的网络中，IP 地址是用于标识网络节点的一串数字，其长为 32 位。由于二进制数字看起来很吃力，所以需要一种简便的处理方法，通常的方法是将其平均分为四段，每段 8 位二进制数，各段用一个十进制数表示，段与段之间用句点分隔，这种方法称作 IP 地址的点分十进制表示法。例如，192.168.1.182 表示的 IP 地址如下：

11000000. 10101000. 00000001. 10110110

由于 8 位的二进制数最大为 255，故用十进制数表示 IP 地址时，应注意每个数值不能超过 255。

在查看 IP 地址时，常常要进行十进制形式与二进制形式之间的相互转换，一种简便的方法是使用 Windows 中计算器的"科学型"方式下的"十进制"和"二进制"按钮直接转换。

### 2. IP 地址分类

IP 地址可以分为两个字段：一是网络号，它表示主机连接到的本地网络。在互联网络上，每个网络必须具有唯一的网络号；二是主机号，IP 地址中除去网络号剩余的部分为主机号，它表示给定网络上的特定主机。同一网络中，每个主机必须具有唯一的主机号。

网络号所占的二进制位数不是固定不变的，不同类别的 IP 地址，其网络号是不相同的。IP 地址分为如下 5 种类别：

- A 类：网络号占 8 位，主机号占 24 位。该类 IP 地址的二进制形式的首位数字为 0。
- B 类：网络号占 16 位，主机号占 16 位。该类 IP 地址的二进制形式的前两位数字为 10。
- C 类：网络号占 24 位，主机号占 8 位。该类 IP 地址的二进制形式的前三位数字为 110。
- D 类：这类 IP 地址以 1110 开头。D 类地址用做多播组成员的地址，它们永远不会分配给单个主机。
- E 类：这类 IP 地址以 11110 开头。E 类地址只能用于实验目的。

若分四段用十进制表示 IP 地址，则各类 IP 地址的特征如表 3-1 所示。

表 3-1　各类 IP 地址的特征表

| 类　　别 | 网络号范围 | 主机号范围 | 可用网络数 | 每个网络的可用主机数 |
|---|---|---|---|---|
| A | 1～126 | 0. 0. 1～255. 255. 254 | 126 | 16777214 |
| B | 128. 0～191. 255 | 0. 1～255. 254 | 16384 | 16384 |
| C | 192. 0. 0～223. 255. 255 | 1～254 | 2097152 | 254 |

IP 地址类别的定义使得不同规模的企业可以分配不同的 IP 地址，一个 A 类网络可以有多达 1600 万台的主机，B 类可以有 56 534 台主机，而 C 类网络则至多只能有 254 台主机。

## 3.2.2　域名解析服务

IP 地址可以看成主机在 Internet 上的"身份证"，但它不直观、难记忆，使用直观形象的主机名字（域名）是大家愿意接受的。域名系统（DNS：Domain Name System）是一个负责将域名转化为 IP 地址的服务系统，只要用户输入一个主机名字，DNS 便可找到该主机的 IP 地址，并将对域名所指节点的访问，转化为对相应的 IP 地址所在节点的访问，这就是互联网上的域名解析服务。

### 1. 域名及其分层结构

早期的 Internet 使用非等级的名字空间来表示主机，整个 Internet 上的计算机使用的名字构成一个名字集合，其中名字之间相互独立。在当今的 Internet 上，主机名采用分层结构，首先在最高层划分名字空间，并指定代理者负责下一级的名字管理，然后在第二层划分名字空间，以此类推，最后形成一个树状名字空间，也叫域名空间。主机完整的名字是通过把自己的主机名和它所属的所有上层域（名字空间）名依次连接起来构成的，中间用句点隔开。例如，www. jxjtxy. com，它表示在 com 顶级域中 jxjtxy 子域中的 www 主机，www. jxjtxy. com 的管理者为 jxjtxy. com，jxjtxy. com 的管理者为 com。由于采用分级逐层管理方式，有效地减少了高层的工作负荷，这种管理方式被称为分布式名字空间管理，其分级命名可以按地理位置来划分，也可以按照组织机构或部门类型划分。例如，com 表示公司与企业（按类型），cn 表示中国（按地理位置），edu 表示教育机构（按组织机构）。

### 2. 域名解析

在互联网上使用的每个域名服务器不但能够进行一些域名解析，而且还具有指向其他域名服务器的信息，如果本地域名服务器不能完成解析，则将解析工作交给所指向的域名服务器。由此可见，这些域名服务器群构成了一个大的域名服务器，域名解析工作是通过组成这个大的域名服务器的个体服务器的协作来完成的。

提示：在互联网上使用域名，必须要指定域名服务器的 IP 地址。域名服务器可以不唯一，当指定若干个域名服务器时，排列在前的域名服务器出现故障时，其后续服务器便提供替补服务。

### 3.2.3 IP 属性设置

一般而言，对于每个网络接口，都有与之对应的管理程序，对于单网卡的计算机，其管理程序的图标通常被命名为"本地连接"。IP 属性是连接属性的一个主要属性。

具体设置如下：

☞ 打开控制面板，单击"网络与 Internet"项，找到"网络和共享中心"，单击"查看活动网络"下的"本地连接"，弹出"本地连接状态"对话框，如图 3-1 所示。

☞ 在如图 3-1 所示的"本地连接状态"对话框中单击"属性"按钮，打开"本地连接"属性对话框，如图 3-2 所示。

图 3-1　网络连接

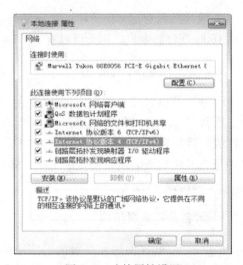

图 3-2　连接属性设置

☞ 在如图 3-2 所示的"本地连接属性"对话框中，选中"此连接使用下列项目"列表框内的"Internet 协议版本 4"，然后单击其下方的"属性"按钮，便出现如图 3-3 所示的"Internet 协议版本 4 属性"对话框，在其中输入正确的 IP 地址、默认网关以及 DNS 服务器地址即可。

图 3-3　IP 属性设置

## 3.3　电子邮件

电子邮件服务是互联网上应用最早的重要服务，通过电子邮件，可以无纸化地快速传递信息。现代的电子邮件服务已突破了以前只限于纯文字邮件的传递，实现了多媒体信件的传递，通过其附件更是可以传递任何电子文件。

电子邮件服务是通过邮件服务器来完成邮件的传递和接收的。通常，用户各服务器发送邮件是通过代理软件来完成的，邮件的传递是通过 SMTP 服务器来完成的，而用户接收邮件则是通过 POP 服务器来完成的。

邮件发送代理软件也称电子邮件软件，常见的主要有：Microsoft Outlook Express、Fox-Mail、Netscape Messenger 等等。

SMTP 即简单邮件传送协议（Simple Mail Transfer Protocol），是互联网电子邮件系统首要的应用层协议，SMTP 服务器是按简单邮件传送协议，通过"存储转发"机制来实现邮件在各个服务器间传递功能的服务器。每个 SMTP 服务器既是邮件发送服务的客户端，又是接收邮件的服务器，当一个 SMTP 服务器在向其他 SMTP 服务器发送邮件消息时，它是作为 SMTP 客户端在运行。当一个邮件服务器从其他邮件服务器接收邮件消息时，它是作为 SMTP 服务器在运行。

POP 即邮局协议（Post Office Protocol），它规定怎样将个人计算机连接到 Internet 的邮件服务器，以及如何下载和处理电子邮件。POP 适用于 C/S 结构的脱机模型的电子系统，目前已发展到第三版，简称 POP3。POP3 允许用户从服务器上把邮件存储到本地主机上，同时删除保存在邮件服务器上的邮件。POP3 服务器则是遵循 POP3 协议处理邮件的服务器。

邮件的收发，也可以通过 WWW 方式完成，这也是目前许多网站常采用的方式。基于 WWW 方式的邮件服务，通过网页方式实现用户与邮件服务器之间的信息传送，邮件服务器之间仍采用 SMTP 协议，用户登记邮件服务器后，通过 WWW 方式自行管理自己的邮件。这种方式不需要邮件发送代理软件，接收邮件也不通过代理软件完成，其收发邮件的方式完全在网页中规定，相对使用电子邮件软件而言，更为灵活和方便，在实际应用中更加被用户喜爱。与基于 WWW 方式的邮件服务相比，使用 Outlook Express 等电子邮件软件收发邮件的好处在于能通过一个程序，统一管理和收发邮件，但实际应用时，必须得知相应的 SMTP 服务器和 POP 服务器的地址方可收发邮件。

目前，国内外常见的电子邮箱机构（ISP）比较多，但有些邮箱不支持使用 Outlook Express 等电子邮件软件收发邮件，有的不支持 POP3 服务器，有的虽然支持 POP3 服务器，但又没有提供对 POP3 服务器的登录方法。为了方便大家管理个人邮件，特将常见的 ISP 名称及 POP3、SMTP 服务器等资料整理于表 3-2，希望对大家有所帮助。

表 3-2　常见的 ISP 名称及 POP3、SMTP 服务器

| ISP 名称 | 网　　址 | 支 持 协 议 | POP3 服务器 | SMTP 服务器 |
|---|---|---|---|---|
| hotmail | www. hotmail. com | www | 不支持 | 不支持 |
| 雅虎 | cn. mail. yahoo. com | www | 不支持 | 不支持 |
| gmail | mail. google. com | www、pop3 | pop. gmail. com | 不支持 |
| TOM | mail. tom. com | www、pop3、smtp | pop. tom. com | smtp. tom. com |
| 网易 126 | www. 126. com | www、pop3、smtp | pop3. 126. com | smtp. 126. com |
| 网易 163 | mail. 163. com | www、pop3、smtp | pop3. 163. com | smtp. 163. com |
| 新浪 | mail. sina. com. cn | www、pop3、smtp | pop3. sina. com. cn | smtp. sina. com. cn |
| 搜狐 | login. mail. sohu. com | www、pop3、smtp | pop3. sohu. com | smtp. sohu. com |
| 亿邮 | freemail. eyou. com | www、pop3、smtp | pop3. eyou. com | smtp. eyou. com |
| 21CN | mail. 21cn. com | www、pop3、smtp | pop. 21cn. com | smtp. 21cn. com |
| 263 | mail. 263. net | www、pop3、smtp | pop. 263. net | smtp. 263. net |
| 腾讯 | mail. qq. com | www、pop3、smtp | pop. qq. com | smtp. qq. com |

# 3.4　网络实时通信软件

实时通信是指通信的双方同时在线的实时交互通信，也称之为即时通信，网络实时通信软件是一种基于互联网的即时信息交换软件。目前，网络实时通信软件的功能十分强大，不仅可以进行实时的图文信息交换，也可以进行实时的文件发送、数据的共享，还可以实现语音和视频信息的交互。国内最有名的实时通信软件就是腾讯公司的 QQ，此外，Microsoft 公司的 MSN 和 Mirabilis 公司的 ICQ 也有着广大的用户群体。

网络实时通信软件的选择主要是看软件的用户群体，软件功能也都大同小异。就国内用户群来看，以 QQ 为最多，国外用户群则以 MSN 为众。下面我们以 QQ2010 为例介绍网络实

时通信软件的应用。

## 1. QQ 概述

QQ 是由创建于 1998 年的深圳市腾讯计算机系统有限公司开发的网络实时通信软件。1999 年 2 月，腾讯自主开发了基于 Internet 的即时通信网络工具——腾讯即时通信（Tencent Instant Messenger，简称 TIM 或腾讯 QQ），其合理的设计、良好的易用性、强大的功能，稳定高效的系统运行，赢得了用户的青睐。

QQ 以前是模仿 ICQ 来的，最初取名为 OICQ，意为 opening I seek you，即"开放的 ICQ"，后把 OICQ 改了名字叫 QQ，Q 是英文 cute 的谐音。

## 2. QQ 的功能

QQ 可以用于和好友进行信息交流，即时发送和接收信息、自定义图片和图片，进行语音、视频聊天。此外 QQ 还具有与手机聊天、bp 机网上寻呼、聊天室、点对点断点续传传输文件、共享文件、qq 邮箱、游戏、网络收藏夹、发送贺卡等功能。QQ 不仅仅是简单的即时通信软件，它与全国多家寻呼台、移动通信公司合作，实现传统的无线寻呼网、GSM 移动电话的短消息互联，是国内最为流行功能最强的即时通信软件。随着时间的推移，根据 QQ 所开发的附加产品越来越多，如：QQ 宠物、QQ 音乐、QQ 空间等，受到 QQ 用户的青睐。为使 QQ 更加深入生活，腾讯公司开发了移动 QQ 和 QQ 等级制度。只要申请移动 QQ，用户即可在自己的手机上享受 QQ 聊天。移动 QQ2007 实现了手机的单项视频聊天。

## 3. 运用 QQ 的基本步骤

（1）下载并安装 QQ 软件。QQ 软件可以从 QQ 官方网站下载，下载网址是：http：// im. qq. com。QQ 软件具有不同的版本，用户应该根据具体情况选择。选择时要考虑用户计算机的操作系统版本、语言环境、使用环境等。

QQ 版本主要有以下几种：

Windows 版：这是 PC 机使用最多的版，其中有简体中文版、繁体中文和多语言版。选择时还应注意适用的 Windows 版本。

MAC 版：这是用于苹果电脑的版本，适用于 Mac OS X 操作系统。

Linux 版：这是基于 Linux 平台的版本，适用于 Linux 操作系统。

手机版：针对手机用户的版本。目前只适用诺基亚、索尼爱立信和摩托罗拉手机的若干种机型。

其他版：主要有两个版本，一是 TM。TM 是 Tencent Messenger 的简称，是腾讯公司推出的一款面向个人的即时通讯软件，能够与 QQ 互联互通，具有无广告、抗骚扰、安静高效的特点，风格简约清新，侧重在办公环境中使用；二是 RTX。RTX 是腾讯公司推出的企业级即时通信平台。该平台定位于降低企业通信费用，增强企业内部沟通能力，改善企业与客户之间的沟通渠道，创造新兴的企业沟通文化，提高企业生产力。

选择下载了合适的 QQ 版本后，需要正确安装 QQ 软件。一般来说，只要版本选择正确，安装不会有什么问题。

（2）申请 QQ 账号。QQ 的使用必须有一个 QQ 账号。QQ 账号的申请可以通过点击 QQ

官方网站 http：//im. qq. com 首页的"账号申请"进行，也可以在启动 QQ 软件后，在 QQ 用户登录对话框单击"申请帐号"来完成。账号分免费账号和收费账号两种，收费账号又分为"QQ 靓号"和"QQ 行号码"。"QQ 靓号"是个性化的号码，同时能享受 QQ 会员服务；"QQ 行号码"是便宜、易记的实用号码。

为了便于在 QQ 账号、密码被盗用，或用户登录信息忘记时能恢复账号的正常使用，申请账号时一般应该申请密码保护。密码保护是通过预先设计的提问和答案来实现的，当账号或密码出问题时，只要能回答这些问题就能得到密码信息。

（3）登录并查找好友。运行 QQ 软件后，会出现如图 3-4 所示的窗口，输入账号及密码，再单击"登录"按钮，将出现如图 3-5 所示的窗口。

图 3-4　QQ 登录窗口

图 3-5　QQ 主窗口

在如图 3-5 所示的 QQ 主窗口中单击下方的"查找"，出现图 3-6 所示的对话框，在其中输入必要的查找信息后，单击"查找"按钮，将出现如图 3-7 所示的查找结果。

图 3-6　查找对话框

图 3-7　查找结果

在如图 3-7 所示的对话框，选中查找结果后，单击"添加好友"按钮，可以将其添加到如图 3-5 所示的 QQ 主窗口的"我的好友"组或指定的其他组之中。

（4）与好友对话。在 QQ 主窗口双击要对话的好友，便会出现如图 3-8 所示的对话窗口。该窗口的左下方是新对话输入区，左上方是历史会话显示区。在新会话输入区键入文字或粘贴图片后，单击下方的"发送"按钮，便可将图文信息发送到对方。

图 3-8  对话窗口

# 习　题　3

3.1　计算机网络的含义指什么？

3.2　广域网与局域网有哪些区别？

3.3　局域网的基本拓扑结构是什么？

3.4　局域网由哪些部分组成？

3.5　简述 Internet 的定义和基本的服务功能。

3.6　根据自己的需求，进行 IE 常规属性、安全属性和其他属性的设置。

3.7　进行电子邮件的收发练习。

3.8　分别申请三个免费邮箱，供自己今后学习和工作之用，并通过其中一个邮箱向其他两个邮箱发送邮件。

3.9　当前的主流实时通信软件主要有哪些？它们的主要功能是什么？

# 第4章　计算机安全

## 4.1　计算机病毒

### 4.1.1　计算机病毒及特征

计算机病毒是人为编制的计算机程序，它是能够通过某种途径潜伏在计算机存储介质（或程序）里，当达到某种条件时被激活，可以对其他程序或磁盘特殊扇区进行自我传播并可能对计算机系统进行干扰和破坏的一种程序。

虽然计算机病毒的传染方式、传染目标不同，激活的条件各异，对计算机系统造成的干扰和破坏程度不同，但它们一般都具有如下共同特征：

☞ 传染性：传染性是所有计算机病毒都具有的一大特征，它通过修改别的程序或文件内容，并把自身拷贝进去，从而达到传染和扩散的目的。

☞ 隐蔽性：计算机病毒的隐蔽性不仅表现在其传染的速度快，不易被人发现，还表现在其病毒程序大都夹在正常程序之中，很难被发现。

☞ 破坏性：大多数计算机病毒在激活时都具有不同程度的破坏性，如：干扰屏幕的显示；占用系统的资源；修改和删除磁盘数据或文件内容。

☞ 潜伏性：计算机病毒侵入后，一般不会立即激活，而是有一定的潜伏期。不同的病毒其潜伏期的长短不同，有的为几个星期，有的则为几年。病毒程序在运行时，每次都要检测激活条件，条件成熟，病毒才被激活。

随着计算机网络的迅速发展，病毒不仅可以通过磁盘传播，还可以通过网络传播，当用户从网上下载资料时，就可能会把病毒同时带回来。目前的计算机病毒种类很多，如欢乐时光、爱虫、CIH、红色代码、爱情后门等。

### 4.1.2　计算机病毒的分类

计算机病毒从 20 世纪 80 年代开始流行，种类繁多。对病毒的分类方法也很多，按照计算机病毒程序的寄生方式来分类，可分为如下五类：

☞ 系统型病毒：这种病毒以替代方式占据了系统引导程序的位置，在系统启动时，病毒程序乘机进入计算机内存并首先被执行，这时系统就处于带毒状态，病毒程序将会伺机寻找目标传染和进行破坏活动。如"小球"病毒，"BEMP"等病毒都属于系统型病毒。

☞ 文件型病毒：这是一类专门传染系统软件、应用程序中的可执行文件的病毒。与系统型病毒不同，文件型病毒一般连接在可执行文件的首部、尾部，或插入文件的中间，当受感染文件被执行时，病毒程序先获得控制权，也就是先被执行，随即进入内存并驻留内存。

病毒程序也将伺机传染、繁衍及破坏，然后才转去执行原来的程序。如"黑色星期五"、"雨点"等就是文件型病毒。

&#9758; 复合型病毒：此类病毒既可以传染磁盘引导区，又可以传染可执行文件，兼有系统型病毒和文件型病毒的特点。如"Omicnon"病毒、"Natus"病毒便属于此类病毒。

&#9758; 宏病毒：此类病毒是利用 Word 的宏指令写成的，所以称为宏病毒。宏病毒专门感染、破坏 Word 文档。

&#9758; 电子邮件病毒：该类病毒利用电子邮件的方式来传播，所以称为电子邮件病毒。电子邮件病毒不但具有系统型和文件型病毒的特征，而且更厉害的是它会自行搜索你的电子信箱中的地址，然后通过这些地址将病毒传送给你的亲朋好友。

### 4.1.3　计算机病毒的防范

面对计算机病毒的大量涌现，为防止计算机中的信息资源受到破坏，必须树立较强的防范计算机病毒意识，养成良好的用机习惯，注意"计算机卫生"，为计算机系统及其信息资源创造一个干净的环境。

目前对计算机病毒的处理方法是：预防、检测、杀毒。

从预防来说，不仅要建立严格的管理制度，还要从技术上采取预防措施，技术上的措施主要是指从硬件和软件两部分入手，对要在系统中运行的程序进行检测，确认无病毒或杀毒后才允许进入系统运行。主要方法为：采用防病毒软件和安装防病毒卡。

一旦染上病毒，则应该使用反病毒软件来检查并清除病毒。常用的反病毒软件有：瑞星杀毒软件、金山毒霸等，这些软件的使用方法较为简单，用户可以参照软件说明书自己学习使用。由于病毒的种类很多，而且新的病毒还在不断地出现，因而已有的杀毒软件也需要不断升级更新，以便更有效地防治新的计算机病毒。

## 4.2　计算机网络安全

在计算机发展的初期，计算机资源共享只是通过磁盘进行的，只要管好了外部磁盘在本机上的使用，就能较有效地防范计算机病毒。随着计算机网络广泛应用，计算机病毒的传播方式也网络化了。此外，伴随着计算机网络技术的发展，非法的网络入侵方法和手段也越来越先进和隐藏。作为计算机的用户，我们不仅要了解计算机病毒及其传播方式，也要了解以盗取用户资料的信息为目的的非法入侵。

### 4.2.1　计算机黑客

黑客起源于 20 世纪 50 年代麻省理工学院的实验室，他们精力充沛，热衷于解决难题。20 世纪 60 年代的黑客是独立思考、奉公守法的计算机迷，他们利用分时技术允许多个用户同时执行多道程序，扩大了计算机及网络的使用范围。20 世纪 70 年代，黑客倡导了一场个人计算机革命，他们发明并生产了个人计算机，打破了以往计算机技术只掌握在少数人手里的局面，并提出了计算机为人民所用的观点，这一代黑客是计算机史上的英雄，其领头人是苹果公司的创建人史蒂夫·乔布斯。20 世纪 80 年代，黑客的代表是软件设计师，包括比尔·盖茨在内的这一代黑客为个人计算机设计出了各种应用软件。而就在这时，随着计算机重要性的提高，大型数据库也越来越多，信息也越来越集中在少数人手里。黑客开始为信息共享而奋斗，这时黑客开始频繁入侵各大计算机系统。

如今的黑客队伍人员杂乱，既有善意的，以发现计算机系统漏洞为乐趣的；也有玩世不恭，好恶作剧的；还有纯粹以私利为目的，任意篡改数据，非法获取信息的网络黑客。网络黑客通常把个人利益放在第一位，利用自己的计算机技术在网络上从事非法活动，他们试图非法进入别人的计算机系统，窥探军事及商业秘密，盗用电话号码、银行账号等，他们利用计算机从事网络犯罪，已成为计算机安全的一大隐患。

随着网络技术的发展，在网上还出现了大量公开的黑客网站，使得获取黑客工具、掌握黑客技术越来越容易，从而导致网络信息系统所面临的威胁也越来越大。

### 4.2.2 计算机木马

木马和病毒都是一种人为的程序，都属于电脑病毒。但是以前的电脑病毒，其目的完全就是为了搞破坏，破坏电脑里的资料数据，除了破坏之外其他无非就是有些病毒制造者为了达到某些目的而进行的威慑和敲诈勒索的作用，或为了炫耀自己的技术。计算机木马不一样，木马的作用是赤裸裸地偷偷监视别人和盗窃别人密码、数据等，以达到偷窥别人隐私和得到经济利益的目的。木马属于病毒中的一类，我们将单独列出，是为了引起大家的重视。

#### 1. 计算机木马的种类

计算机木马主要可以分为以下五类：

Downloader：能够从 Internet 下载其他渗透的恶意程序。

Dropper：用于将其他类型恶意软件放入所破坏的计算机中的木马。

Backdoor：一种与远程攻击者通信，允许它们获得系统访问权并控制系统的应用程序。

Keylogger：即按键记录程序，是一种记录用户键入的每个按键并将信息发送给远程攻击者的程序。

Dialer：用于连接附加计费号码的程序。用户几乎无法注意到新连接的创建。Dialer 只能对使用拨号调制解调器（现在已很少使用）的用户造成破坏。

#### 2. 计算机木马的传播方式

计算机木马的传播方式主要有两种：一种是通过 E-mail，控制端将木马程序以附件的形式夹在邮件中发送出去，收信人只要打开附件系统就会感染木马；另一种是软件下载，一些非正规的网站以提供软件下载为名义，将木马捆绑在软件安装程序上，下载后，只要一运行这些程序，木马程序就会自动安装。

#### 3. 计算机木马的查杀

计算机木马虽然是一种计算机病毒，通常对计算机木马的查杀是通过专门的木马查杀工具来实现的，这样可以提高查杀效率。例如，金山毒霸是查杀病毒为主，而金山卫士则以查杀木马为主。

木马查杀程序只对木马进行处理，不去检查普通病毒库里的病毒代码，因为查杀木马要花费较多的时间，检查一个文件往往要经过几万条木马代码的检验，如果再加上检查已知的病毒代码（至少10万个），那速度就太慢了。

### 4. 计算机木马的防患

防患计算机木马主要措施如下：
- 安装木马查杀软件和个人防火墙，并及时升级。
- 把个人防火墙设置好安全等级，防止未知程序向外传送数据。
- 可以考虑使用安全性比较好的浏览器和电子邮件客户端工具。
- 防止恶意网站在自己电脑上安装不明软件和浏览器插件，以免被木马趁机侵入。

# 4.3 杀毒软件及其使用

目前，杀毒软件使用比较多的有瑞星、江民、卡巴斯基、金山毒霸、360杀毒等等。这里主要介绍瑞星杀毒软件、金山查毒软件的基本用法。

## 4.3.1 国内主流杀毒软件比较

国内的杀毒软件非常之多，一些知名的杀毒软件的功能几乎相当，主要差别体现在服务和兼容上。有的采用免费服务，但兼容性较差；有的则实行收费服务，兼容性较好。用户的选择可以根据实际情况而定。

由于杀毒软件实行不间断的保护，软件不停顿地运行在计算机中，因此我们有必要根据自己的情况选择适当的杀毒软件。有人使用 Windows 任务管理器，对国内主流杀毒软件进行比较，其比较结果见表4-1所示。

表4-1　杀毒软件占用计算机资源情况比较

| 软　件 | 监 控 状 态 | | 扫 描 状 态 | | |
|---|---|---|---|---|---|
| | CPU 使用率 | 占用内存 | CPU 使用率 | | 占 用 内 存 |
| | | | 峰　值 | 稳　定 | |
| 360 杀毒软件 | 3% | 111MB | 100% | 55% | 121MB |
| 瑞星杀毒软件 | 5% | 239MB | 100% | 61% | 268MB |
| 江民杀毒软件 | 18% | 175MB | 100% | 75% | 283MB |
| 金山杀毒软件 | 3% | 97MB | 100% | 32% | 124MB |
| 卡巴斯基软件 | 16% | 137MB | 100% | 接近100% | 219MB |

注：此表仅为大家提供了一个比较杀毒软件的方法，由于杀毒软件有不同的型号，故本表数据不能完全作为评判杀毒软件的依据。真实数据还需用户运用该法自行评测。

## 4.3.2 金山毒霸

金山毒霸是用于杀毒的专用软件。如图4-1所示的是金山毒霸2012版的主窗口。
（1）单击其中的"病毒查杀"，可以打开如图4-2所示的"查杀病毒"窗口。

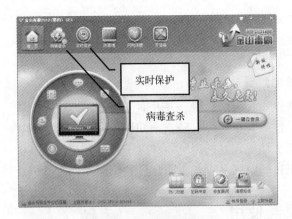

图 4-1　金山毒霸主窗口

图 4-2　金山毒霸"查杀病毒"窗口

（2）单击主窗口的"实时保护"，可以打开如图 4-3 所示的窗口。要对系统进行实时保护，可选择"系统防御"。此处，针对几种特别容易被侵入的行为，还提供了五种边界防御功能：上网安全保护、聊天安全保护、看片安全保护、网络下载保护和 U 盘实时保护。

图 4-3　金山毒霸"实时保护"窗口

（3）单击主窗口的"防黑墙"，可以打开如图4-4所示的窗口。金山防黑墙能对系统安全进行快速检测，查找容易被黑客利用的"后门"，并提供全套系统安全加固方案。另外，特别对黑客扫描端口入侵、下载病毒木马和控制摄像头等行为进行专项防护。

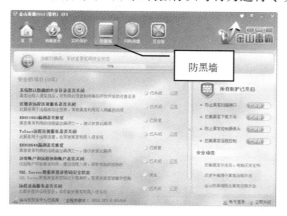

图4-4　金山毒霸"防黑墙"窗口

### 4.3.3　金山卫士

金山卫士的主要功能是查杀木马。金山卫士的主窗口如图4-5所示，在主窗口下可以进行安全体检和性能体检。

（1）在金山卫士的主窗口单击"查杀木马"，可以打开如图4-6所示的窗口。查杀木马的方式有三种：快速扫描、全盘扫描和自定义扫描。

图4-5　金山卫士主窗口

图4-6　金山卫士"查杀木马"窗口

（2）在"修复漏洞"窗口，金山卫士主要针对系统所存在的漏洞进行修复，修复方式有两种：一是针对系统的漏洞安装修复代码，即打补丁；另外就是为系统组件进行程序升级，更新有漏洞的程序。"修复漏洞"窗口如图4-7所示。

（3）"系统优化"主要解决速度慢的问题。一是开机速度，为了提高开机速度，可以将系统启动阶段的程序推后启动或不启动，以提高开机速度；二是根据具体情况开启或关闭一些加载的程序，以释放一些被占资源，进而提高系统的性能；三是对上网的流量监控，通过对上传和下载的流量进行监控，可以判断一些异常情况，同时还可以对一些消耗流量较大的程序进行限制；四是网络测速，这是一个软件，通过对网络的测速，可以使我们更好地为各程序分配网络流量。"系统优化"窗口如图 4-8 所示。

图 4-7　金山卫士"修复漏洞"窗口　　　　图 4-8　金山卫士"系统优化"窗口

### 4.3.4　瑞星杀毒软件

瑞星作为国内认知度最高的反病毒品牌之一，有着广泛的应用人群和良好的口碑，并且具有较高的市场占有率。

瑞星杀毒软件的安装非常简单，按照安装向导的提示就可以顺利完成整个过程。在程序复制完成后，还需要正确设置相关的一些参数。这个过程是在向导的引导下完成的，即使没有任何软件安装经历的人，也可以在向导的帮助下顺利完成安装。

安装完成后进入"杀毒"界面，如图 4-9 所示，在"杀毒"界面中可以采用三种方式进行查杀，分别是"快速查杀"、"全盘查杀"及"自定义查杀"，可以根据需要采用不同的方式进行杀毒处理。在"电脑防护"中主要是智能主动防御和实时监控的设置，如图 4-10 所示。"瑞星工具"中主要列出了当前系统已安装的系统常用工具，如图 4-11 所示。在"安全资讯"中主要是产品活动资讯，如图 4-12 所示。

图 4-9　瑞星杀毒软件"杀毒"　　　　图 4-10　瑞星杀毒软件"电脑防护"

图 4-11 瑞星杀毒软件"瑞星工具"

图 4-12 瑞星杀毒软件"安全资讯"

## 4.4 Windows 防火墙及其配置

从 Windows XP 开始，Windows 系统就自带防火墙，防止黑客或恶意软件通过网络入侵您的计算机，经过 Windows Vista 的发展，Windows 7 中的防火墙日臻完善。首先，通过控制面板中的选项您就可以直观地完成防火墙的所有设置，界面简洁清晰；其次，Windows 7 的防火墙中集成了高级安全 Windows 防火墙，能够更加专业、全面地进行防火墙策略配置。

### 1. 打开 Windows 7 防火墙界面

打开"控制面板"窗口，单击"系统和安全"，打开 Windows 防火墙对话框，如图 4-13 所示，在这个对话框中您可以直观地看到当前计算机与不同网络的连接状态，以及相应的网络保护措施。

图 4-13 Windows 防火墙对话框

对于普通用户而言，Windows 7 防火墙常规设置即可满足您通常的安全需求。您可以自定义每种网络的防火墙设置，还可以选择允许通过防火墙的程序或功能。

### 2. 自定义每种类型网络的设置

通过对不同的网络位置使用不同的保护措施，可以更加灵活地保护计算机安全。例如，计算机在公用网络中面临的威胁往往多于家庭或工作网络，因此对于公用网络可以设置更加严格的传入连接规则，以获得更有保障的安全防护。

提示：传入连接表示网络中发来的数据包的目的地为本机（如即时通讯软件接收文件），而传出连接则表示数据包由本机发出（如应用程序连接某个网站）。

单击图 4-13 所示左侧的"打开或关闭 Windows 7 防火墙"或者"更改通知设置"，即可针对每一种网络位置进行独立的设置，如图 4-14 所示。

图 4-14　自定义每种类型网络的设置窗口

启用 Windows 7 防火墙的情况下，可以进行如下两个设置：

● "阻止所有传入连接，包括位于允许程序列表中的程序"。如果阻止所有传入连接，可能会影响允许程序列表中的程序正常使用，因此默认情况下，该选项是不选中的。

● "Windows 7 防火墙阻止新程序时通知我"。该选项能够便于对是否让防火墙阻止该新程序做出判断响应，建议选中。

### 3. 设置允许通过 Windows 7 防火墙的程序或功能

单击图 4-13 所示对话框左侧的"允许程序或功能通过 Windows 7 防火墙"，即可在程序和功能层面进行传入连接的规则设置，如图 4-15 所示。

可以允许某一程序或功能通过 Windows 7 防火墙通信，并且设置对一个或几个网络位置生效。如果需要添加另外的应用程序允许规则，可以单击图 4-15 所示右下角的"允许运行另一程序"。

### 4. Windows 7 防火墙高级设置

在常规设置中，我们已经可以选择某一程序或功能通过防火墙。如果需要对传入连接进

图 4-15 允许程序通过 Windows 7 防火墙通信窗口

行更加详细地规则定制，或者需要对传出连接也进行过滤，可以通过高级安全 Windows 7 防火墙设置。

高级安全 Windows 7 防火墙使 Windows 7 防火墙更加专业，能够提供更加全面的安全保障。普通 Windows 7 防火墙只能对入站连接请求进行过滤，而高级安全 Windows 7 防火墙是双向防火墙，可以对所有的入站和出站请求进行更为详细地规则设置，比应用层级的防火墙更为安全。

单击图 4-13 所示对话框左侧的"高级设置"，即可进入高级安全 Windows 7 防火墙的设置，如图 4-16 所示。

图 4-16 高级安全 Windows 7 防火墙窗口

### 5. 高级安全 Windows 7 防火墙属性设置

单击图 4-16 窗口右侧"操作"下的"属性"项，即可进入属性设置对话框，如图 4-17 所示。在防火墙属性设置里，可以对域、专用和公用配置文件进行设置，这三个配置文件分别应用于域、专用和公用网络，以指定计算机连接到某个网络时的行为。

与只能设置入站连接的常规设置相比，在高级安全 Windows 7 防火墙属性设置中，可以对入站连接和出站连接分别进行设置。入站连接通常选择"阻止（默认值）"，我们可以通过添加例外的方式允许通过防火墙通信的程序。出站连接多数情况下是安全的，故而通常选择"允许（默认值）"，对于一些试图在用

图 4-17　高级安全防火墙属性设置对话框

户不知情时连接外部某个网站的程序，我们同样可以通过添加例外的方式阻止该出站连接。

## 习　题　4

4.1　计算机病毒是什么？

4.2　计算机病毒有什么危害？

4.3　计算机病毒有哪些类型？

4.4　计算机感染了病毒怎么办？

4.5　计算机病毒能预防吗？

4.6　杀毒软件可以清除所有病毒吗？

4.7　计算机病毒怎么传播？

4.8　目前有哪些杀毒软件？

4.9　杀毒软件需要升级吗？

4.10　计算机防火墙如何设置？

4.11　试安装金山毒霸并完成一次病毒查杀。

4.12　试安装金山卫士并完成一次木马查杀。

4.13　试下载并安装 360 杀毒软件，完成一次病毒查杀。

4.14　试下载并安装 360 安全卫士，完成一次木马查杀。

4.15　下载并安装"瑞星卡上网安全助手"软件。

# 第5章 中文 Word 2010 基础

Office 2010 中文版是由 Microsoft 公司开发的全面支持中文的办公自动化集成软件包。其中包括文字处理软件 Word 2010、电子表格软件 Excel 2010 等 10 个自成体系的软件。从本章开始，我们介绍其中的文字处理软件 Word 2010、电子表格软件 Excel 2010 和演示文稿处理软件 PowerPoint 2010。

## 5.1 Word 2010 文档

通常，Word 2010 中编辑处理的数据文件统称为 Word 文档。我们可以将 Word 文档理解为一种特殊格式的文件，而 Word 2010 能够处理这种格式的文件。

### 5.1.1 理解文件格式

文件格式是文件中信息的存储方式，程序据此来打开或保存文件。文件格式由文件名后三个字母的扩展名来标识。例如，要在 Microsoft Word 2010 中保存一个新文档，默认情况下，Word 会以扩展名为 .docx 的 Word 2010 格式进行保存。如果需要将文档转换成另一种文件格式，以便在其他程序或早期版本的 Word 中打开该文档，可在保存文档时选择所需的文件格式。默认情况下，安装 Word 2010 时会包含很多种文件格式。

### 5.1.2 Word 2010 文档类别

#### 1. 空白文档

如果希望创建传统的打印文档，则可以选择新建空白文档。这是 Word 2010 中默认的文档，其扩展名为 .docx。

#### 2. Web 页

如果希望在 Intranet 或 Internet 上通过 Web 浏览器查看文档的内容，可以创建一份 Web 文档。Web 页在 Web 版式视图中打开，保存为 HTML 格式。Web 文档的扩展名为 .htm 或 .html。

#### 3. 模板

模板文件用于保存那些希望反复利用的编辑成果。如果想重复使用某些文字（包括其格式）、自定义工具栏、宏、快捷键、样式和"自动图文集"词条，则可以使用模板。模板文件的扩展名为 .dotx。

## 5.2　启动 Word 2010

### 5.2.1　通过"开始"菜单启动 Word 2010

#### 1. 通过"所有程序"列表启动 Word 2010

在安装 Office 2010 时，安装程序一般会在"开始"菜单中"所有程序"组中增加"Microsoft Office"项，该项目中有"Microsoft Word 2010"，单击它可以启动 Word 2010。通过 Windows "开始"菜单启动 Word 2010 的步骤如下：

☞ 单击"开始"按钮，弹出"开始"菜单，在菜单的左边单击"所有程序"。

☞ 在弹出的程序菜单中，单击"Microsoft Office"展开其下的程序列表，然后单击程序列表中的"Microsoft Word 2010"，见图 5-1 所示。启动 Word 2010 后会自动建立一个名为"文档1. docx"的空文档，再次启动时创建的文档为"文档2. docx"，以此类推。

#### 2. 通过"常用程序"列表来启动 Word 2010

如果"开始"菜单的"常用程序"列表中出现了"Microsoft Word 2010"，我们可以通过它启动 Word 2010。同时还可以将"Microsoft Word 2010"锁定在"常用程序"列表的上端。

图 5-1　通过"开始"菜单启动 Word 2010

### 5.2.2　启动 Word 2010 的其他方法

#### 1. 直接双击 WinWord 应用程序文件名

如果我们知道 Word 2010 应用程序的位置，则可以在找到该程序后，双击该程序名或相应的图标，直接运行该应用程序来启动 Word 2010。通常，Word 2010 应用程序的位置为：

C：\Program Files\Microsoft Office\Office14 \WinWord. exe

#### 2. 通过双击指向 WinWord 程序的快捷方式图标

通常，双击桌面上任何一个快捷方式图标，都将执行打开与该快捷方式所指向的程序。若一个快捷方式指向程序 WinWord. exe，则双击该快捷方式图标，将启动与之相应的程序"WinWord. exe"，并自动建立一个名为"文档1. docx"的空文档。

**3. 通过"开始"菜单运行程序文件启动 Word 2010**

知道了一个程序文件及其存储位置，就可以通过"开始"菜单中的"运行"命令，也可以启动 Word 2010。其方法是单击"开始"菜单中的"运行"，在如图 5-2 所示的对话框中输入程序文件的存储位置和文件名称"C：\Program Files\Microsoft Office\Office14 \Win-Word.exe"，再单击"确定"即可。

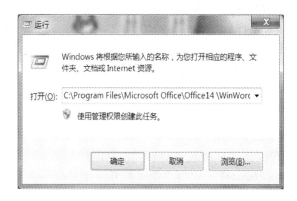

图 5-2　通过"开始"菜单运行程序

# 5.3　打开文档

打开文档的方法多样，有是的在运用程序"WinWord.exe"前，也有运用程序后打开。

## 5.3.1　通过 Word 2010 的"文件"选项卡打开文档

在已经启动 Word 2010 以后，可以利用"文件"选项卡下的"最近所用文件"来打开文档。以打开"D：\99ksw\Ksml3\Kswj8 - 2b. Doc"为例，其操作步骤如下：

☞ 单击 Word 2010 窗口左上方的"文件"选项卡，并在弹出的页面左边单击"最近所用文件"，出现如图 5-3 所示的"打开"对话框。

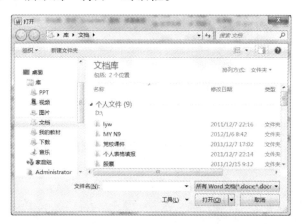

图 5-3　启动 Word 2010 后打开文档

☞ "打开"对话框的操作与资源管理器窗口较为相似，从中找到文件"D：\99ksw\Ksml3\Kswj8 – 2b. Doc"。在对话框左边找出文件夹"D：\99ksw\Ksml3"，并单击子文件夹"Ksml3"，然后在右边区域查找文件"Kswj8 – 2b. Doc"，找到后单击该文件图标。

☞ 单击"打开"按钮打开选定文件。

### 5.3.2 通过双击 Word 文档图标打开文档

一般来说，应用程序在安装时，都会在 Windows 系统中注册本程序要处理的文件，约定其文件扩展名和处理该文件的程序。Word 2010 的文档用". docx"作为扩展名标记，双击该类文件图标，将执行与之对应的程序 WinWord. exe，并打开该文档。以打开"D：\99ksw\ksml3\kswj8 – 2b. doc"为例，其操作如下：

☞ 双击桌面上的"计算机"。

☞ 在窗口右边找到 D 盘，单击 D 盘的图标。

☞ 在更新后的窗口右边找到文件夹"99ksw"，双击打开该文件夹。

☞ 在更新后的窗口右边找到文件夹"ksml3"，双击打开之。

☞ 找到文件"kswj8 – 2b. doc"，双击之便可打开该文件。

### 5.3.3 通过"搜索"工具查找文档

假如不知道文档的存放位置，还可以利用 Windows 2010 的"搜索"功能找到要打开的文档，然后双击该文档的文件名也可以打开文档。例如，要打开 D 盘下 99ksw 文件夹下 ksml3 中的文件 kswj8 – 2b. doc。则操作如下：

☞ 双击桌面上的"计算机"图标，然后双击窗口右边的 D 盘的图标。

☞ 在如图 5-4 所示的窗口右上角"搜索"框中输入要搜索的文件名"kswj8 – 2b. doc"。

☞ 双击找到的文件"kswj8 – 2b. doc"的图标，就可以打开该文档。

图5-4　通过查找文件打开文档

## 5. 4　Word 2010 程序窗口

Microsoft Office 2010 中各成员的窗口结构大致相同，但与 Windows 的资源管理器的程序窗口不太一样。

### 5.4.1 窗口的组成

图 5-5 显示的是一个 Word 2010 窗口，它主要由标题控制栏、快速工具栏、功能区、标尺、文档窗口、滚动条和状态栏组成。

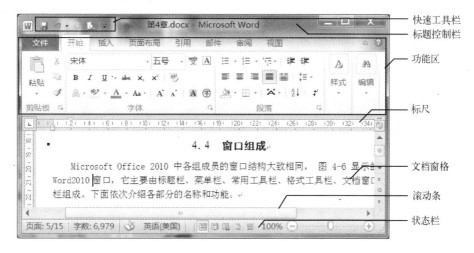

图 5-5　Word 2010 窗口组成

#### 1. Word 2010 窗口与资源管理器程序窗口比较

Word 2010 窗口与资源管理器程序窗口比较，区别主要体现在如下方面：

（1）首先，Word 2010 窗口没有菜单栏，而资源管理器则保留有菜单栏。

（2）其次，Word 2010 的控制栏与标题合并，样式也有了变化，而且保留了旧版本的标题控制菜单，同时还增加了一组快速工具按钮。

（3）最后，也是最大的变化，Word 2010 窗口取消了主菜单、改变了工具栏，将以前多栏工具合并为一个带 8 个选项卡的多页面工具栏，菜单已经被工具按钮所取代。

#### 2. 快速工具栏

快速工具栏的全称是快速访问工具栏。这是用于放置最常用功能按钮的位置，常用功能一般有：新建、打开、保存、电子邮件、快速打印、打印预览和打印、拼写和语法、撤消、恢复、绘制表格、打开最近使用过的文件等 11 个功能。具体设置什么功能按钮，可以单击该工具栏末端的"▼"，在如图 5-6 所示的列表中选择功能按钮。

快速工具栏除了以上 11 个功能按钮外，还可以选择其他命令，增加其他功能按钮可选择如图 5-6 所示的列表中的"其他命令"。

快速工具栏的位置通常与标题控制栏同在一行，但如果按钮太多，可以将其移到功能区下方显示，见图 5-6 所示最后一

图 5-6　自定义快速工具栏

个选项。

### 3. 功能区

Word 2010 程序窗口的功能区是一个带选项卡（标签）的多重功能区，通常有 8 个功能标签，随着我们选定的内容不同，功能区还有一些微小的改变。每个选项卡下都有一组功能按钮，这些功能按钮的图标和以前版本的工具栏按钮差不多，用鼠标指向按钮，都会弹出相应的注释，若有快捷键，也会一并显示。每个选项卡下的功能按钮都是按组分布的，有的组右下角有图标"■"，单击它会打开一个对话框。

功能区可以最小化，最小化的功能区只有单击功能区的选项卡时才会展开，否则被隐藏。功能区的展开和最小化按钮在窗口的右上方。

## 5.4.2　功能区

### 1."开始"功能区

如图 5-7 所示的功能区是"开始"选项卡下的功能按钮，其中分成剪贴板、字体、段落、样式和编辑等 5 个组，主要功能有：字体格式和段落格式设置、样式管理和应用、编辑。

图 5-7　"开始"功能区

### 2."插入"功能区

如图 5-8 所示的功能区是"插入"选项卡下的功能按钮。其中分成页、表格、插图、链接、页眉和页脚、文本、符号等 7 个组，主要用于插入图、表、页眉和页脚、艺术字和文本框、符号、分页符和链接等对象。

图 5-8　"插入"功能区

### 3."页面布局"功能区

如图 5-9 所示的功能区是"页面布局"选项卡下的功能按钮，其中分为主题、页面设置、稿纸、页面背景、段落、排列等 6 个组，主要用于设置页面的风格。

图 5-9　"页面布局"功能区

### 4. "引用"功能区

如图 5-10 所示的功能区是"引用"选项卡下的功能按钮，其中分为目录、脚注、引文与书目、题注、牵引、引文目录等 6 个组，主要用于生成目录、管理脚注和尾注、标记和插入引文、插入题注和索引等。

图 5-10　"引用"功能区

### 5. "邮件"功能区

如图 5-11 所示的功能区是"邮件"选项卡下的功能按钮，该功能区用于批量制作邮件，如成绩报告单、会议邀请函等。

图 5-11　"邮件"功能区

### 6. "审阅"功能区

如图 5-12 所示的功能区是"审阅"选项卡下的功能按钮，其中分为校对、语言、简繁转换、批注、修订、更改、比较、保护等 8 个组，主要用于检查校对、翻译、中文简繁转换、管理批注、修订文档、比较文档、保护文档等。

图 5-12　"审阅"功能区

### 7."视图"功能区

如图 5-13 所示的功能区是"视图"选项卡下的功能按钮，其中分为文档视图、显示方式设置、显示比例设置、窗口操作、宏应用和其他个性命令等 6 个组，主要用于设置文档视图、设置页面视图、调整显示比例、设置窗口排布、宏的定义和调用、其他个性化命令等。

图 5-13  "视图"功能区

### 8."文件"功能区

如图 5-14 所示的功能区是"引用"选项卡下的功能按钮，这是唯一一个外形有点类似于菜单的功能区，该功能的左边是功能按钮，单击这些按钮，或是打开命令对话框、或是直接在右边空格中显示相关信息，也有些功能按钮按下后无须交互式操作，例如，保存、关闭、退出等按钮。通过本功能区，可以完成对文件的操作，另外，Word 2010 的一些在功能区没有的设置，可以在此处的"选项"按钮下找到。

图 5-14  "文件"功能区

## 5.4.3  文档编辑区

文档编辑区专门用于插入、加工和编辑文字、表格、图形或其他的文档信息。在文档编辑区有以下两个常见标志符。

### 1.插入点

不断闪烁的竖线"｜"，用于标明当前光标（插入点）位置。通过鼠标单击操作可以改变插入点的位置。

### 2. 段落符

在输入的过程中，按回车键将产生一个段落结束标志"↵"，段落结束标志是 Word 2010 排版的主要依据，但该符号不会被打印出来。另外，通过"视图"菜单中的"显示段落标志"命令可以使其显现或隐藏。

### 5.4.4　状态栏及其他屏幕元素

#### 1. 状态栏

状态栏位于 Word 2010 窗口的最下方，用来显示当前正在编辑的位置、时间、状态等信息。用鼠标双击其不同的部位，可直接改变编辑状态和方式，或是提供一种编辑服务。例如，单击"插入"处，可以将键盘录入方式设置为插入，同时，原来显示为插入的按钮变更为"改写"；又例如，要改变显示比例，可调整状态栏右端的滚动条。

当前页面所处在文档的位置、本文档字数、是否有拼写和语法错误、语言所处的区域、插入或改写方式、文档的视图、显示比例等信息均在状态栏上显示。

状态栏的显示项上往往链接了功能命令，用鼠标指向其上可以看到功能命令说明。例如，用鼠标单击状态栏的左端的"页：XX/XX"，将启动"查找和替换"的定位服务。

#### 2. 标题控制栏

Word 2010 窗口没有单独的控制栏，控制菜单、控制按钮均设置在与标题齐平的位置，另外还有一个快速访问工具栏也安放在此处。

要执行对窗口的拖放操作，应该用鼠标拖住标题控制栏的空白处或标题处。如果快速访问工具栏按钮过多，可以将其移到功能区的下方。

#### 3. 滚动条

在 Word 文档编辑区的下方和右侧各有一横向滚动条和纵向滚动条，分别对文档页面作水平和垂直方向的滚动，此两个滚动条的使用方法与其他 Windows 的应用软件中滚动条的使用方法相同。

#### 4. 标尺

在文档编辑区的上方和左侧有以厘米为刻度单位的尺子，称为标尺。利用标尺可变更段落的缩进方式、调整边界、改变表格的宽度。当鼠标指针移至横向或纵向标尺的两端时，鼠标指针分别呈现出"↔"或"↕"的形状，这时拖动鼠标便会改变整个文档距页面上下左右边界的距离。标尺上有 4 个调整各种缩进量的滑块。在"视图"菜单的"标尺"命令可以显示或隐藏标尺。

## 5.5　文档视图

Word 2010 提供了多种在屏幕上查看文件的方式，或者说提供了多种文档视图，以适应用户不同的编辑工作。下面介绍主要的几种文档视图。

### 5.5.1　页面视图

页面视图提供了一种所见即所得的显示方式，也就是说，页面视图显示的是打印效果，它不仅显示了文字的格式，还显示了文档在页面上的布局效果，包括页眉、页脚、页边距以及纸张边界。图 5-15 所示为页面视图显示。

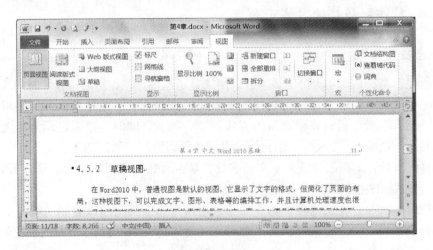

图 5-15　页面视图

### 5.5.2　草稿视图

在 Word 2010 中，草稿视图是简化的视图，它显示了文字的格式，简化了页面的布局，也不显示图片。这种视图下，可以完成文字、表格等的编排工作，并且处理速度也很快，但文档在打印纸张上的布局效果不能显示出来。图 5-16 所示便是草稿视图显示的情形。

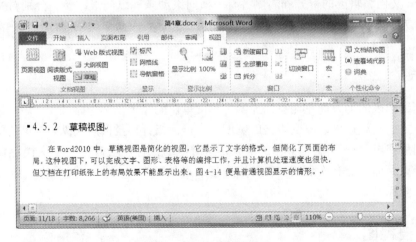

图 5-16　普通视图显示

### 5.5.3 Web 版式视图

Web 版式视图与普通视图有些相似，但可以对图片编辑，且正文显示不受纸张宽度限制，并且自动折行以适应窗口的宽度。Web 版式视图显示效果如图 5-17 所示。

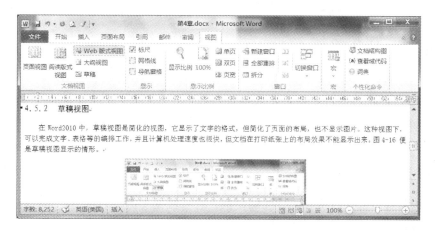

图 5-17　Web 版式视图

### 5.5.4 大纲视图

大纲视图提供了一种可以展开和收缩内容的显示方式，当将其内容收缩时，可以非常方便地查看文档的结构，而展开时，又能查看文档的细节内容，但不能显示编辑图片。大纲视图的示例见图 5-18。

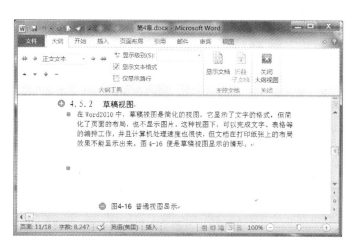

图 5-18　大纲视图

### 5.5.5 阅读版式视图

阅读版式视图使得我们可以像阅读电子书一样浏览文档，浏览看到的是文档的内容和版式，看不到页面版式，也不能修改文档。阅读版式视图的示例见图 5-19。

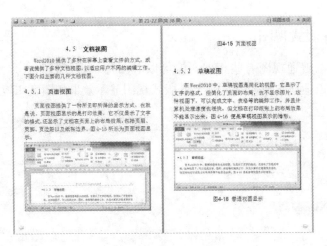

图 5-19　阅读版式视图

### 5.5.6　文档结构图

文档结构图是一个只显示各级标题的窗格，它一般处于窗口的左边，其右边窗格显示文档的完整内容，而且左右两个窗格具有"联动"效果，只要在其中一个窗格中移动光标，另一个窗格中的光标会自动移动到相应的位置。文档结构图窗格显示方式与大纲视图有些相似，但只显示标题不显示正文，利用它便于显示文档的总体结构。文档结构图的显示效果见图 5-20。

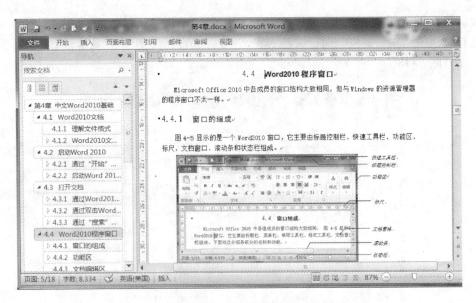

图 5-20　文档结构图

说明：文档结构图是 Word 2003 等老版本中的视图，在 Word 2010 中，文档结构图被集成到"导航窗格"，通过选择"视图"功能区"显示"组的"导航窗格"，便可以打开"导航"窗格，在"导航"窗格中单击第一个选择卡"浏览您的文档中的标题"，就可以打开文档结构图。

### 5.5.7　拆分窗口

使用"拆分窗口"功能可以将同一个文档显示在两个窗口中，从而可以同时显示文档中任何两个位置的内容，以方便编辑文档。拆分窗口的操作如下：

☞ 单击"视图"功能区"窗口"组中的"拆分"命令，编辑窗口中将会出现一位置随鼠标联动的灰色长条，参见图5-21。

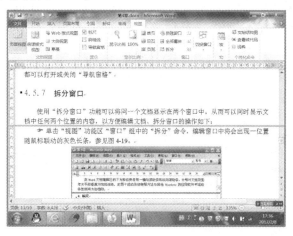

图 5-21　窗口出现随鼠标联动的分隔条

☞ 在适当的位置单击鼠标即可将窗口一分为二，两个窗口中都是同一文档的内容，我们可以分别使这两个窗口分别显示文档不同部分的内容，见图5-22。

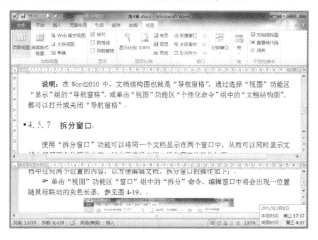

图 5-22　拆分窗口

☞ 如果要取消拆分窗口，只需单击"窗口"菜单中的"取消拆分"命令。另外，拆分窗口与文档结构图不能同时使用。当拆分窗口状态下再打开文档结构图时，将自动取消拆分窗口。

## 5.6　输入文本

使用计算机处理文字信息时，必须首先将文字变成计算机能识别的代码，文字变成计算机代码最基本的方法就是键盘输入。Word 2010 中文档编辑窗口就是一个输入文本的窗口。文本通过排版，可以形成理想的格式保存或打印输出。

### 1. 改写方式与插入方式

输入字符的方式为改写与插入方式，改写方式下，用户输入的内容将会逐字替代原有字符；插入方式下，则将用户输入的内容插入到插入点处，原有内容后退。无论是改写还是插入方式，当光标到达右边界时，会自动换行（不用按回车键）。如果要结束一段并另起一段输入文字，应按回车键。Word 2010 中的段落是依回车键来区分的。

如上所述，单击状态栏的"插入"，可将输入方式切换为改写，同时，原来的"输入"也变更为"改写"，再次单击此处，输入方式又变回到插入，并显示当前状态为"插入"。

### 2. 中英文的输入

录入英文时，直接用键盘键入英文字母，英文单字之间用空格分开。录入汉字时，可以使用 Windows7 中文版下的汉字输入法。单击屏幕右下角的输入法按钮，选择需要的汉字输入法，就可以输入汉字了。

### 3. 特殊符号的输入

如要插入个别特殊符号或繁体汉字，可以在"插入"功能区"符号"组选择"符号"命令。以插入符号"☑"为例，操作步骤如下：

☞ 在"插入"功能区"符号"组单击"符号"图标，然后单击弹出列表中的"其他符号"，出现如图 5-23 所示的对话框。

☞ 在显示的"符号"对话框中，先选中"字体"框中的"Wingdings2"，然后在符号列表中找到"☑"，并单击选定它。

☞ 单击"插入"，再单击"关闭"，如图 5-23 所示。

图 5-23　插入特殊符号

### 4. 撤消与恢复

Word 2010 为用户提供了"撤消"和"恢复"功能。当用户需要将前面所做的操作取消时，可以执行"撤消"命令，也可以用"恢复"命令来将已取消的操作恢复过来。"撤消"和"恢复"命令均可以同时对多步连续的操作进行取消和恢复。

☞ 要取消前面的操作，可以单击"菜单控制栏"上快速工具栏上的"撤消"命令，也可以按 Ctrl + Z 键。

☞ 要恢复前面取消的操作，可以单击"菜单控制栏"上快速工具栏上的"恢复"命令，也可以按 Ctrl + Y 键。

☞ 要取消或恢复多步连续操作，可以单击快速工具栏中"撤消"或"恢复"按钮右边的小三角按钮，然后用鼠标拖动来选择若干步连续的操作即可。

## 5.7  保存文档

用户输入到计算机中显示在屏幕上的文档，一般保存在计算机的内存中，一旦退出 Word 2010 或关机，内存中的内容将会全部消失，所以用户应当及时将输入的内容存储到磁盘上，以便日后使用，保存文件主要有两种方式：同名保存和更名保存。

### 5.7.1  同名保存

同名保存就是将当前编辑的文档按打开时的文件名保存。如果希望将当前文档同名保存，可以在"快速工具栏"中选用"保存"命令，或在"文件"功能区选择"保存"，也可以按快捷键 Ctrl + S。

Word 2010 还提供了一种自动保存文档的方法，用户可设置时间间隔，让计算机每隔一定时间（系统默认为 10 分钟）自动进行一次文档的保存。设置自动保存文档功能的方法如下：

☞ 在"文件"功能区中选择"选项"命令，在弹出的"选项"对话框内，单击"保存"选项标签，如图 5-24 所示。

图 5-24  设置自动保存文档

☞ 选中"自动保存恢复信息时间间隔"复选框，并在其右边的"分钟"框内填入新的间隔时间，也可以单击该框中的向上或向下按钮来改变间隔时间值。

☞ 完成设置后单击"确定"。

### 5.7.2 保护文档

Word 2010 提供了几种文档保护方法，其中较实用的有两种，其一是通过密码来保护文档，在 Word 2010 中，为了防止文档未经授权就被更改，可以事先为文档设置一个密码，只有通过密码验证的用户才可以打开或修改文档，密码又分为打开文档密码和修改文档密码；另一种是将打开文档的方式设置为只读方式。

**1. 创建和取消打开文档密码**

为了保护文档，可以为文档创建打开密码，不知道密码便打不开文档。创建和取消打开文件密码的操作如下：

☞ 打开要加密的文档。

☞ 在"文件"功能区"信息"选项下，单击"保护文档"，再从弹出菜单中选择"用密码进行加密"（见图 5-25）。

☞ 在"加密文档"对话框的"密码"文本框中键入密码，再单击"确定"后再次键入相同密码，最后再单击"确定"关闭。

要删除文档打开密码，只需在如图 5-25 所示的窗口重新单击"用密码进行加密"，然后在"加密文档"对话框清除"密码"文本框中的内容即可。

图 5-25　创建打开文件时的密码

**2. 创建和取消修改文档密码**

创建和取消修改文档密码的操作如下：

☞ 打开要加密的文档。

☞ 在如图 5-25 所示的窗口单击"限制编辑",也可以在"审阅"功能区单击"保护"组内的"限制编辑"按钮,出现如图 5-26 所示的对话框。

☞ 如果要限制对选定的样式设置格式,选择"1. 格式设置限制"下的复选框。

☞ 在"2. 编辑限制"下选择允许修改的类型,除这些类型,其他内容均不允许修改。允许的类型有:修订、批注、填写窗体、不允许任何更改(只读)。

☞ 单击"是,启动强制保护"按钮,然后输入修改密码,便进入编辑限制状态。关闭如图 5-27 所示的对话框。

☞ 如果要退出限制编辑状态,在如图 5-25 所示的窗口单击"限制编辑",也可以在"审阅"功能区单击"保护"组内的"限制编辑"按钮,出现如图 5-27 所示的对话框。再单击其下方的"停止保护"按钮,并输入修改文档密码,返回正常编辑状态。

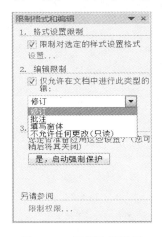

图 5-26　限制编辑设置

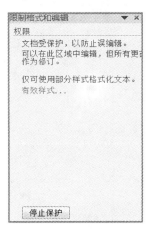

图 5-27　限制编辑状态

### 3. 将文档标记为最终状态

将文档标记为最终状态后,打开文档后会提示操作者不要再修改文档,但不是强制性措施。要将文档标记为最终版本,只需在如图 5-25 所示的窗口单击"标记为最终状态"即可。标记为最终状态的文档,打开时在窗口会有明显的提示。如图 5-28 所示是打开一个标记为最终状态的文档的情形,窗口中功能区被隐藏,并出现一个"标记为最终版本"的提

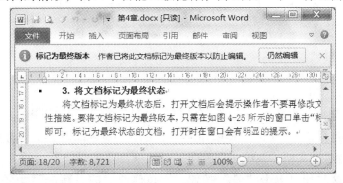

图 5-28　打开"标记为最终状态"的文档

示框，这时对文档的所有编辑操作将被忽略。如要取消"标记为最终状态"，可以单击该提示框中的"仍然编辑"按钮。

### 5.7.3 保存文档与退出 Word 2010

#### 1. 更名保存

更名保存就是将当前编辑的文档以新文件名保存，并且原文件仍然保留，该新文件与原文件作为两个独立的文件分别保存。将文件更名保存的命令是"另存为"，其操作如下：

☞ 在"文件"功能区中选用"另存为"命令，系统将弹出"另存为"对话框（见图5-29）。

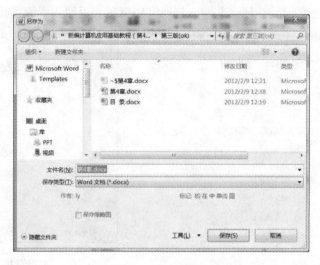

图 5-29  另外保存

☞ 在"另存为"对话框的左边选择保存文档的文件夹，在"文件名"文本框中输入新文件的文件名，选择"保存类型"，单击"保存"按钮。保存 Word 文档时，其文档类型决定了保存该文档所用的默认文件格式。

如果用户正在编辑的文件是一个尚未存过盘的新文档（如"文档1"），则执行"文件"菜单中的"保存"命令与执行"另存为"命令等效。

用户在执行"另存为"命令时，可以通过选择"保存类型"来改变类型保存。例如，如果文档需要在 Word 2003 下编辑，可以将"保存类型"指定为"Word 97 – 2003 文档（ * . doc）"。

#### 2. 关闭文档

Word 2010 可以同时打开多个文档文件以便于进行多文档的编辑操作。若不再使用当前的文档文件时，只要打开"文件"菜单并选择"关闭"命令即可关闭当前文档。

关闭一个修改后的文档，系统将先弹出一对话框，要求对修改后的文档进行修改确认，见图5-30所示。这时如果单击"是"按钮，则按修改后的最新内容保存；若单击"否"，则文档不重新存盘，保持原样；单击"取消"，将不执行本次关闭文档命令，回到编辑状态。

图 5-30　关闭文档时是否保存

### 3. 退出 Word 2010

退出 Word 2010 的方法有多种。最常用的方法是：通过"文件"功能区的"退出"命令。也可使用 Windows 7 操作中介绍过的 Alt + F4 组合键或单击标题栏窗口右上角的"关闭窗口"按钮。无论用哪一种方法关闭 Word 2010，计算机也将同时关闭所有打开的 Word 文档。

# 习　题　5

5.1　试问启动 Word 2010 的方法主要有哪几种?

5.2　请写出 Word 2010 窗口与 Windows 7 资源管理器窗口的主要区别。

5.3　输入文本的改写方式与插入方式有何区别?

5.4　请写出在 Word 2010 文档中插入特殊字符"✠"的方法。

5.5　试解释"撤消"与"恢复"功能的作用。

5.6　请简述 Word 2010"开始"功能区主要有哪些功能按钮。

5.7　试比较"保存"与"另存为"功能的相同点与不同点。

5.8　被最小化的 Word 2010 窗口通常隐藏在_____上。

5.9　Word 2010 文档的默认扩展名为_____。

5.10　在 Word 2010 中插入各种符号的操作方法是：单击_____菜单中的"符号"命令。

5.11　若要切换视图方式，应单击_____命令。

5.12　在 Word 2010 中，文本的对齐方式为"_____"。

# 第6章 文档的编辑

## 6.1 选定文本和图形

在对文档中的对象进行编辑前，必须先选定编辑对象，所以选定操作是最基本的编辑操作。

### 6.1.1 选定文本

在对文档中的某些文本进行编辑之前，往往需要先选定操作的范围，再选择有关操作命令。以下是常用的选定文本的方法。

**1. 选定任意数量的文本**

（1）用拖动方法选取文本。

☞ 首先将鼠标指针移到要选定的文本的开始位置处，按下鼠标左键不放。

☞ 将鼠标拖到要选定文本的结束位置处，使要选定的内容突出显示（即带底色显示），然后松开鼠标左键。如图 6-1 所示。

（2）扩展选定。

☞ 先将插入点定位在要选定文本的起点，然后按一次 F8 键，进入扩展选定状态。

☞ 用鼠标或键盘将插入点定位到要选定文本的最后文字后即选定所需文本。

☞ 选定所需文本后，可以用 Esc 键取消"扩展"状态，也可以直接选择操作命令对选定文本进行操作，命令执行完毕后，扩展选定状态自动被取消。

**2. 选定整篇文档**

只需在"开始"功能区单击"编辑"功能按钮，然后单击"选择"，再单击"全选"，就可以选定整篇内容。见图 6-2。

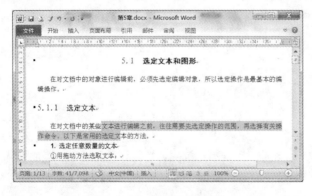

图 6-1 文本选定时的显示

图 6-2 全选操作

### 3. 选定多行文字

将鼠标指针移到该行的左侧，直到鼠标指针变成一个"⟍"箭头，然后向下或向上拖动鼠标，就会有多行文字带底纹显示，表明这多行文字被选定。

### 4. 选定跨页的大块文本

☞ 单击该块内容的开始处。
☞ 滚动页面直到该块内容结束处出现在当前页面内。
☞ 按住 Shift 键不放，将鼠标指针移到该块内容结束处单击鼠标。

### 5. 选定一个矩形区域文本（不含图和表格）

☞ 将鼠标指针移到要选定的区域的一角。
☞ 按住 Alt 键不放，沿矩形对角线拖动鼠标。

### 6. 选定文本的快捷键

键盘上有许多功能控制键，利用这些控制键，可以快速选定不同范围内的文本，具体方法如表6-1所示。

表6-1　选定文本的快捷键

| 操 作 键 | 选 定 范 围 |
| --- | --- |
| Ctrl + Shift + ↑ | 从插入点处到段落开头 |
| Ctrl + Shift + ↓ | 从插入点处到段落末尾 |
| Ctrl + Shift + ← | 从插入点处到单词（英文）首 |
| Ctrl + Shift + → | 从插入点处到单词（英文）尾 |
| Ctrl + Shift + End | 从插入点处到文档结尾 |
| Ctrl + Shift + Home | 从插入点处到文档开头 |
| Ctrl + A | 整个文档 |
| Shift + ↑ | 插入点所在行的上一行 |
| Shift + ↓ | 插入点所在行的下一行 |
| Shift + ← | 插入点左边一个字符 |
| Shift + → | 插入点右边一个字符 |
| Shift + End | 从插入点到行尾 |
| Shift + Home | 从插入点到行首 |

## 6.1.2 选定图形

Word 2010 可以在处理文字的同时处理图形，在处理图形前也需对要处理的图形进行选定。对图形的选定操作较简单，用鼠标单击图形即可。一个被选定的图形四周呈现对象选定边框，在边框上共有 8 个尺寸控制点，用于调整图形的大小，此外还有一个旋转控制点，用于对图形进行旋转处理。如图6-3所示。

图 6-3　图形选定时的显示

提示：当一个图形被选定时，功能区的选项卡会增加一个"图形工具——格式"。这是对图形编辑的专用工具，一旦图形选定被取消，该功能区就随之消失。见图 6-3。

## 6.2　文件的修改

### 6.2.1　拼写和语法检查

Word 2010 提供两种对拼写和语法进行检查的方法。

#### 1. 键入时自动检查

Word 2010 可以在键入时自动检查拼写和语法错误，并对可能是错误的拼写及语法标记为下画线。更正错误的方法是：首先用鼠标右键单击标为下画线的单词显示快捷菜单，然后在快捷菜单中选择用于替换画线部分的词条。如果希望 Word 2010 在用户键入时自动检查拼写和语法错误，则应进行如下设置：

☞ 单击"文件"功能区单击"选项"命令，在"Word 选项"对话框左边选择"校对"选项卡，出现如图 6-4 所示的对话框。

图 6-4　拼写和语法检查设置

☞ 选中"键入时检查拼写"和"键入时标记语法错误"两个复选框。

☞ 单击"确定"按钮。

### 2. 文档创建完毕检查

文档创建完毕时，您可以让 Word 2010 搜索文档中的拼写和语法错误。当 Word 2010 发现可能的错误时，可首先更正该错误，然后继续检查。完成文档输入后，可按如下步骤进行拼写和语法检查：

☞ 在"审阅"功能区单击"校对"组的"拼写和语法"图标。

☞ 当 Word 2010 发现拼写或语法错误时，会出现如图 6-5 所示的"拼写和语法检查及更正"对话框，在"建议"框中选择正确的词条后，单击"更改"按钮让计算机用所选内容自动更改；也可以直接在"输入错误或特殊用法"下面的编辑框中，对找到的错误进行更正后单击"下一句"按钮；如不想更改则可以单击"忽略一次"或"全部忽略"按钮。

图 6-5 拼写和语法检查及更正

### 3. 其他

在键入文档时，Word 2010 使用红色波浪下画线表示可能的拼写错误，使用绿色波浪下画线表示可能的语法错误。

状态栏右端第三个图标与拼写和语法检查有关，当该图标上出现"✗"时，表明有拼写或语法错误，单击它可以更正。

如果下面波浪线使文档显得很杂乱，可以暂时将其隐藏起来，在需要更正错误的时候再将其显示。操作方法是：

☞ 在如图 6-4 所示的"Word 选项"对话框中，单击"校对"选项卡。

☞ 选中"只隐藏此文档中的拼写错误"和"只隐藏此文档中的语法错误"两个复选框。

## 6.2.2 块操作

在 Word 2010 中，用户可以像在其他文字处理软件中一样使用编辑键对文档中的文本逐字修改。但此类修改只适用于个别字符的修改。而块操作才是编辑工作中高效常用的方法。

在块操作时，一般要先选定操作的区域。下面介绍主要的块操作方法。

### 1. 删除文本及图形

☞ 选定要删除的文本或图形。

☞ 按 Delete 键。

### 2. 在窗口内移动或复制文本或图形

☞ 选定要移动或复制的文本或图形。

☞ 将鼠标指针对准选定内容，待光标变成"⇖"后，按下鼠标左键拖动鼠标，使光标移到目标位置，然后放开鼠标，这时选定内容即被移动到新位置。如果要将选定内容复制到新位置，则只需在将选定内容拖动之前，先按住 Ctrl 键，当鼠标指针移到新位置后先松开鼠标，再松开 Ctrl 键，这样选定内容就被复制到新位置处。

如果光标指向选定内容时不出现"⇖"箭头，则需要在"工具"菜单中用"选项"命令，在"选项"对话框中选"编辑"选项标签，并选中"拖放式文字编辑"复选框。

### 3. 文档间选定内容的移动或复制

利用 Windows 的剪贴板可以实现文档间的内容移动和内容复制。其基本步骤是：

（1）移动选定内容：选定内容→剪切→将插入点移到新位置→粘贴。

（2）复制选定内容：选定内容→复制→将插入点移到新位置→粘贴。

例如，将文档 D:\99ksw\Ksml2\Kswj2 – 8. docx 中第一段复制到当前正打开的文档 File1 尾部。其操作如下：

☞ 打开文档 D:\99ksw\Ksml2\Kswj2 – 8. docx，并选定其中第一段内容。

☞ 单击常用工具栏中的"复制"命令（或单击"编辑"菜单中的"复制"命令），并关闭文档 D:\99ksw\Ksml2\Kswj2 – 8. docx。

☞ 单击任务栏中文档"File1"标签，并将插入点移到该文档的尾部（按 Ctrl + End）。

☞ 单击常用工具栏中的"粘贴"命令（或单击"编辑"菜单中的"粘贴"命令）。

文档间移动和复制方法也适用于同一文档内的移动和复制。

### 4. 插入文件

如果需要将另一文件的全部内容复制到当前文档，可以用 Word 2010 提供的插入文件命令，其操作步骤为：

☞ 将插入点定位到要插入文件的位置。

☞ 选择"插入"功能区，再单击"文本"组的"对象"按钮右旁的"▼"按钮，打开下拉列表框，从列表框中选择"文件中的文字"。

☞ 在如图 6-6 所示的"插入文件"对话框中选定要插入的文件后，单击"插入"按钮。

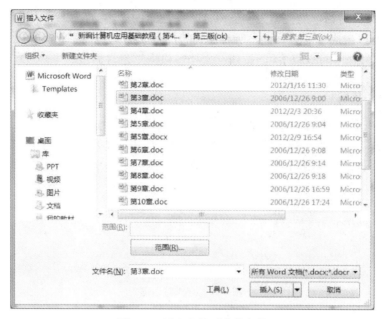

图 6-6　插入文件到当前文档

## 6.3　查找和替换

### 6.3.1　查找文本

Word 2010 中，增加了一种"集中查找、动态显示"的查找文本方法，并将这种方法集成到了文档结构图（也即导航窗格）中。使用方法如下：

☞ 在"插入"功能区单击"编辑"图标下方的"▼"按钮，然后在弹出的列表中单击"查找"图标右旁的"▼"按钮，出现如图 6-7 所示的菜单。

☞ 在如图 6-7 所示的菜单中单击"查找"图标，窗口左边会出现一个"导航"对话框，这个对话框有三个选项卡，第一个是文档结构图，第二个是文档的页面缩略图，第三个是查找。"导航"对话框见图 6-8 所示。

图 6-7　查找文本

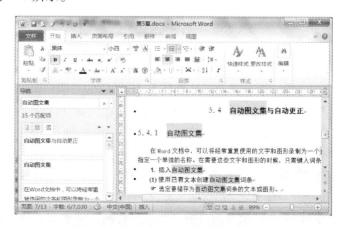

图 6-8　通过"导航"对话框查找文本

☞ 在"导航"对话框的搜索文本框内键入要搜索的文本。例如，输入"自动图文集"，文档窗格中就会以带底色的方式标出所有找到的"自动图文集"字符串。见图 6-8 所示。

☞ 单击"导航"对话框的关闭按钮，文档窗格恢复正常显示。

### 6.3.2 高级查找

以上查找是同时将找到的所有结果都显示出来。如果我们要逐个处理查找到的结果，这种方法就不方便了。高级查找适合于逐个查找逐个处理的情形。其使用方法如下：

☞ 在如图 6-7 所示的菜单中单击"高级查找"图标，出现如图 6-9 所示的查找对话框。

图 6-9　查找对话框

☞ 在"查找内容"文本框中输入要查找的文本，然后单击"查找下一处"，文档就会定位到从当前位置开始查找到的第一个结果处。

☞ 如果单击"阅读突出显示"，则可以使全文中符合查找条件的文本突出显示（即加底色显示）。

### 6.3.3 定位查找

在图 6-9 所示的对话框中单击"定位"选项卡（或单击如图 6-7 所示对话框的"转到"），则可以进行对页码、节号、行号等目标的定位。如图 6-10 所示。

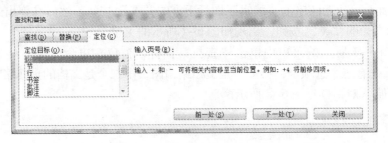

图 6-10　定位查找

如要查找文档的第 8 页，则在图 6-10 所示的对话框中的定位目标下选择"页"，然后在"请输入页号"框内输入数字 8，再单击"定位"，即可将插入光标定位到 8 页的起始位置。

### 6.3.4 替换正文

编辑文档时经常需要执行一串文字的统一替换，这类操作若由系统自动完成的话，既快又不会出错。具体方法如下：

☞ 在图 6-10 所示对话框中，单击"替换"选项卡，或通过"开始"功能区的"编辑"按钮调用"替换"命令，出现如图 6-11 所示的对话框。

☞ 在如图 6-11 所示的对话框中，将查找内容输入到"查找内容"文本框内，将用于替换的字符串输入"替换为"文本框内。

☞ 单击"替换"（逐个替换）或"全部替换"（一次全部替换）。

☞ 对有特殊要求的替换，可以单击"高级"按钮来设置。

图 6-11　替换正文文本

# 6.4　自动图文集与自动更正

## 6.4.1　自动图文集

在 Word 2010 文档中，可以将经常重复使用的文字和图形录制为一个自动图文集词条，并指定一个单独的名称。在需要这些文字和图形的时候，只需键入词条名称即可。

### 1. 插入自动图文集

☞ 选定要存储为自动图文集词条的文本或图形。如选择一个校徽图片。

☞ 在"插入"功能区，单击"文本"组的"文档部件"图标，并在弹出菜单中选择"自动图文集"，然后单击"将所选内容保存到自动图文集库"，见图 6-12。

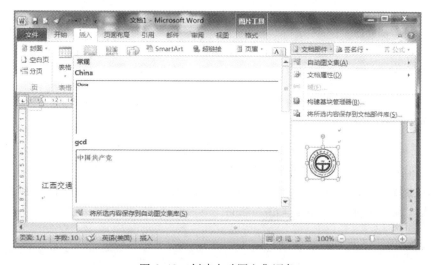

图 6-12　创建自动图文集词条

☞ 在如图 6-13 所示的"新建构建基块"对话框中输入自动图文集词条的名称，如，输入"jyxh"。

☞ 单击"确定"。

提示：完成以上操作后，在文档窗格输入"jyxh"后按 F3 键，就会自动插入一个校徽图片。

### 2. 修改自动图文集词条

图 6-13  "新建构建基块"对话框

☞ 在"插入"功能区，单击"文本"组的"文档部件"图标，并在弹出菜单中选择"构建基块管理器"。见图 6-14。

☞ 从"构建基块管理器"的左边列表框中找到要修改的词条，例如，"jyxh"，单击选中要修改的词条。

☞ 要修改所选词条，单击"编辑属性"按钮，在"修改构建基块"对话框完成修改。见图 6-14。

☞ 若要删除所选词条，单击"删除"按钮。

图 6-14  自动图文集词条的编辑

## 6.4.2  自动更正

"自动更正"功能是自动检测并更正键入错误、误拼的单词、语法错误和错误的大小写。例如，如果键入"the"及空格，则"自动更正"会将键入内容替换为"The"。还可以使用"自动更正"快速插入文字、图形或符号。例如，可通过键入"［1］"来插入"①"，或通过键入"ac"来插入"Acme Corporation"。

### 1. 打开或关闭"自动更正"选项

☞ 在"文件"功能区选择"选项"，并选择"校对"选项卡。

☞ 在"选项"对话框中单击"自动更正选项"按钮，出现如图6-15所示的对话框。

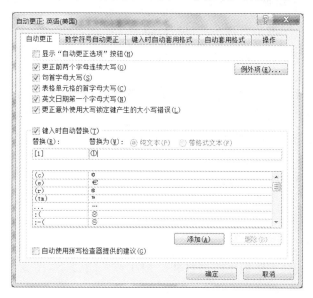

图6-15 "自动更正"功能设置对话框

☞ 请执行下列一项或多项操作：

● 要设置与大写更正有关的选项，请选中或清除对话框中的前四个复选框。

● 要打开或关闭"自动更正"词条，请选中或清除"键入时自动替换"复选框。

● 要使用拼写检查工具提供的更正内容，请选中"键入时自动替换"复选框，然后选中"自动使用拼写检查功能提供的建议"复选框。

● 要关闭拼写检查工具的更正功能，请清除"自动使用拼写检查器提供的建议"复选框。

## 2. 添加"自动更正"词条

如果内置"自动更正"词条列表中不包含所需的更正项，则可添加或编辑"自动更正"词条。用"自动更正"词条更正键入错误的过程与用其插入文字或图形的过程略有不同。若需用"自动更正"词条更正拼写错误，Word 2010 提供了在拼写检查过程中快速添加此类词条的方法。

下面的例子用于增加两个更正项，使得键入"［1］"时自动更正为"①"，而键入"ac"自动更正为"Acme Corporation"。

☞ 打开如图6-15所示的对话框，并选中"输入时自动替换"复选框。

☞ 在"替换"框内输入"［1］"，然后在其后的"替换为"框内输入"①"，再单击"添加"按钮，这样就得到用"［1］"替换"①"的更正项。

☞ 同理，在"替换"框内输入"ac"，然后在其后的"替换为"框内输入"Acme Corporation"，再单击"添加"按钮，便又得到用"ac"替换"Acme Corporation"的更正项。

☞ 单击"确定"按钮。

**3. 编辑或删除"自动更正"词条**

要修改或删除"自动更正"词条，可按以下方法操作：

☞ 在图 6-15 所示的对话框的"替换"框内输入要修改或删除的词条，也可以在"替换"框下方的列表中选择要修改或删除的词条。

☞ 如果要修改词条内容，可以直接在"替换为"框内输入新内容；如果要删除该词条，就单击"删除"按钮。

☞ 单击"确定"按钮退出对话框。

# 6.5 题注、交叉引用与目录

## 6.5.1 题注

题注是对图、表、公式等标记的编号和类型注释，如表 2，图 2 - 1 等，其类型注释是固定的，而编号是自动的。

**1. 插入题注**

☞ 选择要插入题注的位置。

☞ 在"引用"功能区单击插入题注，出现如图 6-16 所示的对话框。

☞ 选择在"标签"下拉列表框中选择标签，即题注的类型注释文字。若下拉列表框中没有中意的，可以单击"新建标签"按钮来自定义标签。

☞ 如果要改变题注的编号，可以单击"编号"按钮，在如图 6-17 所示的对话框中完成编号的定义。例如，需要使用带标题 1 的编号，可以选中"包含章节号"，再在"章节起始样式"中选择标题 1。标题号与题注标签之间的分隔号在"使用分隔符"中选择。

☞ 如果要启用自动插入题注，请单击"自动插入题注"按钮，这样每当插入相关的项目时，系统会自动插入题注。

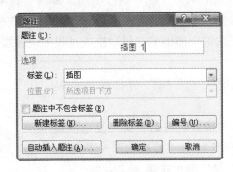

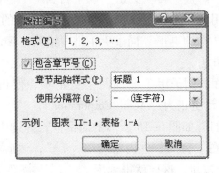

图 6-16　插入题注　　　　　　　图 6-17　修改题注编号

**2. 题注的引用与更新**

题注一经插入，可以在文章中被多次引用，而且被引用的题注的编号也是自动维护的，引用题注的方法是：

&#9758; 在"引用"功能区，单击"题注"组中的"交叉引用"，出现如图6-18所示的对话框。

&#9758; 在"引用类型"中选择引用类型。如果引用的是题注，则选择相关的题注标签。例如，选择"插图"。

&#9758; 在"引用内容"中选择引用的内容。如果是引用题注的标签、编号和题注的内容，应选择"整项题注"，如果只需要引用标签和编号，则选择"只有标签和编号"。

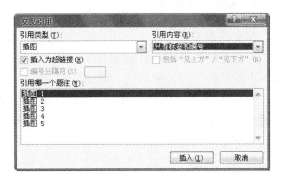

图6-18　引用题注

&#9758; 在"引用哪一个题注"再选定要引用的题注，单击"插入"按钮。

题注是按题注出现的顺序编号的，如果题注在文档的编辑过程中被移动，则需要通过"更新域"操作来重新排序。操作方法是：用鼠标右键单击要更新的题注，在弹出菜单中选择"更新域"。

## 6.5.2　交叉引用

"交叉引用"功能不仅能引用题注，也能引用编号、标题、书签、脚注、尾注等，它是一种将文档中已有的信息在文档的别处引用的方法，而且其中的编号是自动维护的。

### 1. 创建交叉引用

&#9758; 在"插入"功能区中，单击选择"交叉引用"，在弹出菜单中选择"交叉引用"命令。

&#9758; 在出现的"交叉引用"对话框（见图6-19）中的"引用类型"列表框中，选择所要引用的项目类型。例如，选择编号项。

&#9758; 在"引用内容"列表中选择所要引用的内容。

&#9758; 在"引用哪一个编号项"列表中指定一个引用编号项。

&#9758; 单击"插入"按钮。

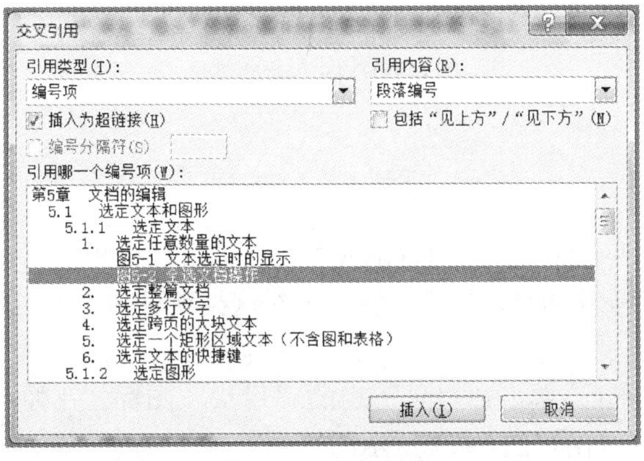

图6-19　引用编号

## 2. 更新交叉引用

在文档的编辑过程中，往往会改变编号、图号、表号、页码、注释编号和标题等的编号，这时有的编号不会自动更正，特别是被引用的内容，因此及时更新引用的内容是必要的。更新是统一自动进行的，具体方法是：

☞ 选定要更新的交叉引用内容，这里选定的内容可以包含交叉引用以外的内容，通常同时选定一个段落或一个较大的范围，以期更新这个范围所有的交叉引用。

☞ 用鼠标右键单击选中的内容，从弹出菜单中选择"更新域"命令。

说明：执行"更新域"后，所选范围中的全部交叉引用及相关的编号都会自动更新，当然也包含其他类型的域。

### 6.5.3 目录

制作目录是创建文档时常常遇到的工作。为了方便用户制作目录，Word 2010 提供了目录制作和引用的功能。

#### 1. 手动目录

手动目录提供一个目录模板，然后由用户手动增加目录内容。具体方法如下：

☞ 在"引用"功能区，单击"目录"组的"目录"图标，在弹出菜单中选择"手动目录"，出现图 6-20 所示的目录制作界面。

☞ 手动完成目录中的内容，直至所有内容输入完成。

☞ 如果不再需要目录，可以单击目录的任何位置，再单击目录控制菜单栏的"目录"菜单（第一个图标），选择其中的"删除目录"。

提示：目录控制菜单通常是隐藏的，只有当目录被选中时才会显示。

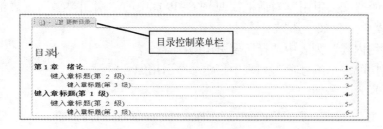

图 6-20　插入手动目录

#### 2. 自动目录

Word 2010 提供了两个自动产生的目录模板。自动目录模板与手动目录模板相比较多了一些对页码、标题和目录项的自动引用，省去了对这类项目的人工输入。自动目录的使用方法如下：

☞ 在"引用"功能区，单击"目录"组的"目录"图标，在弹出菜单中选择"自动目录1"或"自动目录2"，出现图 6-21 所示的目录。

☞ 自动产生的内容一般不用手动修改，如果发生新的变动，单击目录控制菜单栏的

"更新目录"按钮即可，也可以用鼠标右键单击目录，再从弹出菜单中选择"更新域"。

☞ 如果自动更新域还不能满足要求，可以手动修改。要手动修改目录，只需单击要修改的位置，输入或删除相关内容即可。

☞ 要删除目录，可以单击目录后，通过目录控制菜单栏的"目录"菜单的"删除目录"命令实现。

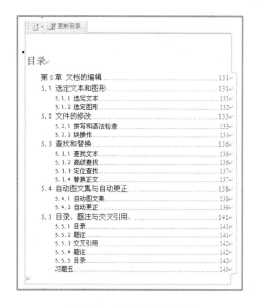

图 6-21　自动产生的目录

### 3. 自定义目录

除了手动和自动目录外，自定义目录也是一种产生目录的方法，而且更能满足用户的一些特殊需要，例如，不需要产生三级目录，只要二级目录。自定义目录的运用方法如下：

☞ 在"引用"功能区，单击"目录"组的"目录"图标，在弹出菜单中选择"插入目录"，出现图 6-22 所示的对话框。

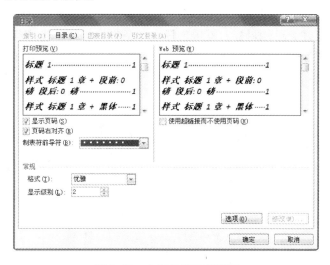

图 6-22　自定义目录对话框

☞ 根据用户需要，可以在图 6-22 所示的对话框进行个性的目录定义。例如，选择"制表符前导符"可以定义目录页码前的线型；通过"格式"可以选择目录的风格；通过"显示级别"可以确定目录的显示级数。

☞ 自定义目录的修改与自动目录一样。但是，目录的删除和更新不太一样，这是因为以此方式插入的目录，往往不带"目录控制菜单"。要删除目录，必须先全部选定目录，再按"Delete"键删除；要更新目录，请单击选中要删除的目录，再用鼠标右键单击目录，从弹出菜单中选择"更新域"。

提示：无论是哪种目录，都可以通过"引用"功能区的"目录"组下的"更新目录"完成。更新目录可以只更新页码，也可以更新全部目录。

## 6.6 审阅与修订

文档初稿完成后，往往需要经过审阅、修订后才能定稿。审阅人的意见如何反映？修订者的建议如何表述？这是本节讨论的问题。

### 6.6.1 审阅

审阅时，一般需要对文档中存在的问题提出来，并在适当的位置做出标记。通常，大多用户是通过改变字符的颜色和底色，加下画线，再附之以文字说明，这些方法虽然可以解决问题，但审阅之后，要删除这些审阅标记较为麻烦。而利用批注功能，能更好地解决这个问题。

#### 1. 插入与删除批注

☞ 选中要插入批注的字符或段落。

☞ 在"审阅"功能区的"批注"功能按钮组中找到"新建批注"，并单击之。

☞ 在如图 6–23 所示的弹出的批注框中输入批注内容。

☞ 要删除一条批注，可用鼠标右键单击批注，再从弹出菜单中选择"删除批注"

☞ 要删除所有批注，可用鼠标右键单击任意一条批注，再单击"审阅"功能区的"批注"功能按钮组中"删除"图标旁的"▼"按钮，在如图 6–24 所示的列表中选择"删除文档中的所有批注"。

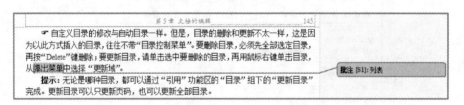

图 6–23　插入批注

#### 2. 字数统计

许多文档是有篇幅限制的，为了估计文档的篇幅，Word 2010 提供了对文档字数的统计功能。使用方法如下：

☞ 如果要统计指定范围的字数，应选定要统计的范围，选定的区域可以是连续的，也可以是分开。如果不选定统计范围，则统计文档的总字数。

☞ 在"审阅"功能区的"校对"功能按钮组中，单击"字数统计"按钮，即出现如图 6–25 所示的统计信息框。

图 6-24  删除所有批注          图 6-25  字数统计

## 6.6.2  修订

为了使文档作者能看到修订前后的情况，Word 2010 提供一种修订方式，只要进入修订状态，编辑者对文档的修改便不会立即生效，而是以修订建议的方式显示，同时也显示文档原来的状况。文档作者可以接受修订，也可以拒绝。

### 1. 增加修订建议

要增加修订建议，只需将编辑状态转入修订状态，然后直接对文档进行修改即可。具体操作如下：

☞ 在"审阅"功能区的"修订"功能按钮组中单击"修订"按钮图标。

☞ 在编辑窗格完成文档编辑。这时被删除内容将被标上删除记号；新增的内容被用其他颜色显示；格式的更改会用类似批注的方式说明。

☞ 完成修订编辑后，再次单击"审阅"功能区"修订"功能按钮组内的"修订"按钮，退出修订状态。

### 2. 处理修订建议

在修订状态下的所有编辑都被视为修订建议，退出修订状态后，修订建议仍会显示在文档中。对于修订建议的处理，或是接受，或是拒绝。

☞ 先单击选中要处理的修订建议。

☞ 如果接受，则单击"审阅"功能区"更改"功能按钮组中的"接受"按钮图标，这样修订就正式生效。

☞ 如果不采纳修订建议，则单击"审阅"功能区"更改"功能按钮组中的"拒绝"按钮图标，这时被选中的修订建议就直接被删除。

说明：如果要删除所有修订建议，可以直接单击"审阅"功能区"更改"功能按钮组中的"拒绝"按钮旁的"▼"按钮，并从弹出菜单中选择"拒绝对文档的所有修订"。另外，通过用鼠标右键单击修订建议处，通过弹出菜单也可以接受和拒绝修订建议。

### 3. 修订标记显示设置

修订标记可以因人而异，通过单击"审阅"功能区"修订"功能按钮组中的"修订"

按钮旁的"▼"按钮，在弹出菜单中选择"修订选项"，可以打开如图 6-26 所示的对话框，在此可以完成对修订标记显示的设置。如插入内容的标记、删除内容的标记、移动内容的标记等。

### 4. 文档的比较

如果对文档的修改不是在修订状态下完成的，那么我们不太容易看出文档有了哪些改变，这时通过文档的比较，可以得到一个反映文档变化的新文档，新文档是用修订建议的方式显示新旧文档之间的变化。文档的比较方式具体如下：

☞ 单击"审阅"功能区"比较"功能按钮组中的"比较"按钮，从弹出菜单中选择"比较"。

☞ 在如图 6-27 所示的对话框中，通过"原文档"选择要比较的原文档，通过"修订的文档"选择修改后的文档。

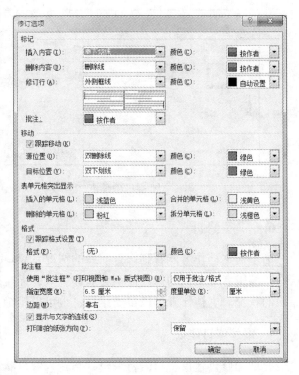

图 6-26　修订标记的显示设置

☞ 如果对比较有特别的要求，单击"更多"按钮后进行具体设置。

☞ 单击"确定"。这样，默认情况下会增加一个新文档，它用修订的方式反映了新旧文档间的变化。

图 6-27　两文档的比较

# 习　题　6

6.1　如何打开一个 Word 2010 文档（至少答出两种方法）？

6.2　何谓"选定文本"？"选定文本"主要有哪些方法？

6.3　在"学生"文件夹下新建一个文档 FILE6 - 1. docx，在其中输入如下文本：

［样文］

There was great excitemet on the planet of venus this week. For the first time scientists managd to land a satellite on the planet erth, and it has been sending back signls feel as photographs ever since. The satellite was direced into an area knows as Manhattan（named after the great astronomer Prof. Manhattan），who first dscover it with his tee-scope 20,000 light year age.

6.4 在各自的"学生"文件夹下，新建一个文件名为 FILE6 – 2. docx 的 Word 2010 文档，并在其中输入如下文本：

［样文］

## ∿ "OSCAR 金像"的来龙去脉 ⊤

1927 年 5 月初，美国电影艺术与科学学院在洛杉矶成立。同年 11 月，学院创始人之一、米高梅电影公司的头面人物梅厄，建议学院以授奖的方式来鼓励电影的成就。当时在场的米高梅电影公司的美工师塞德里克·吉本斯画了一张奖品的草图：一个身躯魁伟的男子，双手紧握战斗的长剑，立在一盘胶片上，经学院批准后，吉本斯挑选了一名叫乔治·斯坦利的二十四岁的青年雕塑家将草图制成了塑像。作为奖品的塑像都是合金的实体，外面镀金，高十三点五英寸，重八点五磅。这尊镀金塑像，在 1929 年 5 月 16 日成为了第一届"美国电影艺术与科学学院奖"的奖品。

两年后，在 1931 年的一天，电影艺术与科学学院图书管理员玛格丽特·赫里奇仔细端祥那尊镀金塑像奖品后，惊讶地说："啊，它看上去真像我的舅舅 OSCAR 呀"她的这句话被一个记者听到，第二天就报道了这个消息。从此，那尊镀金塑像奖品便被称为"OSCAR 金像"，"美国电影艺术与科学学院奖"也跟着改称为"OSCAR 奖"、"OSCAR 金像奖"。

6.5 新建一个文件名为 FILE5 – 3. docx 的 Word 文档，并在其中输入如下文本：

［样文］

## "OSCAR 金像奖"简介

"OSCAR 金像奖"是由美国美国电影艺术与科学学院学院创始人之一米高梅电影公司的头面人物梅厄建议，于 1929 年 5 月 16 日正式设立的，用于奖励在电影方面有突出成绩的人士的奖项。"OSCAR 金像奖"最初名称为"美国电影艺术与科学学院奖"。

"OSCAR 金像奖"每年颁发给 OSCAR 最佳影片、OSCAR 最佳导演、OSCAR 最佳男演员、OSCAR 最佳女演员、OSCAR 最佳摄影、OSCAR 最佳美术获奖者等。第二次世界大战期间，金属物资供应有限，自 1943 年开始连续四年，塑像改由石膏制成。战后，这些石膏塑像的拥有者都可换回"OSCAR 金像"。

早期的"OSCAR 金像奖"，授奖范围仅限于美国电影的范围。自第二十一届"OSCAR 奖"开始，增设了"OSCAR 最佳外国影片"这一奖项，许多优秀的外国影片都曾获得过"OSCAR 金像奖"的奖誉。

6.6 打开文档 FILE6 – 2. docx，将文档 FILE6 – 3. doxc 中的第二、三自然段复制到文档 FILE6 – 2. docx 之后，并在合并之后的文档中，将全部"OSCAR"改为"奥斯卡"。

6.7 在个人文件夹下创建一个文件名为 FILE6 – 4. docx 的 WORD 文档，其内容如下：

## ☺ 乐观主义者【Optimist】与悲观主义者【Pessimist】☹

乐观主义者在每次危难中都看到了机会，而悲观主义者在每个机会中都看到了危难。

父亲欲对一对孪生兄弟做"性格改造"，因为其中一个过分乐观，而另一个则过分悲观。一天，他买了许多色泽鲜艳的新玩具，其中有玩具汽车、玩具熊和玩具狗等等。所有玩具都给了悲观孩子，又把乐观孩子送进了一间堆满马粪的车房里。

第二天清晨，父亲看到悲观孩子正泣不成声，便问：『为什么不玩那些玩具呢？』

『玩了就会坏的。』孩子仍在哭泣。

父亲叹了口气，走进车房，却发现那乐观孩子正兴高采烈地在马粪里掏着什么。

『告诉你，爸爸』那孩子得意洋洋地向父亲宣称，『我想马粪堆里一定还藏着一匹小马呢！』

? 温馨提示：乐观主义者与悲观主义者之间，其差别是很有趣的——乐观主义者看到的是油炸圈饼，悲观主义者看到的是一个窟窿……☯

6.8 在 FILE6 – 4. docx 的基础上，创建一个文件名为 FILE6 – 5. docx 的 WORD 文档，其内容与文档

FILE6 – 4. docx 相似，具体如下：

## ☺ 乐观者【Optimist】与悲观者【Pessimist】☹

乐观者在每次危难中都看到了机会，而悲观者在每个机会中都看到了危难。

父亲欲对一对孪生兄弟做"性格改造"，因为其中一个过分乐观，而另一个则过分悲观。一天，他买了许多色泽鲜艳的新玩具，其中有玩具汽车、玩具熊和玩具狗等等。所有玩具都给了悲观孩子，又把乐观孩子送进了一间堆满马粪的车房里。

第二天清晨，父亲看到悲观孩子正泣不成声，便问："为什么不玩那些玩具呢?"

"玩了就会坏的。"孩子仍在哭泣。

父亲叹了口气，走进车房，却发现那乐观孩子正兴高采烈地在马粪里掏着什么。

"告诉你，爸爸。"那孩子得意洋洋地向父亲宣称，"我想马粪堆里一定还藏着一匹小马呢!"

✎温馨提示：乐观者与悲观者之间，其差别是很有趣的——乐观者看到的是油炸圈饼，悲观者看到的是一个窟窿。☯

# 第7章 文档版式设计与编排

## 7.1 字符格式的编排

字符是指字母、空格、标点符号、数字和符号，字符格式就是字符的外观，如字体、字号、字符的粗细与正斜、字符修饰等。字符是文档最基本的组成部分，通过对字符格式的设置，可以美化文档。

### 7.1.1 使用"字体"功能组设置字符格式

开始键入新文档时，文字以 Word 2010 中预设的默认字体、字号、字型出现，并且不带其他的修饰。如果要改变预设的外观，可以通过设置字符格式来实现。

使用"字体"功能组中的命令按钮（见图 7-1），可以快速设置字符格式。

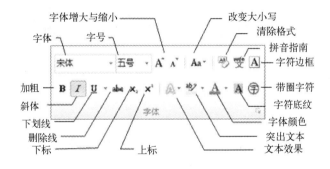

图 7-1 "字体"功能组的命令按钮

用"字体"功能组的命令设置字符格式的方法如下：

☞ 选定要更改的文字，或者在希望新格式开始的位置设置插入点。

☞ 在如图 7-1 所示的"字体"功能组中，按编辑要求选择相应的功能按钮：

- 更改字体：在"字体"框中选择或键入字体名称后按 Enter 键。
- 更改字号：在"字号"框中选择或键入字号后按 Enter 键。
- 设置或取消粗体：单击"加粗"按钮。
- 设置或取消斜体：单击"斜体"按钮。
- 设置或取消下划线：单击"下划线"按钮。
- 设置或取消删除线：单击"删除线"按钮。
- 设置或取消上标：单击"上标"按钮。
- 设置或取消下标：单击"下标"按钮。

- 清除文字的格式：单击"清除格式"按钮。文字的默认格式是宋体的五号字。
- 设置或取消字符边框：单击"字符边框"按钮。
- 设置或取消带圈字符：单击"带圈字符"按钮，在如图7-2所示的对话框中完成带圈字符的设置，或选择"样式"中的"无"来取消带圈字符。加圈字符串的长度最多只能是2个数字，或1个汉字，且不支持圈中带圈。
- 设置或取消字符底纹：单击"字符底纹"按钮。
- 更改字符的颜色：单击"字体颜色"右旁的"▼"按钮，在如图7-3所示的列表中选择字符的颜色。如果所选颜色不合意，可以选择"自动"，回到正常显示。
- 设置或取消突出文本显示：单击"突出文本"右旁的"▼"按钮，在如图7-4所示的列表中选择颜色，也可选择"无颜色"来取消突出显示。
- 设置或取消文本效果（如，阴影、发光、倒影等）：单击"文本效果"右旁的"▼"按钮，在如图7-5所示的列表中选择效果。列表上部是预设的效果，也可以在列表下方单独设置某种效果。
- 改变文字的大小写：单击"改变大小写"右旁的"▼"按钮，从弹出列表中选择一种方式。此功能只对英文字符有效。

　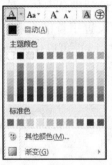　　

图7-2　带圈字符　　　图7-3　字体颜色　　　图7-4　突出显示　　　图7-5　文本效果

在 Word 2010 中，预设基本中文字体有6种：仿宋、黑体、楷体、隶书、宋体、幼圆。预设字号有：初号、小初、一号、小一、二号、小二、…、八号，其中初号字最大，八号字最小。也可以直接用数字来表示字号，数字的单位为磅（1 磅 = 0.351mm），四号字的磅值为 14。如果预设的字号不能满足要求，可以直接在字号框中输入字的磅值。

### 7.1.2　使用"字体"对话框改变字符的默认格式

如果要改变字符的默认格式，可以通过"字体"对话框来实现。其操作如下：

☞ 在"开始"功能区中，单击"字体"按钮组右下角的"▫"按钮，出现如图7-6所示的"字体"对话框。

☞ 在"字体"对话框中，完成默认字符格式的设置。单击"设为默认值"，在如图7-7所示的对话框中设定默认格式的有效范围。

☞ 单击"确定"使默认格式生效。一旦默认格式生效，指定范围内的未经设置过字符格式的文本均会按新的默认格式显示。

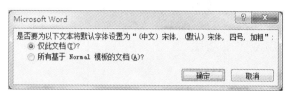

图7-6　更改默认的字符格式　　　图7-7　设定默认字符格式的有效范围

提示："字体"对话框不仅可用来改变字符的默认格式，也可以用来设置字符的格式。

### 7.1.3　调整字符间距

通过调整字符间距，可以使文档更便于阅读，或打印显示更为美观。其基本操作如下：

☞ 选中要调整间距的文字。

☞ 打开如图7-6所示的"字体"对话框，并单击"高级"选项卡，出现如图7-8所示的对话框。

☞ 选择下列某一操作：

● 按比例缩放字符间距：在"缩放"框中选择或输入缩放的比例。

● 按磅值缩放字符间距：在"间距"框中选择缩放的类型，缩小间距选"紧缩"，放大间距选"加宽"，恢复原样选"标准"，然后在其后的"磅值"框中指定要缩放的量。

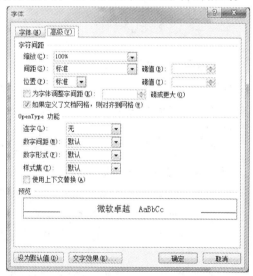

图7-8　设置字符间距

● 要调整字符的垂直位置，可以在"位置"框选择调整方向，向上移动选择"提升"，向下移动选择"降低"，回复正常选择"标准"，然后在其后的"磅值"框中指定位移量。

☞ 单击"确定"按钮。

### 7.1.4　创建首字下沉和悬挂

首字下沉和悬挂都是一种将一段文字的首个字符放大，以突出显示一段文本的开始。它在小报、杂志上常常用到。创建首字下沉和悬挂的方法如下：

☞ 将插入点置于需要首字下沉的段落中。该段落必须包含文字。

☞ 在"插入"功能区中，单击"文本"按钮组中的"首字下沉"。

☞ 在如图 7-9 所示的列表中选择下沉的方式。如果选择"无"，则表示取消首字下沉。

☞ 如果对首字的字体、下沉的深度、与正文的距离等有特别的要求，可以在如图 7-9 所示的对话框中选择"首字下沉选项"，然后在如图 7-10 所示的对话框中完成对首字下沉自定义的设置。

图 7-9　创建首字下沉或悬挂

图 7-10　自定义首字下沉

## 7.2　段落格式编排

字符格式的设置仅对所选择的文字有效，不会影响所选文字以外的内容。有时我们想让一种格式在整个段落中始终有效。例如，行间距、文字对齐方式、项目符号与编号等。这类对整个段落起作用的格式，我们称之为段落格式。

### 7.2.1　Word 2010 段落概述

在 Word 2010 中，以段落标记"↵"来区分段落，处在两个段落标记之间的文字、图形、对象（例如，公式和图像），以及其他对象等的集合为一个段落。

有时，显示为两段的文本，其实是一个段落，分段显示是因为中间插入了"自动换行符"，它显示为"↓"。如果显示方法隐藏了段落标记和自动换行符时，这种自动换行符看上去与分段毫无区别。

被"↵"分开的段落，前后可以设置不同的段落格式，而被"↓"断开的，虽然显示为两段，但"↓"前后的段落格式是一样的。从网格上下载的文本中，很多是采用自动换行符断开的文本，我们应该明确区分这种假分段，否则会影响对段落格式的编排。

要显示或隐藏段落标记和自动换行符，可以通过"文件"功能区的"选项"来设置：在如图 7-11 所示的对话框中，单击"显示"选项卡，并选中或取消"段落标记"前的复选框。

要将文章进行分段，只需将插入光标定位到分段处，按下"Enter"键即可；要插入自动换行符，则按下"Shift + Enter"。

在一个段落中，不仅以段落标记结尾，而且有关该段落的所有格式设置均保存在该段落标记上，所以在移动或复制一个段落时，若要保留该段落的格式，一定要将该段落标记同时复制，反之就不要复制段落标记。

图 7-11 显示/隐藏段落标记

段落格式编排主要有：段落文字对齐方式、缩进、行距、段落间距、制表位、大纲级别等。

## 7.2.2 使用"段落"功能组设置段落格式

使用"段落"功能组中的命令按钮及其含义如图 7-12 所示，其中多数是用于进行段落格式定义的。

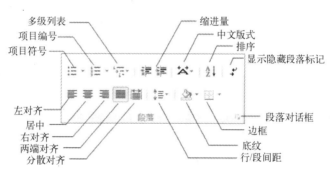

图 7-12 "段落"功能组的命令按钮

用"段落"功能组的命令设置段落格式的基本方法如下：

☞ 选定要更改的段落（选中字符的同时选定段落标记，或在段落中单击但不选定任何字符）。

☞ 在如图 7-12 所示的"段落"功能组中，按编辑要求选择相应的功能按钮：

● 单击选中"左对齐"图标：所选段落左边对齐。

● 单击选中"居中"图标：所选段落居中对齐。

● 单击选中"右对齐"图标：所选段落右边对齐。

● 单击选中"两端对齐"图标：在左对齐的基础上，通过调整字间距使右端（不含最后一行）也同时对齐。

● 单击选中"分散对齐"图标：两端同时对齐，包括最后一行。

● 单击选中"行\段间距"按钮：打开行间距、段前和段后间距选择菜单，通过菜单选择行间距，或调整段间距。

- 单击"项目符号"图标：为所在的段落标上预设的项目符号。
- 单击"项目编号"图标：为所在的段落标上预设的项目编号。
- 单击"多级列表"图标：打开弹出菜单，从中可以选择预设的多级列表，也可以自定义多级列表。
- 单击"缩进量"图标：增加或减少段落的缩进量。
- 单击"显示或隐藏段落标记"按钮：当"选项"中的取消了"段落标记"显示时（见图7-11），单击此处的按钮可以显示或隐藏段落标记。

提示：在对段落进行对齐的操作前，先要确认该段落尚未进行过缩进操作。

### 7.2.3 通过"段落"对话框设置缩进和间距

除了利用"段落"功能按钮来设置段落格式外，还可以利用"段落"对话框进行段落格式设置。单击"开始"功能区"段落"按钮组的"段落对话框"按钮（见图7-12），可以打开如图7-13所示的"段落"对话框。

图7-13　更改行距或间距　　　　　图7-14　设置换行和分页控制

在"段落"对话框中，除了可以设置段落的对齐方式外，还提供设置段落缩进和段落间距的功能，这也是编排文档格式时常用的功能。具体操作如下：

☞ 若要更改段落缩进值：在"左"或"右"框内选择或填入缩进值。

☞ 若要更改段落对齐方式：在"对齐方式"框内选择对齐方式。

☞ 若要更改首行缩进：在"特殊格式"框内选择缩进方式、通过"度量值"框控制缩进量。

☞ 若要更改行距：在"行距"框内选择行距。若是选择了"最小值"、"固定值"及"多倍行距"，还可以进一步通过"设置值"框控制行距大小。

☞ 若要更改间距：在"间距"选项中的"段前"或"段后"框内，输入希望的间距值。

☞ 单击"确定"按钮，使设置生效并关闭对话框。

### 7.2.4 通过"段落"对话框设置换行和分页控制

单击"格式"菜单，选择"换行和分页"选项标签，在出现的"段落"对话框中可以设置对换行和分页的控制，如图7-14所示，图中各复选框的意义如下：

- 孤行控制：防止 Word 2010 在页面顶端打印段落末行或在页面底端打印段落首行。
- 段前分页：在所选段落前插入人工分页符。
- 与下段同页：防止在所选段落与后面一段之间出现分页符。
- 段中不分页：防止在段落之中出现分页符。
- 取消行号：取消"页面设置"中对选定文字行的编号。
- 取消断字：防止段落自动断字。

### 7.2.5 使用"格式刷"复制格式

在文档的编辑过程中，如果要引用文档中已经存在的字符格式或段落格式，使用常用工具栏中的"格式刷"比较方便。

#### 1. 将字符格式复制到一个位置

☞ 选定已设置好格式的文字，但不要选中段落标记"↵"。
☞ 单击常用工具栏上的"格式刷"按钮。
☞ 复制当鼠标I形指针旁带上一把刷子时，拖动鼠标来选择要引用已有格式的文字。

#### 2. 将段落格式复制到一个段落

☞ 将鼠标定位到已定义段落格式的段落并确保没有字符被选中。
☞ 单击常用工具栏上的"格式刷"按钮。
☞ 将鼠标在要套用已有格式的段落单击鼠标。

#### 3. 将字符格式复制到几个位置

☞ 选定已设置好格式的文字，但不要选中段落标记"↵"。
☞ 双击"格式刷"按钮。
☞ 当鼠标I形指针旁带上一把刷子时，拖动鼠标来选定要引用已有格式的文字。
☞ 重复上一步，直至完成各处字符格式复制后，按 Esc 键。

#### 4. 将段落格式复制到几个段落

☞ 将鼠标定位到已定义段落格式的段落并确保没有字符被选中。
☞ 双击"格式刷"按钮。
☞ 将鼠标在要套用已有格式的段落单击鼠标。重复上一步，直到完成各段落格式复制后，按 Esc 键。

## 7.3 项目符号与分栏版式

在文档处理时，为了便于阅读，往往需要在文档的段落和标题前加入适当的项目符号和编号。Word 2010 可以快速地给列表添加项目符号或编号，从而使文档更易于阅读和理解。也可以创建多级列表（即具有多个缩进层次），既包含数字也包含项目符号的列表。多级列表对于提纲以及法律的和技术性的文档很有用。在已编号的列表中添加、删除或重排列表项目时，Word 2010 自动更新已有的编号。

### 7.3.1 设置项目符号和编号

"段落"功能组中有三个用于设置项目符号和项目编号的按钮，其中，项目符号与项目编号处既有按钮图标还带有菜单展开按钮"▼"。这里着重介绍其中菜单的用法。

#### 1. 设置项目符号

☞ 选中要添加项目符号的列表项（一个 Word 段落）。

☞ 单击"开始"功能区"段落"功能组中的"项目符号"按钮旁的"▼"（见图 7-12），出现如图 7-15 所示的项目符号选择菜单，从中单击选择一种预设的项目符号，可以将指定的项目符号应用到当前段落。

☞ 如果预设的项目符号不合意，可以单击"定义项目符号"按钮，打开如图 7-16 所示的"定义新项目符号"对话框，从中进行个性化的项目符号设置。

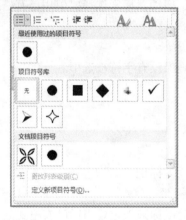
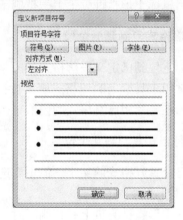

图 7-15　项目符号选择菜单　　　　图 7-16　定义新项目符号

#### 2. 设置项目编号

☞ 选中要添加项目编号的列表项（一个 Word 段落）。

☞ 单击"开始"功能区"段落"功能组中的"项目编号"按钮旁的"▼"（见图 7-12），出现如图 7-17 所示的项目编号选择菜单，从中单击选择一种预设的项目编号，可以将指定的项目编号应用到当前段落。

☞ 如果预设的项目编号不合意，可以单击"定义新编号格式"按钮，打开如图 7-18 所示的"定义新项目编号"对话框，从中进行个性化的项目编号设置。

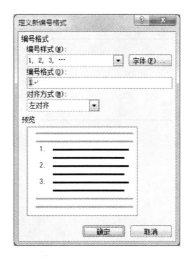

图 7-17　项目编号选择菜单　　　　图 7-18　定义新项目编号

### 7.3.2　设置多级项目编号

#### 1. 通过预设列表设置多级项目编号

为了方便用户，微软将典型的多级项目编号作为预设的项目列表，提供给用户直接选用。

☞ 用鼠标单击要设置多级项目编号的段落。

☞ 单击"开始"功能区"段落"功能组中的"多级列表"按钮图标（见图 7-12），出现如图 7-19 所示的多级列表选择菜单，从中单击选择一种预设的列表，可以将指定的项目编号应用到当前段落。

#### 2. 改变列表项的级别

如果要提升或降低某一列表项的级别，可按以下方法操作：

☞ 用鼠标单击要改变列表项级别的段落。

☞ 在如图 7-19 所示的多级列表选择菜单中选择"更改列表级别"，然后单击其下级菜单中的相应列表级别。

#### 3. 自定义多级符号列表

若对已有的多级符号不满意，在如图 7-19 所示的多级列表选择菜单中单击"定义新的多级列表"，出现如图 7-20 所示的"自定义多级符号列表"对话框，在此对话框中，依次逐级定义多级符号列表。具体方法如下：

☞ 选定尚未定义的最高级别。例如，第三级。

☞ 将光标移到"输入编号的格式"框中，用 Del 键将原数字删除。

☞ 在"包含的级别编号来自"列表框中选择较高级别的编号。本例中，先选择"级别1"，这时"输入编号的格式"框中会自动插入一个引自级别 1 的编号，再输入一个"."；然后选择"级别2",再输入一个".。"。如此,"输入编号的格式"框便出现"1.1.1"。

图7-19　设置多级项目编号

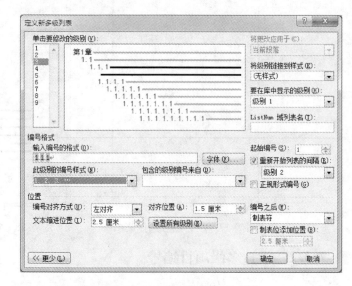

图7-20　自定义多级符号列表

☞ 在"此级别的编号样式中"选择当前级别的编号样式。例如,"1、2、3、…",这时"输入编号的格式"框中便形成了一个三级编号"1.1.1"。

☞ 单击"字体"按钮选择适当的编号字体。

☞ 在"起始编号"框中选择本级列表的起始编号。

☞ 选中"重新开始列表的间隔"复选框,并选择本级别重新开始编号的间隔,在其下方的列表框中选择"级别2",即将本级别重新开始编号的间隔设置为:随"级别2"的更改而重新编号。

☞ 在"位置"区域中完成编号的对齐方式。

☞ 如果想使本级列表与某个样式关联,可以在"将级别链接到样式"中选择一个样式,将列表链接到样式后,该指定样式会自动套用本级列表的格式。

☞ 重复上述步骤操作,直到所有级别设置完毕后,单击"确定"按钮。

### 7.3.3　设置分栏版式

分栏是报刊中常见的一种版面编排手段,它使文档版面美观、易读。建立分栏版式的步骤如下:

☞ 选定要分栏的文本内容。

☞ 在"页面布局"功能区,单击"页面设置"组中的"分栏"按钮。

☞ 在如图7-21所示的菜单中,单击选择分栏的类型。

☞ 如果对分栏有特别的要求,可以单击"更多分栏",然后在如图7-22所示的对话框中完成对分栏的自定义。

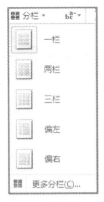

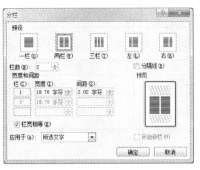

图 7-21　分栏设置菜单　　　　　　　　图 7-22　分栏对话框

# 7.4　页面设置

在 Word 2010 中创建的字符、表格和图形等等，都是以页为单位的。创建文档时，常以 NORMAL 模板中设置的页面格式为默认格式。页面设置就是对这些默认参数的修改。页面设置主要完成对纸张大小和方向、页边距、页面内容的对齐方法、页眉和页脚、分页符与页码的插入等。

## 7.4.1　打印设置

如果要打印文档，则必定要事先设置纸张的页边距、纸张的方向和纸张的大小等。

### 1. 设置页边距

☞ 在"页面布局"功能区，单击"页面设置"组中的"页边距"按钮。

☞ 在如图 7-23 所示的菜单中选择一个预设的页边距。

☞ 如果列表中的设置均不能满足要求，可以单击"自定义边距"，打开如图 7-24 所示的"自定义页边距"对话框，通过该对话框按完成页边距的各项设置：

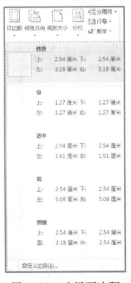

图 7-23　选择页边距　　　　　　　　图 7-24　自定义页边距

① 在上述对话框中分别键入或选择上边距、下边距、左边距、右边距的值。

② 在"装订线"框输入或调整装订线的预留宽度。

③ 在"装订线位置"框内选择"左"或"上"来选择装订线在边上还是在顶部。

④ 如果要满足双面打印和拼页打印的要求，可以在"多页"中选择适当的设置：

● 若要页边距对称，可以选择"对称页边距"。

● 若要将一页分开，按两页拼接，形成像通常的试卷一样拼页打印，可以选中"拼页"复选框。

⑤ 在"应用于"框中选择当前页边距设置值的应用范围。如要将当前设置的页边距参数作为默认值，可以单击"默认"按钮。

☞ 最后单击"确定"使设置生效。

### 1. 设置纸张方向

纸张方向只有纵向和横向两种，既可以通过"页面布局"功能区"页面设置"组中的"纸张方向"设置，也可以在如图 7-24 所示的对话框中单击"纵向"或"横向"来选定。

### 2. 设置纸张大小

☞ 在"页面布局"功能区，单击"页面设置"组中的"纸张大小"按钮。

☞ 在如图 7-25 所示的菜单中选择纸张的大小。

☞ 如果对纸张有特别要求，可以单击"其他页面大小"，打开如图 7-26 所示的"设置纸张大小"对话框，通过"宽度"和"高度"框键入或调整纸张的宽度和高度值。

图7-25　选择纸张大小

图7-26　设置纸张大小

### 7.4.2 设置页眉与页脚

Word 2010 将页面正文的顶部空白称为页眉，底部页面空白称为页脚。通常一部装帧完整的书的页眉内都含有章节名或页码等内容（如本教材）。而页脚也常用来存放页码、提示等信息。在文档中可自始至终用同一个页眉或页脚，也可在文档的不同部分用不同的页眉和页脚。例如，第一页的页眉用徽标，而在以后的页面中用文档名做页眉。

#### 1. 插入和设置页码

页码不是文档的正文内容，是页眉和页脚中常有的项目。相关的操作如下：

☞ 在"插入"功能区，单击"页眉和页脚"组中的"页码"按钮，出现如图 7-27 所示的菜单。

☞ 若要插入预设格式的页码，用鼠标指向菜单上部的页码位置选项，随后会弹出对应的预设页码格式选项，单击其中一项就可将指定格式的页码插入指定位置。

提示：如果选择的位置不是当前位置，则文档的正文部分将以灰色显示，并转入对页眉或页脚的编辑状态。这时不能直接对文档的正文进行编辑，只能编辑页眉或页脚，要返回正常的编辑状态，可用鼠标双击文档的正文部分即可。

☞ 如果单击"删除页码"，可以删除所有的顶端、底端和页边距上的页码。也可以像删除字符一样删除文档正文中的页码。

☞ 如果预设的页码不合编辑要求，可以单击"设置页码格式"，打开如图 7-28 所示的对话框来设置页码格式。具体如下：

① 编号格式：选择页码的基本格式。

② 包含章节号：在页码中引用章节编号。

③ 页码编号：页码的编码方式和起始编号。

☞ 双击文档的正文部分，退回到文档正文编辑状态。

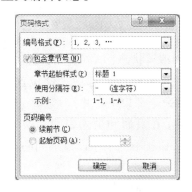

图 7-27　插入页码　　　　图 7-28　页码格式设置

#### 2. 设置页眉和页脚

页眉和页脚的设置方法基本相同，只是它们的位置不一样。下面介绍其具体方法：

☞ 在"插入"功能区，单击"页眉和页脚"组中的"页眉"按钮，出现如图 7-29 所示的菜单，单击"页脚"按钮，则出现如图 7-30 所示的菜单。

☞ 在"插入页眉"或"插入页脚"对话框的上部单击选择预设的页眉或页脚样式，出现如图 7-31 所示的"页眉和页脚工具_设计"功能区。

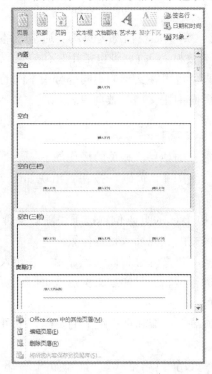

图 7-29 插入页眉

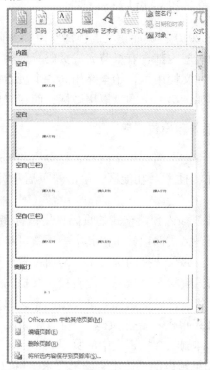

图 7-30 插入页脚

图 7-31 "页眉和页脚工具_设计"功能区

☞ 在页眉、页脚编辑状态，"页眉和页脚工具_设计"功能区被自动选中，其中有"页眉和页脚"、"插入"、"导航"、"选项"、"位置"和"关闭"6 个功能按钮组。在页眉和页脚编辑状态所需要的命令都集中在此：

● 导航区：提供了在页眉和页脚之间切换的按钮，使用了分节符的，可以通过"上一节"和"下一节"按钮在不同节中设置不同的页眉和页脚。"链接到前一个"的意思是本节页眉和页脚设置与前一节相同。

● 选项：设置首页不同、奇偶页不同。如果选择"显示文档文字"，则文档文字以灰色显示，否则不显示文档文字。

● 插入：提供了向页眉、页脚插入各对象的按钮，包括插入时间和日期、图片、自动图文集词条等。

● 页眉和页脚：此处的按钮与"插入"功能区对应的按钮一样，可用来插入页码，也可用来选择页眉和页脚的样式。

● 位置：用于快速调整页眉和页脚的位置和对齐方式。

● 关闭：即回到正文编辑状态。

☞ 完成页眉和页脚设置后，单击"页眉和页脚工具_设计"功能区的"关闭"按钮。

### 3. 页眉与页脚的编辑

☞ 若要修改已插入的页眉，在如图 7-29 所示的菜单中单击"编辑页眉"；要修改已插入的页脚，在如图 7-30 所示的菜单中单击"编辑页脚"。

☞ 在页眉和页脚编辑状态完成编辑修改操作。

☞ 单击"页眉和页脚工具_设计"功能区的"关闭"按钮。

### 4. 删除页眉或页脚

☞ 若要删除页眉，在如图 7-29 所示的菜单中单击"删除页眉"。

☞ 若要删除页脚，在如图 7-30 所示的菜单中单击"删除页脚"。

☞ 有时删除页眉或页脚后，仍会留有一条下划线，若要删除该下划线，可选中下划线处的段落标记，再从"开始"功能区的"段落"组中选择"无边框"设置即可。

## 7.4.3 设置分页符与分节符

在 Word 2010 中，分页符和分节符统称为分隔符。

### 1. 插入分页符并控制分页

当页面充满文本或图形时，Word 2010 便插入一自动分页符并生成新页。自动分页符相对文档的内容是不固定的，当内容有增删时，这种分页符可能不合乎编辑要求，这时我们可以利用 Word 2010 提供的人为插入分页符的功能，在指定位置插入分页符进行分页。

插入人工分页符的操作步骤是：先单击选定需要重新分页的位置，然后在"插入"功能区单击"页"组中的"分页"按钮。

若要删除人工分页符，可直接将文档中显示的"……分页符……"字样删除。

### 2. 插入分节符

一般来说，一篇文档中页面风格是一致的，但也有例外。利用分节符可以将文档分成若干个风格不一的部分。

插入分节符的操作如下：

☞ 单击需要插入分节符的位置。

☞ 单击"页面布局"功能区，单击"页面设置"组中的"分隔符"按钮，出现如图 7-32 所示的菜单。

☞ 单击"分节符"下方的单选项。每个单选项表示一种插入方式，其意义如下：

● 下一页：插入一个分节符并分页，新节从下一页开始。

● 连续：插入一个分节符，新节从同一页开始。

● 奇数页：插入一个分节符，新节从下一个奇数页开始。

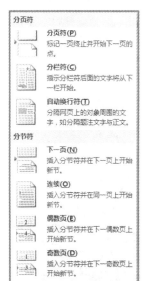

图 7-32　分隔符对话框

● 偶数页：插入一个分节符，新节从下一个偶数页开始。

提示：此处也可以插入分页符和分栏符。分栏符在分栏格式下将其后的内容移动至下一栏显示。

### 3. 删除分隔符

插入分隔符后，文档中会出现相应的文字显示。例如，插入分页符后，会出现"……分页符……"；选择"下一页"插入分节符后，文档中会出现带双虚线的"分节符（下一页）"。这些插入的分隔符的删除方法，与删除文档中的字符一样，将插入点定位至要删除的分隔符前，再按"Delete"键即可。

需要说明的是，删除分隔符的同时，分隔符所起的作用也会消失。例如，删除人工分页符，则取消强制分页；删除分节符，则取消分节。

## 7.4.4　设置脚注与尾注

脚注和尾注解释、说明或提供对文档中文本的参考资料。在同一个文档中，可同时包含脚注和尾注。例如，可用脚注作为详细说明而用尾注作为引用文献的来源。脚注出现在文档中每一页的末尾。尾注一般位于文档的末尾。

脚注或尾注由两个链接的部分组成：

● 释参考标记：用户可让 Word 2010 自动为标记编号或创建自定义的标记。添加、删除或移动自动编号的注释时，Word 2010 将对注释引用标记重新编号；

● 对应的注释文本：对注释可添加任意长度的文本或像对其他任意文本一样设置注释文本。

### 1. 插入脚注或尾注

☞ 单击注释参考标记的插入位置。

☞ 在"引用"功能区，单击"脚注"组中的"插入脚注"或"插入尾注"按钮。

☞ 在脚注区或尾注区编辑注释内容。

☞ 单击文档的正文部分，即可离开脚注区或尾注区。

### 2. 自定义脚注或尾注样式

如果对默认的脚注和尾注样式不满意，可以自定义脚注或尾注样式。具体方法如下：

☞ 在"引用"功能区，单击"脚注"组中的"▣"按钮，打开"脚注和尾注"对话框，见图7-33。

☞ 在"位置"区域，如要插入脚注，则单击"脚注"单选按钮；如要插入尾注，则单击"尾注"单选按钮。

☞ 如要改变注释标记的编号格式，可以在"编号格式"下拉列表框中选择编号样式。

☞ 如要自行定义注释标记，可以在"自定义标记"文本框中输入标记符号，也可以单击"符号"按钮选择符号作为标记符号。

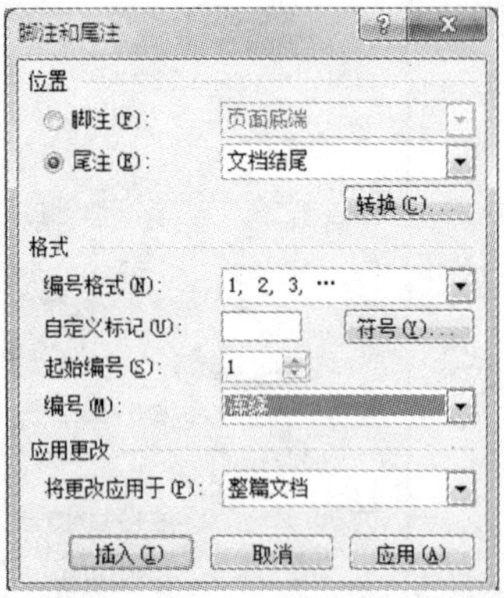

图7-33　插入脚注或尾注

☞ "起始编号"通常是"1"，如果要改变，则在此处调整编号的起始数字。

☞ "编号"提供了可以选用的编号方式，一般有连续编号、每节重新编号两种，可以根据需要选择编号方式。

☞ "应用更改"下的"将更改应用于"右旁的下拉列表框用于选择应用范围，一般有所选文字、本节（或所选节）、整篇文章三种。

☞ 单击"插入"按钮，在脚注或尾注窗格中键入注释，然后单击文档中任意位置以便继续处理正文。

### 3. 脚注和尾注的修改

☞ 脚注和尾注的定位，可以通过在"引用"功能区，单击"脚注"组中的"下一条脚注"，或"显示备注"来实现。

☞ 要修改脚注和尾注的内容，只需单击相应的脚注区或尾注区，然后直接编辑修改即可。

☞ 要修改脚注和尾注的编号，在没选中脚注和尾注的状态下，打开如图 7-33 所示的对话框，完成修改后单击"应用"。该对话框的"转换"按钮可以完成脚注和尾注间的转换。

☞ 要删除脚注或尾注，只需删除正文中脚注或尾注的编号。

☞ 要移动脚注或尾注，只需拖动正文中脚注或尾注的编号。

☞ 要复制脚注或尾注，只需复制正文中脚注或尾注的编号，这时复制的不是编号，而是脚注和尾注，编号自动更改。

## 7.5　边框与底纹

在 Word 2010 文档中，可为字符、表格或图形的四周或任意一边添加边框和底纹，也可以为文档页面四周或任意一边添加各种边框。本节只介绍为字符添加边框和底纹以及为页面添加边框，而表格和图形的边框和底纹，将分别在第 8 章和第 9 章介绍。

### 7.5.1　设置字符或段落边框

#### 1. 用预设边框设置字符或段落的边框

☞ 选定要设置边框的字符或段落。

☞ 在"开始"功能区，单击"段落"组中的"边框"图标旁的"▼"按钮（见图 7-12），打开如图 7-34 所示的菜单。

☞ 菜单的上部是预设的边框，单击其中的选项，可以将所选边框应用于所选字符或段落。设置效果视第一步所选内容的不同而不同：

● 如果选定的是字符，则不论选择何种边框线，结果都一样。

● 如果选定的是一个段落，则该段落作为一个整体可以设置不同的边线，但不能设置内部线条。

● 如果选定的是多个段落，则以每个段落为整体设置边框线，段落之间还可以有分隔横线。

● 斜线只能在表格中用，对于非表格无效。

☞ 如果要插入一条横跨文档的横线，可以在不选择任何字符的情况下，单击菜单中的"横线"。

☞ 如果要删除边框线，选择"无框线"。注意：多次设置边框时，效果是迭加的。

### 2. 自定义字符或段落的边框

自定义边框，可以设置边框的线型、阴影、三维效果等。具体方法如下：

☞ 选定要设置边框的字符或段落。

☞ 在如图 7-34 所示的菜单内，选择"边框和底纹"选项，出现如图 7-35 所示的对话框。

☞ 在"边框"选项卡下，完成边框的设置，设置过程中可通过"预览"区域看效果：

● 先在"设置"区域选择一个与设置要求较为接近的边框类型。

● 根据需要指定边框线的"样式"。有实线、虚线，点划线等。

● 在"颜色"中选择边框线的颜色。

● 在"宽度"中选择边框线的宽度。

● 在"应用于"中选择应用范围。设置字符格式选"文字"，设置段落选"段落"。

图 7-34　设置边框

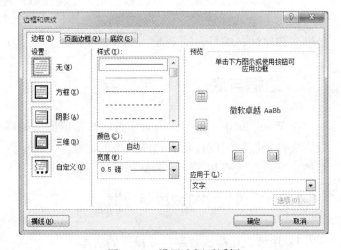

图 7-35　设置边框对话框

### 7.5.2　设置字符或段落底纹

☞ 选定要设置底纹的段落或文本。

☞ 在如图 7-35 所示的对话框中，单击"底纹"选项卡，出现如图 7-36所示的对话框。

☞ 在"填充"框里选择底纹色或底纹灰度值。选择"无"将清除底纹色。

☞ 在"样式"框中选择底纹图案的样式，再在"颜色"框中选择底纹图案的颜色。如果在"样式"中选择了"清除"，则将删除原有底纹图案。

☞ 在"应用于"框中选择所需的范围，单击"确定"按钮。在设置过程中可以通过"预览"框观察设置的效果。

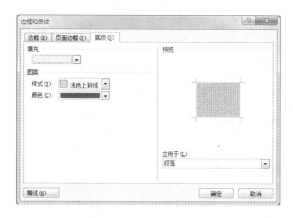

图 7-36　设置底纹对话框

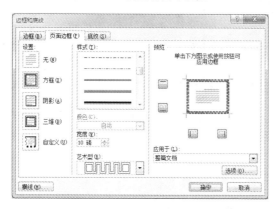

图 7-37　设置页面边框对话框

### 7.5.3　设置页面边框

☞ 在如图 7-36 所示的对话框中，单击"底纹"选项卡，出现如图 7-37 所示的对话框。

☞ 在"设置"区域选择一个与排版要求较为接近的类型选项。若选择"无"，则将删除当前应用范围内的页面边框。

☞ 根据需要指定"样式"、"颜色"和"宽度"。"预览"中会显示所选边框的示例。

☞ 如果要设置艺术型边框，直接在"艺术型"下选择边框图案。

☞ 在"应用于"框下选择页面边框的应用范围，最后单击"确定"按钮。

### 7.5.4　设置页面颜色

页面颜色仅用于显示，不影响打印，通过页面颜色的设置，可以使我们阅读文档更加舒适。具体操作方法如下：

☞ 在"页面布局"功能区，单击"页面背景"组中的"页面颜色"按钮，出现如图 7-38 所示的菜单。

☞ 从"主题颜色"或"标准色"中可以选择预设的颜色用于页面着色，也可以通过"其他颜色"打开一个调色板来设置颜色。

☞ 如果想采用图片、图案、纹理及渐变颜色填充，可以单击"填充效果"，打开如

图 7-39 所示的对话框，从中可以设置多种填充效果。

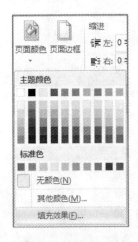

图7-38　设置页面颜色　　　　图7-39　设置页面填充效果

## 7.6　特殊版式与自定义功能区

本节介绍一些特殊的排版，以及功能区的个性定制。

### 7.6.1　特殊版式

#### 1．制作封面

Word 2010 提供了制作封面的功能，以便用户可以快速设置打印封面。操作方法如下：

☞ 在"插入"功能区，单击"页"组中的"封面"，出现如图 7-40所示的菜单。

☞ 在"内置"封面样式中，单击选择适当的封面。

☞ 在新插入的封面页中编辑修改页面内容。

☞ 如果要删除封面，在如图 7-40 所示的菜单中单击"删除当前封面"。

#### 2．设置文字方向

有时，需要将文字方向由横排变为竖排，这便是设置文字方向的作用。设置文字方向的方法如下：

☞ 在"页面布局"功能区，单击"页面设置"组中的"文字方向"按钮，出现如图 7-41所示的菜单。

☞ 若要将文字竖排，选择"垂直"；若要使竖排的文字变为横排，选择"水平"。

☞ 若要文字旋转，选择"将中文字符旋转 270°，这时文字仍然横排，但文字全部旋转，呈老式中文书籍的排版方式。

#### 3．水印

在文档上增加水印，既可以增加一个标记，又不影响文档的阅读。水印可以标记公司标志、保密提示、审阅状态等。

☞ 在"页面布局"功能区的"页面背景"按钮组中单击"水印"按钮，出现一弹出菜单，其中有三组预设的水印：机密、紧急和免责声明。见图7-42。

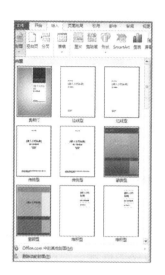

图7-40 选择内置的封面

图7-41 设置文字方向

图7-42 插入水印

☞ 如果选择预设的水印，单击其中的一种水印即可。

☞ 如果预设水印均不合要求，可以单击"自定义水印"，打开如图7-43所示的对话框，从中选择"无水印"，则删除水印；选择"图片水印"，则可指定图片文件来使用图片水印；选择"文字水印"，则可自行定义用于显示的水印文字和样式。

☞ 如果要删除水印，可以在如图7-42所示的菜单中选择"删除水印"。

图 7-43　自定义水印

### 7.6.2　中文版式

中文版式与西文有些不一样，如，中文字符的占位要更宽，标点符号也更宽，一字一方格等。中文方块字的特点，使得汉字可以较好地进行纵横混排、字符合并和双行合一等特殊的排版。

#### 1. 半角字符转全角字符

在字符的输入时，可以选择半角或全角输入方式。中文字符采用全角显示，西文和数字通常半角显示，文档也常常是中西文混排的。但是在一些特殊的场合，可能需要纯中文方式的显示，如中文广告牌。Word 2010 中提供了自动将半角字符转变为全角字符的功能。具体方法如下：

☞ 要将半角字符转变为全角字符，先选中半角字符，再单击"插入"功能区中"字体"组的"更改大小写"按钮，从弹出菜单中选择"全角"。

☞ 要将全角字符转为半角字符，先选中全字字符，再单击"插入"功能区中"字体"组的"更改大小写"按钮，从弹出菜单中选择"半角"。

#### 2. 稿纸设置

用方格纸写方块字是中国的传统。在 Word 2010 环境，也可以模拟传统的稿纸写作方式。设置稿纸方式的操作如下：

☞ 在"页面布局"功能区，单击"稿纸"中的"稿纸设置"，出现如图 7-44 所示的对话框。

☞ 在"格式"中选择适当的稿纸样式。如，方格式稿纸。若要取消稿纸设置，在此选择"非稿纸文档"。

☞ 在"行数×列数"中定义稿纸的行数和列数。

☞ 在"网格颜色"中确定方格的颜色。

☞ 在"页面"中选择纸张的大小和纸张的方向。

☞ 在"页眉/页脚"中定义页眉和页脚。

☞ 在"换行"中设定行尾标点符号的处理方式。

☞ 单击"确定"，使设置对全文生效。

### 3. 纵横混排

纵横混排是将选定的文字顺时针旋转270°，其他文字不变。操作方法如下：

☞ 选定要纵向排列的文字。

☞ 在"开始"功能区，单击"段落"组的"中文版式"按钮，出现如图7-45所示的菜单。

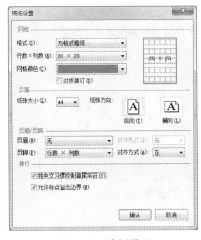

图7-44 稿纸设置

图7-45 中文版式

☞ 在菜单中选择"纵横混排"，出现如图7-46所示的对话框。

☞ 在对话框中完成设置操作后单击"确定"。

☞ 要删除纵横混排，可先选定混排的文字，然后单击如图7-46所示的对话框中的"删除"。

图7-46 纵横混排

图7-47 双行合一

### 4. 双行合一

双行合一是将一行文字平分成两行，然后再将该两行文字压缩到一行显示。其操作方法如下：

☞ 选定一串文字（所选文字不要跨段落）。

☞ 在如图7-45所示的菜单中选择"双行合一"，出现如图7-47所示的对话框。

☞ 如果希望合并后的行带上括号，需选中"带括号"复选框，再从"括号样式"中选择括号。

☞ 如果要删除先前设置的双行合一格式，单击"删除"按钮。

☞ 单击"确定"，使设置生效。

### 5. 合并字符

合并字符常用于将最多六个汉字合并为一个整体。操作方法如下：
☞ 选定要合并的最多六个汉字。
☞ 在如图 7-45 所示的菜单中选择"合并字符"，出现如图 7-48 所示的对话框。
☞ 在"字体"中选定合并后的字体。
☞ 在"字号"选择字号，该字号决定了合并字符的大小。
☞ 如果要删除已设置的合并字符，单击"删除"；如果要使当前设置生效，单击"确定"。

图 7-48　合并字符

## 7.6.3　自定义功能区

在 Word 2010 中提供了朗读文档中文本的功能，但此功能不在默认的功能区中出现。事实上，Word 2010 将许多以前版本的功能隐藏起来了，如果需要使用这些隐藏的功能，可以通过自行定义功能区，将相关的功能命令按钮设置到自定义的功能中。

自定义功能区的方法如下：
☞ 在"文件"功能区，单击"选项"。
☞ 在"Word 选项"对话框单击"自定义功能区"，出现如图 7-49 所示的对话框。

图 7-49　自定义功能区

☞ 通过对话框右边窗格下方的"新建选项卡"和"新建组"创建一个选项卡和一个功能按钮组。例如，新建选项卡为"其他"，新建组为"自动化"。

☞ 从"在下列位置选择命令"列表框中选择"所有命令"。

☞ 从命令列表框中找到要添加的命令后，单击选中该命令，再单击"添加"按钮。例如，分别添加"摘要信息"和"朗读"命令到"自动化"组中。

☞ 单击"确定"。完成功能区的自定义后，出现如图 7-50 所示的"其他"功能区。

图 7-50  新增的功能按钮

## 习 题 7

7.1  在各自的"学生"文件夹下，新建一个文件名为 FILE7-1.docx 的文档，文档内容和格式如下文所示：

[格式说明]

① 字体：标题为黑体；正文为楷体。

② 字号：标题为三号；正文为小四号。

③ 字形：标题为粗体；正文中第一行的"不同"两字加下划线；正文第二段第一行的"不放弃"三字加下划点。

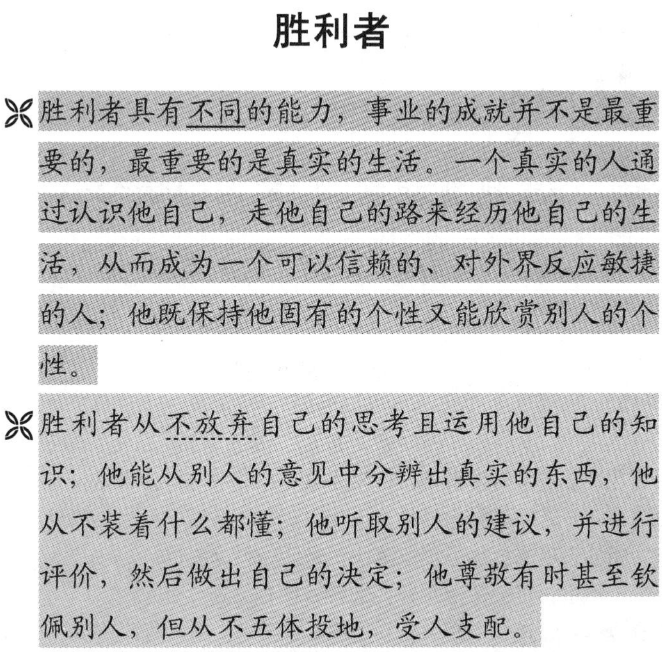

# 胜利者

❧ 胜利者具有<u>不同</u>的能力，事业的成就并不是最重要的，最重要的是真实的生活。一个真实的人通过认识他自己，走他自己的路来经历他自己的生活，从而成为一个可以信赖的、对外界反应敏捷的人；他既保持他固有的个性又能欣赏别人的个性。

❧ 胜利者从<u>不放弃</u>自己的思考且运用他自己的知识；他能从别人的意见中分辨出真实的东西，他从不装着什么都懂；他听取别人的建议，并进行评价，然后做出自己的决定；他尊敬有时甚至钦佩别人，但从不五体投地，受人支配。

图 7-51  习题 7.1 样文

④ 对齐方式：标题居中；正文两端对齐。

⑤ 段落格式：所有段落右缩进2.5厘米、左缩进2.5厘米；第一行段前12磅；正文各段段前、段后各3磅；正文部分行间距为固定值20磅。

⑥ 文本效果：标题采用"全映像，8pt偏移量"。

⑦ 项目符号或编号：正文部分为自定义编号。

⑧ 底纹：正文第一段采用自定义的底纹，颜色模式为RGB，参数为：红180、绿180、蓝180。

⑨ 突出文本：正文第二段采用突出文本，颜色为"灰色–25%"。

⑩ 边框：正文采用外侧边框。

7.2  Word2010中，输入的文字默认大小为几号？字体为哪种？如何改变文字的默认格式？

7.3  在各自的"学生"文件夹下，新建一个文件名为FILE7–2. docx的Word文档，文档内容和格式如图7–52所示：

# 岳飞

## 满江红

怒发冲冠，凭栏处，潇潇雨歇。抬望眼，仰天长啸，壮怀激烈。三十功名尘与土，八千里路云和月。莫等闲，白了少年头，空悲切。

靖康耻，犹未雪；臣子恨，何时灭？驾长车，踏破贺兰山缺。壮志饥餐胡虏肉，笑谈渴饮匈奴血。

待从头，收拾旧山河，朝天阙。

——摘自《宋词精选》

图7–52  习题7.3样文

[格式说明]

① 字体：第一行为黑体；第二行为楷体；正文为隶书；最后一行为宋体。

② 字号：第一行为小二号；第二行为四号；正文为三号；最后一行为小四号。

③ 字形：第一行为粗体；第二行加下划波浪线；最后一行为斜体。

④ 对齐方式：第二行居中；正文两端对齐，最后一行右对齐。

⑤ 段落格式：所有段落右缩进2.5厘米、左缩进2.5厘米；第一行段前12磅；第二行段前、段后各3磅；最后一行段前12磅；正文行间距30磅。

⑥ 首字下沉：正文部分设置首字下沉，下沉的字体为黑体，下沉的深度是2个字符。

⑦ 中文版式：正文第一段中，文字"仰天长啸，壮怀激烈。"采用双行合一。

7.4 完成如图 7-53 所示的文档创建，文件名为 FILE7 - 3. docx。

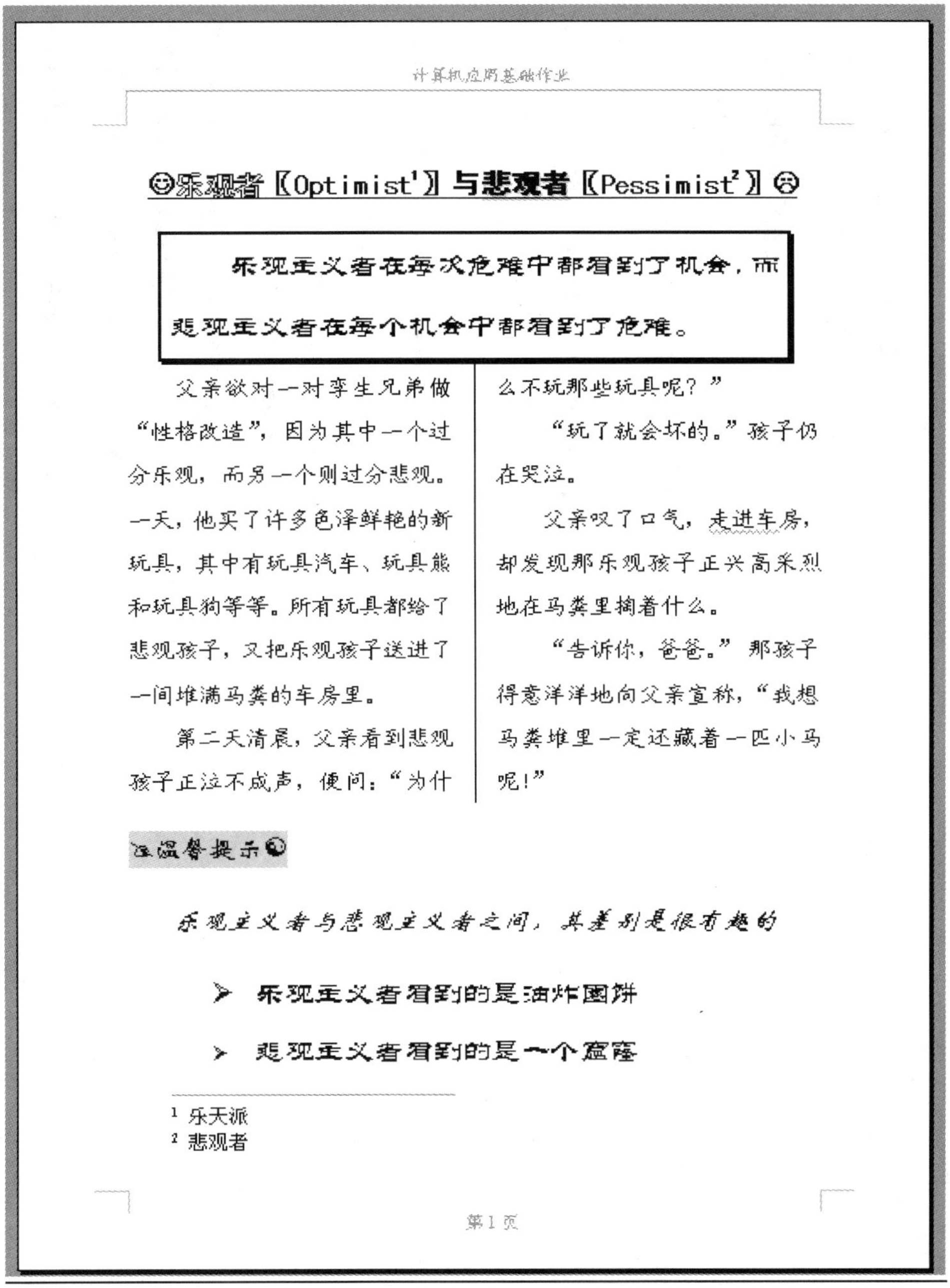

图 7-53　排版综合练习

7.5 创建文件 FILE7 - 4. docx，要求：每页显示 30 行，每行显示 30 个字符，并对整篇文档进行竖直排版。样文如图 7-54 所示。

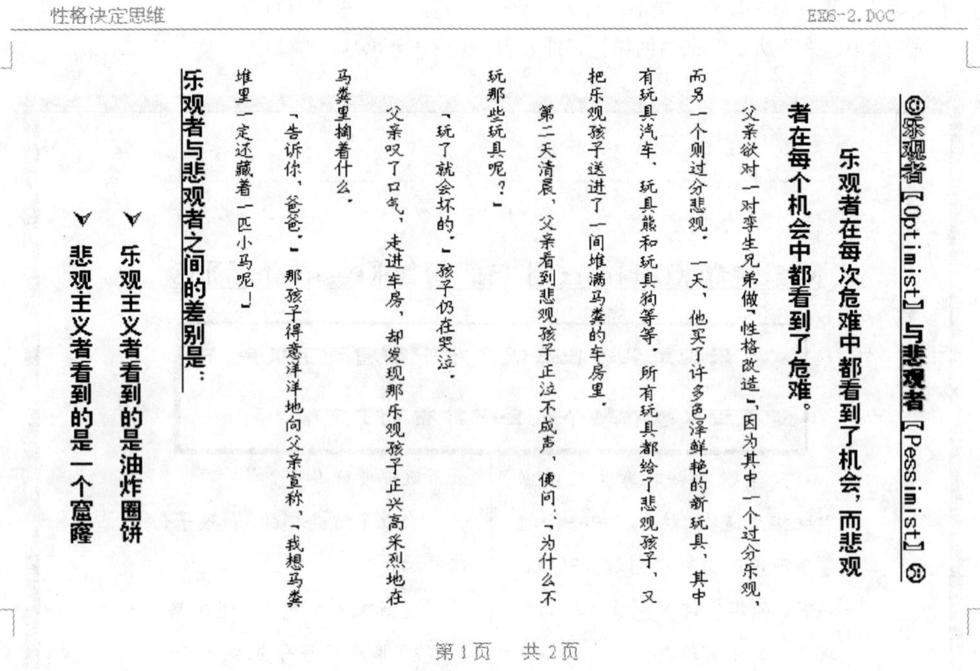
性格决定思维　　EX6-2.DOC

☺乐观者【Optimist】与悲观者【Pessimist】☹

乐观者在每次危难中都看到了机会，而悲观者在每个机会中都看到了危难。

父亲欲对一对孪生兄弟做「性格改造」，因为其中一个过分乐观，而另一个则过分悲观。一天，他买了许多色泽鲜艳的新玩具，其中有玩具汽车、玩具熊和玩具狗等等，所有玩具都给了悲观孩子，又把乐观孩子送进了一间堆满马粪的车房里。

第二天清晨，父亲看到悲观孩子正泣不成声，便问：「为什么不玩那些玩具呢？」

「玩了就会坏的。」孩子仍在哭泣。

父亲叹了口气，走进车房，却发现那乐观孩子正兴高采烈地在马粪里掏着什么。

「告诉你，爸爸，」那孩子得意洋洋地向父亲宣称，「我想马粪堆里一定还藏着一匹小马呢！」

乐观者与悲观者之间的差别是：

➤ 乐观主义者看到的是油炸圈饼

➤ 悲观主义者看到的是一个窟窿

第1页　共2页

图 7-54　竖直排版样文

# 第8章　文档表格处理

## 8.1　表格基本操作

### 8.1.1　创建简单表格及简易填表法

#### 1. 用"插入表格"工具创建表格

在"插入"功能区中，单击"表格"功能组的"表格"命令按钮，即"表格"按钮。利用该工具可以快速插入简单表格。其操作如下：

☞ 将插入点定位到要创建表格的文本区位置。

☞ 在"插入"功能区中，单击"表格"功能组中的"表格"命令按钮。

☞ 在弹出的表格模型上按下并移动鼠标指针，选定所需的行数和列数，如图8-1所示。

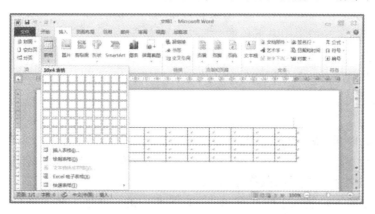

图8-1　用"插入表格"工具创建表格

☞ 放开鼠标按钮后，指定行数和列数的表格便插入到文本区的插入点处。

#### 2. 用"表格"按钮中的"插入表格"命令创建表格

☞ 将插入点定位到要创建表格的文本区位置。

☞ 在"插入"功能区中，单击"表格"功能组中的"表格"命令按钮，在弹出的下拉菜单中选择"插入表格"命令，弹出"插入表格"对话框，如图8-2所示。

☞ 选择需要的"行数"和"列数"，单击"确定"按钮。

图8-2 利用"表格"菜单的
"插入表格"命令创建表格

### 3. 简易填表操作

一张表格是由若干单元格组成的，要在单元格中填入文本，应将插入点移到要插入文本的单元格内，再键入文本内容。也可以通过如下键盘操作来移动插入点：

☞ 将插入点移到右一单元格：按 Tab 键。

☞ 将插入点移到上一行或下一行：按"↑"键或"↓"键。

☞ 使一个单元格所在行变高：在此单元格内按回车键。

☞ 在表格最下方添加一表格行：将插入点移到表格右下角单元格内，按 Tab 键。

## 8.1.2　插入和删除单元格、行或列

### 1. 插入单元格

☞ 在表格中选择要插入新单元格的位置（可以选择一个或多个单元格）后功能区中会出现"表格工具"功能区组。"表格工具"功能区组包括"设计"与"布局"两个功能区。

☞ 单击"布局"功能区后在下方出现表格布局相关功能组，选择"行和列"功能组中右下角的"插入单元格"命令按钮，弹出"插入单元格"对话框，如图8-3所示。

☞ 在对话框中选择插入方式，单击"确定"按钮。

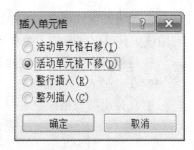

图8-3　插入单元格

### 2. 插入行

☞ 将插入点移到要插入行的任意一个单元格中（不要成选定状态），或将鼠标移到表格左边，使鼠标指针变成"⇗"并指向要插入行的位置后单击，这样就可以选定一完整表格行（选定范围包括表格右边线后的段落标志）。

☞ 选择"布局"功能区中的"行和列"功能组中的"在上方插入"命令按钮，或对选中的单元格单击鼠标右键，在弹出的菜单中选择"插入"命令，在"插入"命令中选择"在上方插入行"命令（在这里我们可以根据要求选择"在上方插入行"或"在下方插入行"）。

### 3. 插入（添加）列

☞ 将鼠标移到表格上方，使鼠标指针变成"⬇"并指向要插入列的位置后单击（如选择表格右边的段落标志，则将在表格右边添加一列），这样就可以选定一列。

☞ 单击"布局"功能区"行和列"功能组中的"在左侧方插入"按钮，或对选中的单元格单击鼠标右键，在弹出的菜单中选择"插入"命令，在"插入"命令中选择"在左侧插入列"命令（在这里我们可以根据要求选择"在左侧插入列"或"在右侧插入列"）。

#### 4. 删除单元格

☞ 选定所要删除的单元格。

☞ 单击"布局"功能区"行和列"功能组中的"删除"按钮，在弹出的下拉菜单中的选择"删除单元格"命令，出现"删除单元格"对话框，如图8-4所示。

☞ 在对话框中选择删除单元格的方式，单击"确定"按钮即可。

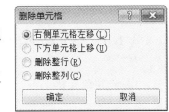

#### 5. 删除行（列）

图8-4 删除单元格

☞ 选定要删除的表格行或表格列：

● 要选定行：将鼠标移到表格左边，使鼠标指针变成"↗"并指向要插入行的位置后单击。

● 要选定列：将鼠标移到表格上方，使鼠标指针变成"↓"并指向要插入列的位置后单击。

☞ 单击"布局"功能区"行和列"功能组中的"删除"按钮，在下拉菜单中选择"删除行"或"删除列"命令。

另外，如果要删除多行或多列表格，只需要同时选定要删除的多行或多列表格后，执行"删除行"或"删除列"命令便可实现。如所有表格行或列均被选中后执行"删除行"或"删除列"命令，则整个表格的内容和结构都将被删除。　　.

#### 6. 删除表格内容

上述两种删除均是将选定表格的结构和内容都删除。如果只删除表格中的内容，不改变表格的结构，则可以选定要删除的内容后，按 Delete 键。

### 8.1.3 移动或复制表格中的内容

#### 1. 鼠标操作法

☞ 选定要移动或复制的表格内容。

☞ 将鼠标指向所选内容，当鼠标指针变成"↖"后，按下鼠标左键并将选定内容拖到新位置，然后松开鼠标（移动内容）或按住 Ctrl 键松开鼠标（复制内容）。

#### 2. 命令操作法

☞ 选定要移动或复制的表格内容。

☞ 完成如下命令选择操作：

● 要移动内容：单击"开始"功能区"剪切板"功能组中的"剪切"命令按钮，或单击鼠标右键，在弹出的菜单中选择"剪切"命令。

● 要复制内容：单击"开始"功能区"剪切板"功能组中的"复制"命令按钮，或单击鼠标右键，在弹出的菜单中选择"复制"命令。

☞ 将插入点移到目标位置。

☞ 单击"开始"功能区"剪切板"功能组中的"粘贴"命令按钮，也可以单击鼠标右键，在弹出的菜单中选择"粘贴"命令。

### 8.1.4 单元格的合并和拆分、表格的拆分

#### 1. 合并单元格

合并单元格就是将几个单元格合并为一个较大的单元格，其操作如下：

☞ 选定要合并的单元格（至少应有两个或两个以上）。

☞ 单击"布局"功能区"合并"功能组中的"合并单元格"命令按钮。

#### 2. 拆分单元格

拆分单元格就是将一个选定区域的单元格重新划分成一个较小的表格，其操作如下：

☞ 选定要拆分的单元格（可以选一个也可以选多个）。

☞ 单击"布局"功能区"合并"功能组中的"拆分单元格"命令按钮。

图 8-5　拆分单元格

☞ 在弹出的"拆分单元格"对话框（如图 8-5 所示）中设定选定区域中经拆分后的较小表格的行列数。

☞ 单击"确定"按钮。

#### 3. 拆分表格

（1）表格拆分。如果要将一个表格拆分成两个独立的表格，则可以按如下操作拆分表格：

☞ 单击拟作为第二个表格的首行的任意位置。

☞ 单击"布局"功能区"合并"功能组中的"拆分表格"命令按钮。

（2）在表格前插入文本。

☞ 单击表格的第一行。

☞ 单击"布局"功能区"合并"功能组中的"拆分表格"按钮，此时表格前被插入一个空行，在空行处我们可以插入我们想插入的文本。

### 8.1.5 行高和列宽的调整与内容对齐方式

#### 1. 改变单元格的宽度

☞ 选定要改变宽度的单元格，使被选定的单元格反白显示。

☞ 将鼠标指针移到此单元格的列边界处，当鼠标指针变成为带左右箭头的形状时，按下鼠标左键，将其拖到所需的位置上，松开鼠标。

## 2. 改变表格列宽和行高

☞ 用鼠标拖动操作方式改变列宽和行高。

☞ 取消对单元格的选定（确保没有反白显示的单元格）。

☞ 将鼠标指针移到需改变列宽的列边线处或移到需改变行高的行边处，当鼠标指针变成为带左右箭头的形状时或变成为带上下箭头的形状时，按下鼠标左键，将其拖到所需的位置上，松开鼠标。

## 3. 用"布局"功能区中的"单元格大小"功能组改变列宽和行高

☞ 单击选中需改变列宽或行高的单元格。

☞ 单击"布局"功能区"单元格大小"功能组中右下角的"表格属性"按钮，打开"表格属性"对话框，如图8-6所示。

☞ 根据编辑要求选择如下操作：

● 若要改变宽度，请选中"列"选项标签，然后选中"指定列宽"复选框，再通过右边的按钮改变列宽。

● 要改变行高，请选中"行"选项标签（如图8-7所示），然后选中"指定高度"复选框，再通过数值选择框改变行高。

图8-6　改变列宽

图8-7　改变行高

# 8.2　表格的美化

## 8.2.1　表格的文本对齐和表格在页面上对齐

表格中内容的对齐方式，分为水平方向对齐和垂直方向对齐两种。

### 1. 单元格中文本对齐

（1）水平方向对齐。

☞ 单击要设置文本对齐方式的单元格。

☞ 在格式功能组中，根据需要完成如下操作：

● 要使文本居中对齐：单击"居中"按钮。

● 要使文本右对齐：单击"右对齐"按钮。

- 要使文本两端对齐：单击"两端对齐"按钮。
- 要使文本分散对齐：单击"分散对齐"按钮。

（2）垂直方向对齐。

☞ 单击"布局"功能区"单元格大小"功能组中右下角的"表格属性"按钮，打开"表格属性"对话框。

☞ 选中"单元格"选项标签，如图8-8所示。

☞ 单击"垂直对齐方式"下的一种对齐方式，然后单击"确定"按钮。

说明：也可以选中要设置的单元格，单击鼠标右键，选中"单元格对齐方式"，在弹出的菜单中选择对齐方式。

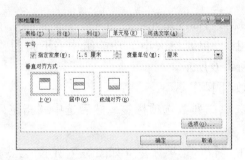

图8-8　垂直方向对齐

### 2. 在页面上对齐表格

上述单元格中文本对齐操作只会改变选定单元格中的文本的对齐方式，而不会改变整个表格在页面上的对齐方式。如果要将表格作为一个整体在页面上移动对齐，可以按如下操作：

☞ 选定整个表格，确保每个表格行最后的段落标志被选中，否则以下对齐操作只对反白显示的文本起作用，而对整个表格在页面中对齐位置没有影响。

☞ 在"开始"功能区"段落"功能组中，根据需要完成如下操作：

- 要使整个表格居中对齐：单击"居中"按钮，使其成按下状态。
- 要使整个表格右对齐：单击"右对齐"按钮，使其成按下状态。
- 要使整个表格左对齐：单击"居中"按钮一至二次，使其成弹起状态。

## 8.2.2　表格的边框、底纹与位置

### 1. 给表格和单元格添加边框

☞ 根据编辑要求完成如下选定操作：

- 要给表格添加边框：单击该表格中任意位置。
- 要给指定单元格（可以为多个单元格）添加边框：请仅选定所需单元格，包括单元格结束标记。

☞ 在"设计"功能区"绘图边框"功能组中的右下角单击"边框和底纹"按钮，再选中"边框"选项标签，如图8-9所示。

图 8-9　为表格和单元格设置边框

☞ 选择所需选项，并确认在"应用范围"下选择了正确的范围。

☞ 要指定只在某些边添加边框，请单击"设置"下的"自定义"，并在"预览"下单击图表中的这些边，或者用其左侧和下方的按钮来设置或取消边框。

**2. 添加表格的底纹**

☞ 根据编辑要求完成如下选定操作：

● 要给表格添加底纹：请单击该表格中任意位置。

● 要给指定单元格（可以为多个单元格）添加底纹：请仅选定所需单元格，包括单元格结束标记。

☞ 在"设计"功能区"绘图边框"功能组中的右下角单击"边框和底纹"按钮，再选中"底纹"选项标签，如图 8-10 所示。

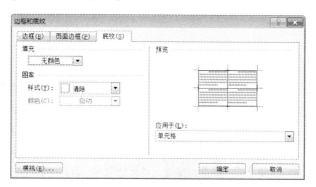

图 8-10　添加表格底纹

☞ 选择所需选项。有关各选项的帮助信息，请先单击问号，然后单击该选项。

☞ 单击"应用范围"选择框右侧按钮，确保范围正确后，单击"确定"按钮。

## 8.2.3　创建复杂表格

在 Word 2010 中，同样有自由绘制表格的功能，利用该功能可以对表格进行进一步的修改，最后绘制出较为复杂的表格。例如，利用画笔可以画横线、竖线和斜线；利用擦除器可以删除线条。另外，前面介绍的其他表格操作也常被用来绘制表格。

以下通过创建如表8-1所示的表格来介绍创建复杂表格的常用方法。

表8-1　创建复杂表格之样表

| 摘　　要 | 总账科目 | 明细科目 | 借方金额 | | | | | | | | | 贷方金额 | | | | | | | | |
|---|---|---|---|---|---|---|---|---|---|---|---|---|---|---|---|---|---|---|---|---|
| | | | 百 | 十 | 万 | 千 | 百 | 十 | 元 | 角 | 分 | 百 | 十 | 万 | 千 | 百 | 十 | 元 | 角 | 分 |
| | | | | | | | | | | | | | | | | | | | | |
| | | | | | | | | | | | | | | | | | | | | |
| | | | | | | | | | | | | | | | | | | | | |
| 合　　计 | | | | | | | | | | | | | | | | | | | | |
| 财务主管 | 记账 | | 出纳 | | 审核 | | 制单 | | | | | | | | | | | | | |

☞ 在要插入表格的位置单击，然后单击"插入"功能区"表格"功能组中的"表格"按钮，在下拉菜单中选择"插入表格"命令。

☞ 在弹出的"插入表格"对话框（见图8-2）中设置行数为7，列数为5后单击"确定"，这时文档中便插入一个初始表格，然后在此表格中输入表中文本（见表8-2）。

表8-2　插入初始表格

| 摘　　要 | 总 账 科 目 | 明 细 科 目 | 借 方 金 额 | 贷 方 金 额 |
|---|---|---|---|---|
| | | | | |
| | | | | |
| | | | | |
| | | | | |
| 合　　计 | | | | |

☞ 单击"设计"功能区"绘图边框"功能组中的"擦除"按钮，然后将"擦除"工具移到"摘要"、"总账科目"和"明细科目"单元格下的表格横线上，按下鼠标左键并拖动鼠标来删除该三个单元格下方的线段。之后，单击"擦除"按钮取消擦除工具。

☞ 选定"摘要"、"总账科目"和"明细科目"三个单元格，单击"对齐方式"选项组中选择"水平居中"按钮，使此三个单元格内的文本水平居中，见表8-3。

表8-3　擦除表格线及单元格文本垂直居中

| 摘　　要 | 总 账 科 目 | 明 细 科 目 | 借方金额 | 贷方金额 |
|---|---|---|---|---|
| | | | | |
| | | | | |
| | | | | |
| | | | | |
| 合　　计 | | | | |

☞ 用鼠标拖动的方法将"摘要"、"总账科目"和"明细科目"栏的右表格线分别向左移，使其宽度与样表相近。

☞ 选定"借方金额"和"贷方金额"两列，单击鼠标右键，在弹出的菜单中选择"平均分布各列"按钮，得到表8-4。

表8-4　鼠标拖动法调整单元格宽度及选定列平均分布各列宽度

| 摘　　要 | 总账科目 | 明细科目 | 借方金额 | 贷方金额 |
|---|---|---|---|---|
|  |  |  |  |  |
|  |  |  |  |  |
|  |  |  |  |  |
|  |  |  |  |  |
| 合　　计 |  |  |  |  |
|  |  |  |  |  |

☞ 选定表格最后一行的五个单元格，单击"布局"功能区"合并"功能组中的"拆分单元格"按钮，在"拆分单元格"对话框中定列为10。然后选定"借方金额"和"贷方金额"下方五行共10个单元格，再次调用"拆分单元格"命令，将其拆分成18列，得到如表8-5所示的表格。

表8-5　拆分单元格

| 摘　　要 | 总账科目 | 明细科目 | 借方金额 | | | | | | | | 贷方金额 | | | | | | | |
|---|---|---|---|---|---|---|---|---|---|---|---|---|---|---|---|---|---|---|
|  |  |  | 百 | 十 | 万 | 千 | 百 | 十 | 元 | 角 | 分 | 百 | 十 | 万 | 千 | 百 | 十 | 元 | 角 | 分 |
|  |  |  |  |  |  |  |  |  |  |  |  |  |  |  |  |  |
|  |  |  |  |  |  |  |  |  |  |  |  |  |  |  |  |  |
|  |  |  |  |  |  |  |  |  |  |  |  |  |  |  |  |  |
| 合　　计 |  |  |  |  |  |  |  |  |  |  |  |  |  |  |  |  |
|  |  |  |  |  |  |  |  |  |  |  |  |  |  |  |  |  |

☞ 输入其他单元格的文本内容，并设定字体为楷体，金额单位（百、十、万等）为小六号字体，其余为五号字体。然后选定表格最后一行，单击"水平居中"按钮，见表8-6。

表8-6　设置字体与字号以及垂直对齐方式

| 摘　　要 | 总账科目 | 明细科目 | 借方金额 | | | | | | | | 贷方金额 | | | | | | | |
|---|---|---|---|---|---|---|---|---|---|---|---|---|---|---|---|---|---|---|
|  |  |  | 百 | 十 | 万 | 千 | 百 | 十 | 元 | 角 | 分 | 百 | 十 | 万 | 千 | 百 | 十 | 元 | 角 | 分 |
|  |  |  |  |  |  |  |  |  |  |  |  |  |  |  |  |  |
|  |  |  |  |  |  |  |  |  |  |  |  |  |  |  |  |  |
|  |  |  |  |  |  |  |  |  |  |  |  |  |  |  |  |  |
| 合　　计 |  |  |  |  |  |  |  |  |  |  |  |  |  |  |  |  |
| 财务主管 |  | 记账 |  | 出纳 |  | 审核 |  | 制单 |  |  |  |  |  |  |  |  |

☞ 设置表格边框。

● 选定整个表格，单击"设计"功能区"绘图边框"功能组右下角的"边框和底纹"按钮，打开"边框和底纹"对话框，然后选中"边框"选项标签，接着在"设置："下单击"自定义"，将表格外边线设置为2.25磅黑线，表格内线先暂设定为0.25磅细黑线。

● 选定"借方金额"栏下各单元格，打开"边框和底纹"对话框并选中"边框"选项标签，然后在"设置："下单击"自定义"，接着在"线型（Y）："列表框中选择第七种线型（双线），在"宽度（W）："下拉列表框中选择0.5磅的宽度，最后在预览窗格单击"右边框线"按钮后单击"确定"按钮。

● 选定表格最后一行，打开"边框和底纹"对话框并选中"边框"选项标签，然后在"设置："下单击"自定义"，选择第八种线型（三重线）和0.25磅的宽度，并在预览窗口单击"上边框线"按钮后单击"确定"按钮。这样我们就得到如表8-1所示的表格。

### 8.2.4　使用表格自动套用格式

#### 1. 用快速表格命令新建表格自动套用格式

☞ 将插入点定位到要创建表格的文本区位置。

☞ 单击"插入"功能区"表格"功能组中的"表格"按钮，在弹出的下拉菜单中选择"快速表格"命令，在弹出的格式列表中选择所需格式，如图8-11所示。

#### 2. 已有表格自动套用格式

☞ 选定要套用格式的表格。

☞ 单击"设计"功能区"表格样式"功能组。

☞ 在"表格样式"功能组中，选择所需的表格格式。

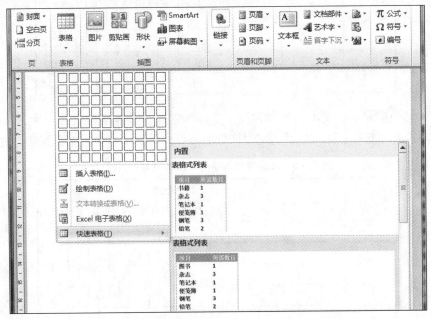

图8-11　快速表格命令自动套用格式

## 8.3 表格中数据的排序与计算

### 8.3.1 表格中数据的排序

#### 1. Word 2010 使用的排序规则

表格中的内容可按拼音、笔画、数字、日期的升序或降序排列，具体规则如下。

（1）按拼音排序。

① Word 2010 以标点或符号（例如！、#、$ 、% 或 &）开头的条目排在最前面，然后是以数字开头的条目，随后是以字母开头的条目，以汉字开头的条目排在最后。

② 汉字之间按其拼音字母顺序排序，其他同类字符间按其 ASCII 码大小排序。

③ 排序遵循字典序法则，即当两个或多个条目的首字符相同 Word 2010 将比较各条目中的后续字符，以决定排列次序。

例如，"Item 12"会排在"Item 2"之前。

（2）按笔画排序。拼音排序与本排序基本相同，唯一不同之处在于汉字之间的排序方式，前者依据拼音字母顺序排序，而后者按汉字的书写笔画数多少排序。

（3）按数字排序。本方式按数字大小排序，并忽略数字以外的所有其他字符。数字可以位于段落中任何位置。

（4）按日期排序。按日期排序时，Word 2010 将按日期的先后顺序排序。例如，在升序方式排序时，2010 – 10 – 20 排在 2010 – 11 – 11 前面。

下列符号作为有效的日期分隔符：连字符、斜杠（/）、逗号、句点和冒号（:）。如果 Word 2010 无法识别某个日期或时间，则当升序时会把该项置于列表的开头（降序时相反）。

#### 2. 对表格中数据进行排序

☞ 在要排序的表格中选择一列或若干列作为排序的依据。

☞ 单击"布局"功能区"数据"功能组中的"排序"按钮。

☞ 在如图 8-12 所示的"排序"对话框中，首先从"主要关键字"列表框中选择排序的主要依据，考虑到作为主要依据列有可能出现相同值，故还可以指定第二关键字（次要关键字）、第三关键字，其方法与主要关键字的设置方法相同。

☞ 为每个排序关键字选定一个排序类型（即排序规则）。

☞ 为每个排序关键字指定升序（递增）或降序（递减）。

☞ 如果选定表格列表包含了标题行，还应该在"列表"项下选择"有标题行"单选按钮。

☞ 单击"确定"按钮。

#### 3. 仅对列排序

一般来说，排序命令执行后，当作为排序依据的列发生变化时，其他非排序依据列也会产生相应的变化，即表格的各列的数据以联动的方式变化。但如果希望只是选中的排序依据列变化，而其他列保持不变，则通过单击"排序"对话框（见图 8-12）中的"选项"，然后在出现的"排序选项"对话框（见图 8-13）中选中"仅对列排序"复选框即可。

图 8-12　"排序"对话框　　　　图 8-13　"排序选项"对话框

提示：若仅对列排序，则在表格选中的必须是一列或若干列，其每一表格行后面的段落标记不能被选中，否则"排序选项"中"仅对列排序"为不可用状态，无法选中。

### 8.3.2　表格中数据的计算

#### 1. 常用计算公式

在 Word 2010 中，可以对表格中的数据进行求和、求平均值等计算。所有计算都是通过计算公式来完成的，常用的计算公式如下：

（1）求和公式（SUM）。求和公式 SUM 用于对一组数求总和。

（2）求平均值（AVERAGE）。求平均值公式 AVERAGE 用于对组求平均值。

（3）计数公式（COUNT）。计数公式用于 COUNT 用于计算一组值的个数。

（4）求最大值（MAX）。最大值公式 MAX 用于计算一组数据中的最大值。

（5）求最小值（MIN）。最小值公式 MIN 用于计算一组数据中的最小值。

#### 2. 表格引用

应用公式计算时，必须指定计算的范围，而计算的范围是通过对表格引用来指定的。表格引用方法主要有如下几种：

（1）ABOVE（LEFT）：指公式所在表格上方（左边）连续的数字表格单元。

（2）一个表格单元：表格的列用 A、B、C……等表示，表格的行依次用 1、2、3……等表示。一个表格单元可以用列字母加行序数表示，例如，B3 表示第二列第 3 行处的表格单元。

（3）多个表格单元：分别将每个表格单元列出，表格单元之间用逗号分隔。例如，= AVERAGE(A1，A3，C2) 表示计算第一列第 1、3 行和第三列第 2 行的 3 个单元中数据的平均值。

（4）矩形区域：用矩形区域的左上角单元和右下角单元表示，中间用冒号分隔。例如，= SUM(A1:C3) 表示计算以 A1 为左上角、以 C3 为右下角的矩形区域中数据的总和。又例如，＝MAX（C1:C3）表示计算第三列中第 1、2、3 行 3 个数据中的最大值。如果计算范围是一整列则可以省略行标号，一整行可以省略列标号。

### 3. 计算表格中的数据

☞ 单击要放置求和结果的单元格。

☞ 单击"布局"功能区"数据"功能组中的"公式"按钮，出现如图 8-14 所示的"公式"对话框。

图 8-14 "公式"对话框

☞ 如果选定的单元格位于一列数值的底端，Word 2010 将建议采用公式 ＝SUM（ABOVE）进行计算；如果选定的单元格位于一行数值的右端，Word 2010 将建议采用公式 ＝SUM（LEFT）进行计算。如果该公式正确，请单击"确定"按钮，否则继续完成以下操作。

☞ 清除"公式"框中的公式，然后从"粘贴函数"列表中选择适当的公式，再输入正确的表格引用字符串。

☞ 单击"确定"按钮。

说明：

● 如果单元格中显示的是大括号和代码（例如，{＝SUM（LEFT）}）而不是实际的求和结果，则表明 Word 2010 正在显示域代码。要显示域代码的计算结果，请按 Shift + F9 组合键。

● 如果该行或列中含有空单元格，则 Word 2010 将不对这一整行或整列进行累加。要对整行或整列求和，请在每个空单元格中键入零值。

● 要快速地对一行或一列数值求和，请先单击要放置求和结果的单元格，再单击"表格和边框"工具栏中的"自动求和"按钮。

# 习 题 8

8.1 请在各自的"学生"文件夹下，新建一个文件名为 file8 - 1. docx 的 Word 文档，并在其中制作如表 8-7 所示的 Word 表格。

表8-7 旅差费报销单

| 报销单位 | | 姓名 | | 职别 | | 级别 | | 出差地 | |
|---|---|---|---|---|---|---|---|---|---|
| 详细路线及票价 | | | | | | | | | |
| | 交通工具 | | | | 住宿费 | 伙食补贴 | 其他 | | |
| 项目 | 飞机 | 火车 | 轮船 | 汽车 | | | | | |
| 金额 | | | | | | | | | |
| 总计金额 | （大写） | | | | | | | | |
| 主管人 | | 出差人 | | 经手人 | | | | | |

8.2 打开"学生"文件夹下的 FILE7.DOC 文档，将其另存为 file8-2.docx 后，修改成如表 8-8 所示的样式。

表 8-8　旅差费报销单

| 报销单位 | | 姓名 | | 职别 | | 级别 | | 出差地 | |
|---|---|---|---|---|---|---|---|---|---|
| 出差事由 | | 日期 | | 自　年　月　日到　年　月　日共　天 | | | | | |
| 交通工具 | | | | | 住宿费 | | 伙食补贴 | 其他 | |
| 项目 | 飞机 | 火车 | 轮船 | 汽车 | 天 | | 天 | | |
| 金额 | | | | | 元 | | 元 | | |
| 总计金额（大写） | | | | | | | | | |
| 详细路线及票价 | | | | | | | | | |
| 主管人 | | | 出差人 | | | | 经手人 | | |

8.3 请在各自的"学生"文件夹下，新建一个文件名为 file8-3.docx 的 Word 文档，并在其中制作如表 8-9 所示 Word 表格。

表 8-9　课程表

| 课时＼日期 | | 星期一 | 星期二 | 星期三 | 星期四 | 星期五 |
|---|---|---|---|---|---|---|
| 上午 | 第1节 | | | | | |
| | 第2节 | | | | | |
| | 第3节 | | | | | |
| | 第4节 | | | | | |
| 下午 | 第5节 | | | | | |
| | 第6节 | | | | | |

8.4 请在各自的"学生"文件夹下，新建一个文件名为 file8-4.docx 的 Word 文档，并在其中制作如表 8-10 所示的 Word 表格。

表 8-10　借（收）条

| 兹（　）到 | | | |
|---|---|---|---|
| 单位： | | | |
| 事由： | | | |
| 金额：（大写） | | ￥： | |
| 附注： | | | |
| 主管 | 会计 | 出纳 | 经手人 |

8.5 请在各自的"学生"文件夹下，新建一个文件名为 file8-5.docx 的 Word 文档，并在其中制作如表 8-11 所示的 Word 表格。

## 表 8-11 个人简历表

| 姓 名 | | 性 别 | | 民 族 | | （照片） | |
|---|---|---|---|---|---|---|---|
| 身 高 | | 体 重 | | 政治面貌 | | | |
| 出生年月 | | 婚姻状况 | | 毕业时间 | | | |
| 学 历 | | 学 制 | | 专 业 | | | |
| 籍 贯 | | | | | | | |
| 毕业院校 | | 联系电话 | | | | | |
| 联系地址 | | | | | | | |
| 英语水平 | | | | | | | |
| 计算机水平 | | | | | | | |
| 爱好特长 | | | | | | | |
| 主修课程 | | | | | | | |
| 主要实践 | | | | | | | |
| 求职意向 | | | | | | | |
| 主要实践经历 | | | | | | | |
| 在校工作 | | | 证书 | | | | |
| 奖励情况 | | | | | | | |
| 自我评定 | | | | | | | |

# 第9章 图文混排

在文档中插入图片、图形、形状、文本框和艺术字等，可以使版面图文并茂，生动活泼。

## 9.1 图片的处理与排版

Word 2010 的图片来自文件、剪贴画和屏幕截图。图片可任意放大、缩小、裁剪、移动位置、色彩控制，还可以将图片与文本按多种方式混排。

### 9.1.1 图片的基本操作

#### 1. 插入剪切画

Word 2010 提供了一个插入本地计算机上的剪切画的工具，插入剪切画操作方法如下：

☞ 用鼠标选择需要插入剪切画的位置。

☞ 单击"插入"功能区"插图"功能组中的"剪贴画"按钮，在文档的右边出现"剪贴画"工具栏，如图9-1所示。

☞ 在"剪贴画"工具栏"搜索文字"下方的文本框中输入需要搜索剪贴画的主题，单击"搜索"按钮，在工具栏下方将会搜索到与我们所输入主题相关的剪贴画。

☞ 在搜索到的剪贴画中找到我们所需要的剪贴画，对剪贴画单击鼠标左键完成剪贴画的插入。

#### 2. 插入本地图片

Word 2010 可以利用插入计算机的本地图片来美化文档，其操作如下：

☞ 用鼠标选择需要插入图片的位置。

☞ 单击"插入"功能区"插图"功能组中的"图片"按钮，弹出"插入图片"对话框如图9-2所示。

☞ 利用"插入图片"对话框找到存放需要插入图片的文件夹。

☞ 选定需要插入的图片，单击"插入图片"对话框右下角的"插入"按钮。

☞ 完成图片的插入。

还可以通过"插入"功能区"插图"功能组中的"屏幕截图"按钮来对计算机的屏幕进行截图，将截图以图片的形式插入到文档中。

#### 3. 图片的移动

当图片的位置不合适时，可以将鼠标指针指向图片的任意处按下鼠标左键后拖动鼠标，这时将有一个虚线方框跟随移动，当虚线方框移到预定的位置时松开鼠标。

图 9-1　剪贴画工具栏　　　　　　　　图 9-2　"插入图片"对话框

当需要长距离移动图片时，可先将图片选定，用"开始"功能区"剪贴板"功能组中的"剪切"按钮将图片移到"剪贴板"上，然后将插入点移到新位置，再用"剪贴板"功能组中的"粘贴"按钮将图片从"剪贴板"中复制到该处。

### 4. 图片的删除

要删除图片，只要选定图片后，按 Delete 键或单击剪切命令即可。

## 9.1.2　图片的加工处理

为了使得图片较好地在文档中显示，往往需要对图片进行必要的加工处理。加工处理图片通常是利用"图片工具－格式"功能区的功能按钮来完成的。当我们单击选中任意一张图片后，都会增加一个图片专用功能区，即"图片工具－格式"功能区。见图9-3。

图 9-3　"图片工具－格式"功能区

### 1. 图片的裁剪

由于原始图片可能包含了我们不需要的内容，所以常常需要对图片进行裁剪，裁剪的基本操作如下：

☞ 单击选中图片。

☞ 在"图片工具–格式"功能区中，单击"大小"组内的"裁剪"按钮。

☞ 将鼠标指向图片的边界处，当鼠标变成 T 字形（或旋转的 T 字形）时，按下鼠标右键，并拖动鼠标到需要保留的位置处放手。

☞ 对所有需要裁剪的边界重复以上操作，直至全部边界裁剪完毕，再单击该图片以外的任何位置结束裁剪。

### 2. 图片大小的更改

图片大小的更改有两种方式，一是手工调整，即选中图片后，直接使用鼠标拖动图片的控制点更改图片的大小；二是数控式调整，即在"图片工具–格式"功能区，利用其"大小"功能组内的"高度"和"宽度"两个数字控件来进行调整。

手工调整较为方便、直观，也更加灵活，既可以使高度和宽度成比例变化（拖动四个角上的控制点），也可以仅调整高度（拖动上下边中间的控制点），或仅调整宽度（拖动左右边中间的控制点）。手工调整的不足之处是精确度不够，如果要高精度调整图片的大小，则以数控式调整为好。

### 3. 图片的旋转

图片的旋转可以直接通过拖动图片的旋转控制点来实现，当图片被选中时，用鼠标指向图片正上方的旋转控制点，待鼠标指针变成"ひ"形状时，按下并拖动鼠标。这时随着鼠标的拖动，图片会随之旋转，待旋转到合适的位置时松开鼠标按钮即可。

### 4. 图片的调整

图片的亮度、对比度、清晰度、颜色、背景和艺术效果等，都可以通过"图片工具–格式"功能区的"调整"功能组的按钮来调整。具体方法如下：

☞ 选中要调整的图片。

☞ 单击"图片工具–格式"选项卡，打开如图 9-3 所示的"格式"功能区。

☞ 要改善图片的"亮度"、对比度和清晰度：单击"调整"功能组中的"更正"按钮，在弹出来对图片的"锐化和柔化"、"亮度和对比度"进行设置。

☞ 要改善图片的颜色，单击"调整"功能组中的"颜色"按钮，根据需求更改图片的"颜色饱和度"、"色调"等设置。

☞ 要给图片添加艺术效果：单击"调整"功能组中的"艺术效果"按钮，选择需要的艺术效果。

☞ 要去除图片的多余背景：单击"调整"功能组中的"删除背景"，然后单击"背景消除"功能区中的"保留修改"按钮。

## 9.1.3 图片的美化

### 1. 图片样式的套用

在"图片工具–格式"功能区的"图片样式"功能组中，我们可以利用预设的图片样式，选择合适的图片样式。预设的样式事先设置了边框、阴影、倒影、光效和三维等效果，

在选择时可以预览设置效果。具体操作如下:

☞ 选中图片。

☞ 在"图片工具 – 格式"功能区,从"图片样式"组的预设样式列表框中选择所需样式。见图9–4。

图9–4　图片预设样式

### 2. 图片的自定义边框

如果预设的图片样式不能满足编辑要求,还可以自定义图片边框和效果。自定义图片边框的操作如下:

☞ 选中要设置边框的图片。

☞ 在"图片工具 – 格式"功能区,单击"图片样式"组的"图片边框"按钮,出现如图9–5所示的菜单。

☞ 不设边框:选择"无轮廓"。

☞ 设置边框线粗细:选择"粗细"。

☞ 设置边框线线型:选择"虚线"。

☞ 设置边框线的颜色:选择"主题颜色"中的颜色选项,或在"其他轮廓颜色"中选择。

### 3. 图片的自定义效果

设置图片特殊效果的操作方法如下:

☞ 选中要调整图片。

☞ 在"图片工具 – 格式"功能区的"样式"功能组中,单击"图片效果"按钮,出现如图9–6所示的菜单。

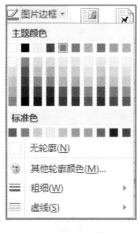

图9–5　设置图片边框

图9–6　设置图片效果

☞ 设置阴影：鼠标指向"阴影"，在弹出的级联菜单中选择阴影选项。若选择"无阴影"，则不设置阴影，或取消原来的阴影设置。

☞ 设置倒影：用鼠标指向"映像"，在级联菜单中选择映像选项。其中，"无映像"是不设置或取消倒影。

☞ 设置光效：用鼠标指向"发光"，在级联菜单中选择光效选项。

☞ 设置柔化边缘：用鼠标指向"柔化边缘"，在级联菜单中选择边缘效果选项。

☞ 设置三维效果：三维效果分为棱台和三维旋转两种，棱台具有立体和边框的处理，而三维旋转则突出立体旋转效果。设置立体和边框效果选择"棱台"，设置立体旋转效果选择"三围旋转"。

### 9.1.4 图片的排版与组合

#### 1. 图片的排版

一张好的图片，应该与文档较好的配合，才能取得良好的效果。图片的排版，主要是确定文字相对图片的环绕方式。环绕方式主要有：

- 嵌入型：图片如同一个超大字符，前后可以有普通字符，所在行上下也可以有正常的文字行。
- 四周型：图片被一个矩形边框界定，矩形边框的四周都可以有普通字符。
- 紧密型：图片的四周都可以有普通字符，且左右两边不受矩形边框的限制。
- 穿越型：图片的四周都可以有普通字符，且四周均不受矩形边框的限制。
- 上下型：图片独占一行。
- 衬于文字下方：图片如同一个底纹图案。
- 浮于文字上方：图片浮在文字上方。这种方式会影响阅读文字。

#### 2. 文字环绕的设置

☞ 单击选定图片

☞ 在"图片工具－格式"功能区的"排列"功能组中，单击"位置"按钮，出现如图9-7所示的菜单。

☞ 选择"嵌入文本行中"，则图片作为超大字符嵌入文档中。也可以在"文字环绕"区域选择一种环绕方式。

☞ 如果预设的环绕方式均不合要求，可单击"其他布局选项"，出现"布局"对话框，单击其中的"文字环绕"选项卡，出现如图9-8所示的对话框。

☞ 单击对话框中"环绕方式"区域内的选项，再单击"确定"。

#### 3. 多张图片的组合

有时，我们需要将多张图片组合成一张图片。图片的组合功能对嵌入型图片无效。具体操作方法如下：

☞ 对所有要组合的图片，取消嵌入型环绕设置，一般设置为"浮于文字上方"。

图 9-7　选择预设环绕方式　　　　　　　图 9-8　"布局"对话框

☞ 调整好图片的相对位置。一般只需将图片拖放到适当位置即可。

☞ 调整好图片的上下层次。鼠标右键单击图片，从弹出菜单中，通过"置于顶层"、"置于底层"、"上移一层"和"下移一层"来调整层次。

☞ 按下"Shift"键不放，再用鼠标单击选中要组合的多张图片。

☞ 用鼠标右键单击选定的多张图片之一，在弹出菜单中选择"组合"。

☞ 如有必要，将组合后的图片设置为嵌入型环绕方式。

## 9.2　文本框

Word 2010 文本框是将一段文档作为一个整体来处理的机制，就好比是园中园，文本框中的文档可以看做一个子文档，它可以整体移动、删除，排版。文本框作为一个整体，也可以像图片一样进行图文混排。

### 9.2.1　文本框基本操作

#### 1．插入文本框

在 Word 2010 中只有文本框，文本框可以写入文本也可以插入图片。插入文本框方法如下：

☞ 单击"插入"功能区"文本"功能组中的"文本框"命令按钮。

☞ 在弹出的下拉菜单中单击"绘制文本框"命令（如果需要绘制竖版文本框也可选择"绘制竖排文本框"命令），此时光标变为十字形。

☞ 将十字光标移到绘图画布之外的需要插入文本框的位置，按鼠标左键在页面上拖出一个空白的文本框，如图 9-9 所示。

图 9-9　插入文本框

☞ 完成文本框的插入。

### 2. 选定文本框

在对文本框操作前，应先选定文本框。文本框的选定方法是：用鼠标指向文本框的边框上任意处，当鼠标变成一个十字形箭头时单击，使文本框外边显示 8 个控制点。

提示：如单击文本框内部，则文本框外边没有 8 个控制点，同时插入点被定位在文本框内部，此时并不是处在文本框被选定状态，而是进入到文本框的内部编辑状态。

在文本框的内部编辑状态，可以对文本框内部的文本和其他对象进行编辑，但不能对文本框本身进行删除、复制等操作。

### 3. 删除文本框

删除文本框的方法如下：

☞ 单击要删除的文本框的边框处选定文本框。

☞ 单击 "开始" 功能区 "剪贴板" 功能组中的 "剪切" 按钮或按键盘上的 Delete 键。

### 4. 在文本框中插入内容

在文本框中插入内容方法如下：

☞ 要在文本框内插入文本，请单击文本框内部，再输入文本内容。

☞ 要在文本框内输入表格，请单击文本框内部，再单击 "插入" 功能区 "表格" 功能组中 "表格" 按钮插入表格。

☞ 要在文本框内插入图片，请单击文本框内部，再单击 "插入" 功能区 "插图" 功能组中的 "图片" 或 "剪贴画" 按钮进行图片的插入，再调整图片文本框大小和位置。

上述方法在文本框中插入的内容，将成为文本框的组成部分。文本框起着一个容器作用，当文本框移动时，其中的内容也将随着一起移动。

## 9.2.2 设置文本框形状的效果

文本框形状可以像图片一样设置边框和各种效果。方法与图片边框和图片效果设置一样。文本框与图片设置不一样的是，文本框还可以进行形状填充效果设置。

### 1. 设置文本框填充效果

设置文本框填充效果的方法如下：

☞ 单击文本框的边框，使文本框处于选定状态（不是文字编辑状态）。

☞ 在 "绘图工具 - 格式" 功能区，单击 "形状样式" 组中的 "形状填充" 按钮，出现如图 9-10 所示的菜单。

☞ 选择 "主题颜色" 或 "标准色" 可以为文本框指定填充颜色。

☞ 选择 "无填充颜色"，则取消原有的所有填充设置。

☞ 选择 "图片"，则使用指定图片来填充文本框。

☞ 选择 "渐变"，可以为文本框设置在不同颜色之间的渐变效果。

☞ 选择 "纹理"，则是设置类似大理石等的纹理填充效果。

**2. 设置文本框的文字版式**

由于文本框中有或多或少的文字，这种文字的水平方向的排版与文档的排版一样，但是垂直方向的版式还需特别设置。具体设置方法如下：

☞ 鼠标右键单击文本框的边框，在出现的快捷弹出菜单中单击"设置形状格式"命令，弹出"设置形状格式"对话框。

☞ 单击"文本框"选项卡，在如图 9-11 所示的对话框中完成以下操作：

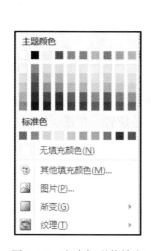

图 9-10　文本框形状填充　　　　图 9-11　设置形状格式对话框

● 要设置文本框的垂直对齐方式，可单击"文本框"选项卡，在"垂直对齐方式"右边的下拉菜单来选择文本框的垂直对齐方式。

● 要设置文本框的文字方向，可单击"文本框"选项卡，在"文字方向"右边的下拉菜单来选择文字方向。

● 要设置文本框的内部边距，可单击"文本框"选项卡，在"内部边距"的"上"、"下"、"左"、"右"中设置或输入边距值。

● 当文字较多而文本框容不下时，可以选中"根据文字调整形状大小"，使文本框自动增大。

● 如果选中"形状中的文字自动换行"，则输入文字的显示会自动根据文本框的宽度换行。

☞ 单击对话框右下角的"关闭"按钮，完成设置。

提示：文本框除了可以像图片一样进行边框设置和效果设置外，还可以像图片一样进行排版。

## 9.3　图形的绘制

所谓 Word 2010 的图形，是指利用预设的形状和 SmartArt 图形，根据需要绘制的图形，它一般与文字配合使用，具有较强的直观性。

### 9.3.1　形状

在"插入"功能区的"插图"组中，Word 2010 提供了一个插入"形状"的按钮，通过该按钮，我们可以根据需要绘制各种各样的形状来增加文档的直观性。常见的形状有箭头、线条、矩形、流程图、标注、多边形、特大括号、多角星、特殊图形等。

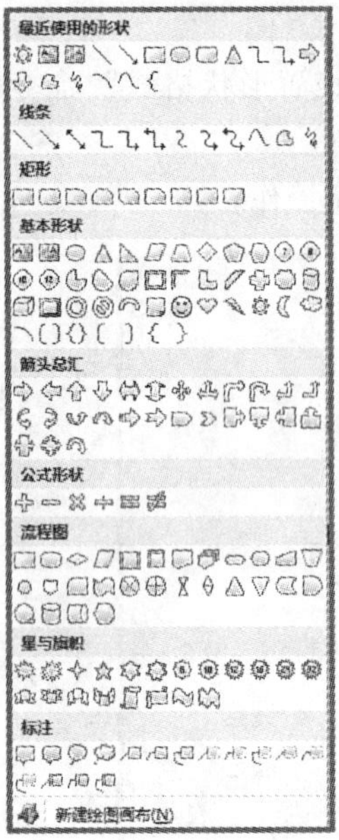

绘制的形状也可以像图片一样进行边框、效果设置和组合，也可以设置文字环绕方式，设置方法和图片一样。

另一方面，我们也可以将形状理解为外形不同于矩形的文本框，所以也可以像文本框一样设置其填充效果。

绘制形状的操作方法如下：

☞ 单击"插入"功能区"插图"功能组中的"形状"按钮，弹出形状选择菜单，如图 9-12 所示。

☞ 在弹出的形状选择菜单中选择需要的形状，此时光标变为十字形。

☞ 将十字光标移到需要插入图形的位置，按鼠标左键在页面上拖出所需图形的大小后松开鼠标左键。

☞ 用鼠标右键单击新插入的图形，在弹出菜单中单击"添加文字"。

☞ 输入相关的文字，并设置好文字的字体、字号和字型。

提示：形状可以像图片一样进行组合，而且形状的默认环绕方式是"浮于文字上方"。

图 9-12　形状选择菜单

### 9.3.2　SmartArt 图形

SmartArt 图形是事先设置了颜色和效果，类似于组织结构图的精美图形。与图片相比，它具有图文并茂的特点。

#### 1. 插入 SmartArt 图形

插入 SmartArt 图形的具体方式如下：

☞ 用鼠标选择需要插入图形的位置。

☞ 单击"插入"功能区"插图"功能组中的"SmartArt"按钮，弹出"SmartArt 图形"对话框，如图 9-13 所示。

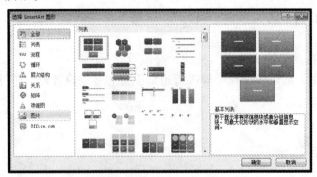

图 9-13　选择 SmartArt 图形对话框

☞ 根据需要选择 SmartArt 图形后，单击"确认"。

☞ 在插入的 SmartArt 图形中插入、编辑相关的文字。

## 2. 对 SmartArt 图形中文字的编辑

SmartArt 图形中可以附带文字，对这些文字的输入和编辑，是图形加工中的主要工作。要输入或编辑图形中的文字，可以单击文字区域，然后输入或编辑其中的文字。

为了方便用户编辑图形中的文字，SmartArt 图形均带有一个可收缩的控件，用于对 SmartArt 图形中文字的编辑。单击 SmartArt 图形左边的带双三角符的区域，可以展开如图 9-14 所示的"在此处键入文字"的控件，其中每个文字输入区域都对应一个图形中的文本区，通过此控件可以集中键入相关的文字。使用此控件的操作具体如下：

☞ 单击选中 SmartArt 图形。

☞ 单击 SmartArt 图形左边的带双三角符的区域。

☞ 于"在此处键入文字"控件中输入相关的文字。

☞ 单击控件关闭按钮"✖"。

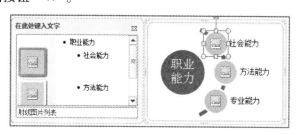

图 9-14　利用控件对 SmartArt 图形输入文字

## 3. 在 SmartArt 图形中使用图片

有的 SmartArt 图形不仅支持文字，还可以显示图片。支持图片显示的位置，会显示默认图片，单击该默认图片，可打开图片选择对话框，用于选择图片。也可以用"在此键入文字"控件选择图片，见图 9-14。

要删除用户添加的图片，可以单击选中该图片，再按"Delete"键删除图片。只有用户添加的图片可以删除，默认图片不能删除。

## 4. 添加形状

SmartArt 图形中的形状可以删除，也可以增加。增加形状的操作如下：

☞ 选中与新增形状同级别的已有文本框。如图 9-14 所示，选择"方法能力"文本框。

☞ 按下"Ctrl + C"键。

☞ 在确保同级别形状的文本框被选中时（如"专业能力"文本框被选中），按下"Ctrl + V"键，这样就在"专业能力"文本框后，增加了一个"方法能力"形状。

## 5. 删除形状

要删除形状，可先选中要删除形状所对应的文本框，单击"Delete"键。

提示：

- SmartArt 图形的边框设置和效果设置与图片边框设置和图片效果设置一样。
- SmartArt 图形排版也与图片和文本框一样。
- SmartArt 图形中文本框的形式多样，不限于矩形，也有圆形、三角形、梯形等。
- SmartArt 图形中通常有不同级别的文本框，删除较高级别的文本框时，若其下属还有文件框，则下属文本框升级为本级别的文本框，只有无下属文本框的形状，方可直接删除。
- SmartArt 图形中的图形框一般都依附于一个文本框，不能单独对其操作。

## 9.4 艺术字的制作

在编辑文档时，为了表达特殊的效果，需要对文字进行一些必要的修饰。利用 Word 2010 的艺术字功能，可以将文字设置成艺术字的效果。艺术字也可以像图片一样进行图文混排。

### 9.4.1 艺术字的基本操作

#### 1. 插入艺术字

插入艺术字具体操作如下：
☞ 在文档中选择需要插入艺术字的位置。
☞ 单击"插入"功能区"文本"功能组中的"艺术字"按钮，弹出艺术字样式选择下拉菜单，如图 9-15 所示。
☞ 在弹出的下拉菜单中单击所需艺术字格式，艺术字将直接插入文本当中。
☞ 在插入的艺术字文本框中输入文字，插入艺术字完成。

#### 2. 编辑艺术字

☞ 单击选中艺术字。
☞ 选定艺术字：用鼠标指向艺术字文本框边框处，当鼠标变成一个十字箭头时，按下鼠标左键，被选定的艺术字必定显示 8 个尺寸控制点，否则，选定操作不成功。
☞ 选择"开始"功能区，在"字体"功能组中完成以下编辑操作：
- 要改变文本内容：请在文字框下编辑文本内容。
- 要改变文本字体：请在字体框中选择所需字体。
- 要改变文本字号：请在字号框中选择或键入字号值。
- 要改变粗体设置：请单击"B"字形按钮。
- 要改变斜体设置：请单击"I"字形按钮。
☞ 操作完成后用鼠标单击文本空白区域，完成艺术字编辑。
提示：艺术字的大小、位置、长度、宽度和旋转角度等，都可以像图片一样进行手工调整。此外，艺术字还有 1 至 2 个形状调整控制点，如图 9-16 所示的艺术字"职"右下方的控制点，就是用于控制该艺术字弯曲度的形状控制点。

图9-15　艺术字样式

图9-16　插入艺术字

## 9.4.2　更改艺术字的样式和形状

### 1. 更改艺术字的样式

插入艺术字时，Word 2010 提供了预设的样式供用户选择。如果插入艺术字后需要更改样式，可以重新从预设样式中选择：先选定艺术字；然后在"绘图工具－格式"功能区"艺术字样式"组左边的预设艺术字样式列表中选择。

### 2. 设置艺术字的形状

艺术字的形状多样，有波浪形、牛角形、圆形、桥形、鼓形等，我们可以根据需要在不同形状间转换。具体操作如下：

☞ 选定艺术字。

☞ 在"绘图工具－格式"功能区"艺术字样式"组中单击"文本效果"按钮。

☞ 在弹出的"文本效果"下拉菜单中选择"转换"命令。

☞ 单击"转换"命令，在"转换"命令右侧弹出艺术字形状列表，如图9-17所示。

☞ 用鼠标单击所需形状，选定艺术字的形状。

☞ 通过调整艺术字形状控制点来调整形状参数。例如，在如图9-16所示的艺术字中，将形状控制点拖至最高处，得到的效果如图9-18所示。

图9-17　艺术字形状

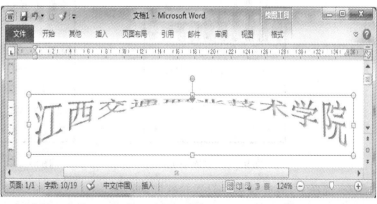

图9-18　艺术字的形状控制点和旋转控制点

提示：当设置的艺术字形状和旋转角度不同时，该艺术字的"形状控制点"和"旋转控制点"的位置也不同。多数艺术字的形状控制点只有一个，但波形类的艺术字一般都有两个形状控制点。

### 9.4.3 设置艺术字的效果

艺术字可以像文本框一样设置其外边框的形状边框和形状效果。由于艺术字较大，所以在文本效果设置上更为显著。

#### 1. 设置艺术字的文本填充

艺术字的文本填充是对艺术字内部着色。具体方法如下：

☞ 选中艺术字。

☞ 在"绘图工具－格式"功能区"艺术字样式"组中单击"文本填充"按钮。

☞ 在如图 9-19 所示的菜单中选择"主题颜色"、"标准色"和"其他填充颜色"，可以实现单一颜色填充。

☞ 选择"无填充颜色"，则取消填充设置。

☞ 选择"渐变"，可以设置渐变的颜色。

#### 2. 设置艺术字的文本轮廓

艺术字的轮廓是指艺术字字体边界，设置方法如下：

☞ 选定艺术字。

☞ 在"绘图工具－格式"功能区"艺术字样式"组中单击"文本轮廓"按钮。

☞ 在如图 9-20 所示的菜单中选择"主题颜色"、"标准色"和"其他轮廓颜色"，可以使轮廓呈现单一颜色。

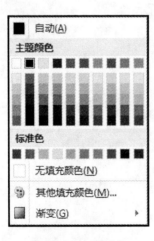

图 9-19 文本填充

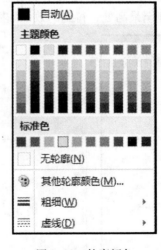

图 9-20 轮廓颜色

☞ 选择"粗细"，可以设置轮廓线的粗细。

☞ 选择"虚线"，可以设置轮廓线的线型。

☞ 选择"无轮廓"，则取消轮廓颜色。

### 3. 设置艺术字的倒影

在 Word 2010 中，倒影被称做映像，其设置方法如下：
☞ 选定艺术字。
☞ 在"绘图工具－格式"功能区"艺术字样式"组中单击"文本效果"按钮。
☞ 在弹出菜单中选择"映像"，出现如图 9-21 所示的级联菜单。
☞ 若要取消倒影效果，单击"无映像"。
☞ 若要设置倒影，在"映像变体"中选择。排得越后的选项，倒影越长。
☞ 若要设置更具个性化的倒影，可以单击"映像选项"，打开对话框进一步设置。

### 4. 设置艺术字的发光效果

☞ 选定艺术字。
☞ 在"绘图工具－格式"功能区"艺术字样式"组中单击"文本效果"按钮。
☞ 在弹出菜单中选择"发光"，出现如图 9-22 所示的级联菜单。

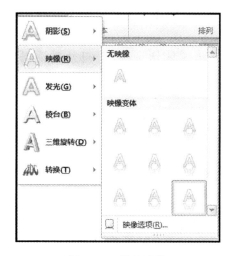

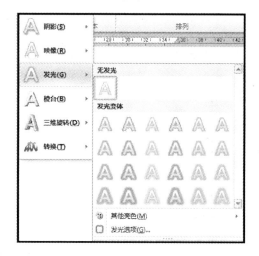

图 9-21　设置映像　　　　　　　　　图 9-22　设置发光

☞ 若要取消发光效果，单击"无发光"。
☞ 若要设置一般的发光效果，在"发光变体"中选择。
☞ 若要设置更具个性化的发光效果，可以单击"其他亮色"和"发光选项"，打开对话框进一步设置。

### 5. 设置艺术字的棱台效果

☞ 选定艺术字。
☞ 在"绘图工具－格式"功能区"艺术字样式"组中单击"文本效果"按钮。
☞ 在弹出菜单中选择"棱台"，出现如图 9-23 所示的级联菜单。
☞ 若要取消发光效果，单击"无棱台效果"。
☞ 若要设置预设的棱台效果，在"棱台"中选择，其中有内凹的、外凸的和梯形等形状的棱台效果。

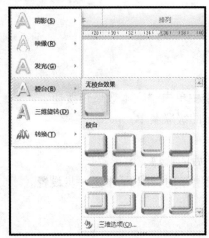

图 9-23　设置棱台效果

☞ 若要设置更具个性化的三维效果，可以单击"三维选项"，打开对话框进一步设置。

### 6. 设置艺术字阴影效果

☞ 选定艺术字。

☞ 在"绘图工具－格式"功能区"艺术字样式"组中单击"文本效果"按钮。

☞ 在弹出菜单中选择"阴影"，出现如图 9-24 和图 9-25 所示的级联菜单。

☞ 若要取消阴影效果，单击"无阴影"。

☞ 若要设置预设的外部阴影效果，在"外部"中选择。

☞ 若要设置预设的内部阴影效果，在"内部"中选择。

☞ 若要设置预设的透视阴影效果，在"透视"中选择。透视阴影与映像效果有些相似。

☞ 若要设置更具个性化的阴影效果，可以单击"阴影选项"，打开对话框进一步设置。

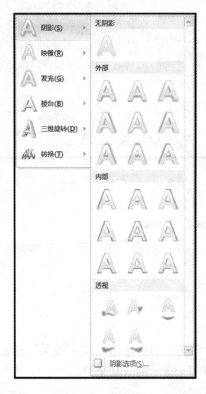

图 9-24　设置阴影

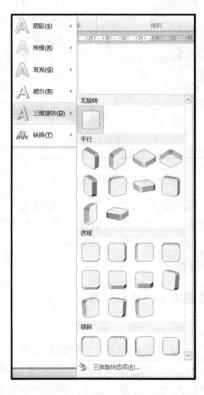

图 9-25　设置三维旋转

### 7. 设置艺术字的三维旋转效果

☞ 选定艺术字。

☞ 在"绘图工具 – 格式"功能区"艺术字样式"组中单击"文本效果"按钮。

☞ 在弹出菜单中选择"三维旋转",出现如图 9-25 所示的级联菜单。

☞ 若要取消三维旋转效果,单击"无旋转"。

☞ 预设的三维旋转效果有三种,一是平行四边形效果,对应菜单中的"平行";二是立体透视效果,对应"透视";三是倾斜效果,对应"倾斜"。旋转量最小的是倾斜。

☞ 若要设置更具个性化的三维旋转效果,可以单击"三维旋转选项"进一步设置。

# 习 题 9

9.1　在"学生"文件夹下新建一个文件名为 file9 – 1. docx 的文档,文档内容如图 9-26 所示。图中的图片可以用其他图片代替。

图 9-26　茶叶知识介绍

9.2　在"学生"文件夹下新建一个文档 file9 – 2. docx,文档内容如图 9-27 所示。

9.3　试为一个产品设计一份宣传资料,或设计一张小报,内容自行确定,要求图文并茂。文档名称为 file9 – 3. docx,并保存在"学生"文件夹。

9.4　试用 SmartArt 图形设计一张图形,用于反映你所在院系的专业和班级分布情况。要求图形美观清晰,文档名称为 file9 – 4. docx,保存于"学生"文件夹。

9.5　试用艺术字为同学、老师或父母制作一张节日或生日贺卡,文档名为 file9 – 5. docx,文件保存到"学生"文件夹。

9.6　完成如图 9-28 所示的图形的制作。文档以 file9 – 6. docx 为名存于"学生"文件夹。

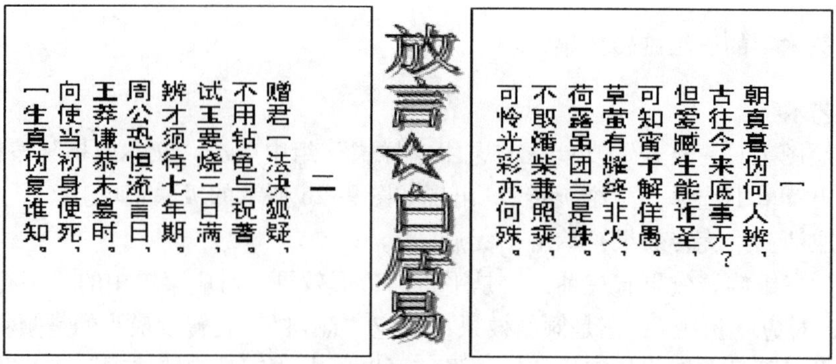

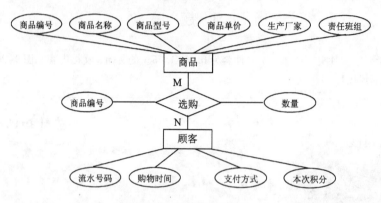

图 9-27 白居易诗

放言☆白居易

一

朝真暮伪何人辨，
古往今来底事无？
但爱臧生能诈圣，
可知宁子解佯愚。
草萤有耀终非火，
荷露虽团岂是珠。
不取燔柴兼照乘，
可怜光彩亦何殊。

二

赠君一法决狐疑，
不用钻龟与祝蓍。
试玉要烧三日满，
辨才须待七年期。
周公恐惧流言日，
王莽谦恭未篡时。
向使当初身便死，
一生真伪复谁知。

图 9-28 数据库设计图

9.7 完成如图 9-29 所示的图文混排，结果保存于文档 file9-7. docx 中，并存于"学生"文件夹。样文中图片可用其他图片代替。

图 9-29 童年回忆

# 第10章 中文 Excel 2010 基础

工作簿的操作是通过 Microsoft Office 家族中的 Excel 软件来实现的。Excel 是一种广为流行的、功能强大的电子表格处理软件，在财务、统计、会计、金融和审计等需要处理大量数据和报表的行业有着广泛的用途。它以直观的表格形式供用户编辑操作，具有"所见即所得"的特点，用户只要通过简单的操作就能够快速创建出一张精致的表格，并能以多种形式的图表来反映表格的数据。该软件先后有多个中文版本推出，目前最新的版本是 Excel 2010。本书以 Excel 2010 为例介绍该软件的使用方法。

## 10.1 中文 Excel 2010 的基本知识与基本操作

中文 Excel 2010 是在中文 Excel 2007 的基础上，增强了部分功能，使操作者在使用时更加得心应手。Excel 2010 和 Excel 2007 一样，首先在操作界面上 Excel 2010 有了很大的变化，取消了传统的菜单模式，采用了全新的应用界面，用选项卡和功能区代替了传统的菜单和工具条，同时与用户操作相关的选项卡会出现在操作界面中，自动将对应的命令展现出来，使用户能更加有效和快捷地进行操作。

### 10.1.1 Excel 2010 简介

#### 1. 中文 Excel 2010 的启动与退出

启动中文 Excel 2010，可选择如下方法之一：

☞ 单击"开始"按钮，将鼠标指向"所有程序"，出现"所有程序"级联菜单，单击"所有程序"级联菜单中的"Microsoft Excel 2010"命令，即可启动中文 Excel 2010，如图 10-1 所示。

☞ 如果在窗口桌面上创建了 Excel 2010 的快捷方式，双击该快捷方式图标即可启动。

☞ 双击一个 Excel 2010 文件，直接启动 Excel 2010，同时打开该文件。

退出 Excel 2010，可选择如下的方法之一：

☞ 选择"文件"选项卡，出现下拉菜单，选择"退出"命令。

☞单击标题栏最右边的█按钮。

☞单击 Excel 2010 标题栏最左边的█按钮，出现下拉菜单，选择"关闭"菜单。

☞按 Alt + F4 组合键。

#### 2. 中文 Excel 2010 的工作界面

中文 Excel 2010 的工作界面由标题栏、9 个选项卡、滚动条、工作标签、编辑栏、状态栏、行/列标等组成，如图 10-2 所示。

图 10-1 启动 Excel 2010

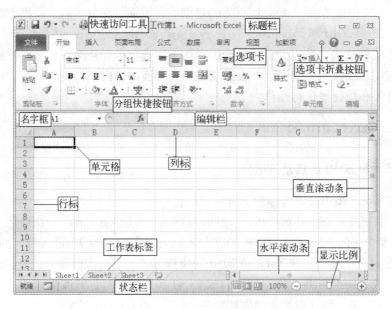

图 10-2 Excel 2010 的工作界面

（1）标题栏。标题栏位于 Excel 2010 窗口的最上方，由三部分组成。标题栏的左边为快速访问工具栏，将用户最常用的工具以按钮的形式显示出来，具体的工具和数量可由用户根据喜爱自行增减。其中最左边的 Excel 窗口的控制菜单，单击会显示一个下拉菜单，列出窗口控制的常用命令。其余的为 Excel 的快捷访问工具，默认显示"保存"、"撤消"、"恢复"、"快速打印"和"打开"五个按钮；标题栏中间部分显示的是用户当前打开的工作簿的文件名；标题栏右端为窗口的控制按钮，用来控制 Excel 窗口，它们分别是："最小化"、"还原/最大化"和"关闭"按钮。

（2）选项卡。Excel 2010 默认的选项卡共有 9 个，分别是："文件"、"开始"、"插入"、"页面布局"、"公式"、"数据"、"审阅"、"视图"和"加载项"，如图 10-3 所示。选项卡取代了菜单，除"文件"选项卡外，其他的 8 个选项卡分组排列着所有的命令按钮，用户只需用鼠标单击相应的按钮即可完成相应的操作或弹出新窗口供用户完成相应的操作。选项卡分组名称右下方有一个向下的箭头，用鼠标单击该箭头，会弹出一个以此分组名为名称的窗口。

图 10-3　选项卡

在 Excel 2010 中，允许用户自定义选项卡，具体的操作步骤如下：

单击"文件"选项卡，出现"文件"窗口，选择"选项"菜单，出现"Excel 选项"窗口，选择"自定义工具区"菜单，出现"自定义功能区"窗口，如图 10-4 所示。可以在此窗口中自定义功能区，增加或删除选项卡。

图 10-4　自定义功能区

（3）名字框与编辑栏。名字框与编辑栏位于工具栏的下面，名字框（单元地址区）显示当前单元格或图表、图片的名字。单击名字框右边的下拉箭头可打开名字框列表，单击其中的名字可快速找到相应的单元格；右端为编辑栏，用于显示当前单元格中的数据、公式等。

（4）滚动条。滚动条分为水平滚动条和垂直滚动条，分别位于工作表的底部和右边，拖动滚动条可快速地切换到工作表的合适位置。

（5）状态栏。状态栏位于 Excel 2010 应用窗口底部，它是一个信息栏，用来显示与执行过程中选定的命令或有关的操作信息。

### 3. Excel 2010 中的帮助

Excel 2010 可以通过如下途径获得帮助：

☞ 在 Excel 2010 主窗口的右上角有"  "按钮，单击该按钮可弹出"帮助"窗口，如图 10-5 所示。

☞ 单击"文件"选项卡，在窗口中选择"帮助"菜单，用鼠标单击"Microsoft Office 帮助"按钮即可。

☞ 在活动单元格中按下"F1"功能键，可直接弹出帮助窗口。

### 4. 工作簿窗口

当启动 Excel 2010 时，便新建了一个名为"工作簿 1"的工作簿窗口，工作簿是运算和存储数据的文件，其组成如图 10-6 所示。

☞ 标题栏：位于窗口的顶部，显示的是当前工作簿的名字，其右端的三个按钮是控制当前工作簿窗口显示方式的。

☞ 列标：位于各列上方的灰色字母区，单击列标可选择工作表中的整列单元格。

图 10-5　帮助窗口

☞ 行号：位于各行左侧的灰色编号区，单击行号可选择工作表中的整行单元格。

☞ 工作表标签：用于标志工作簿中不同的工作表。单击某一标签时，便切换到选择的工作表。

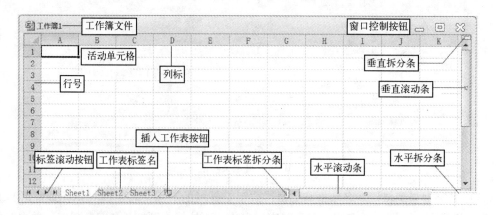

图 10-6　工作簿窗口

☞ 标签滚动按钮：当标签不是全部可见时，单击标签滚动按钮可显示不可见的标签。

☞ 滚动条：单击上下箭头，可显示工作表中不可见的内容。

☞ 拆分框：按住拆分框进行拖动，可以将一个窗口分成两个窗格或四个窗格，每个都能单独控制，这样便可同时浏览工作表的不同部分。

### 10.1.2 工作簿与工作表

#### 1. 工作簿

工作簿是计算和存储数据的文件。一个工作簿就是一个 Excel 文件，其扩展名为"xlsx"。新建工作簿时，系统默认的文件名是"工作簿 1. xlsx"。每一个工作簿最多可包含 255 个不同类型的工作表，默认情况下，每个工作簿由三个工作表组成。

#### 2. 工作表

工作表是在 Excel 中用于存储和处理数据的主要文档，也称电子表格。工作表由排列成行和列的单元格组成，一个工作簿中默认包含三个工作表。默认的工作表名分别为"Sheet1"、"Sheet2"、"Sheet3"。工作表是 Excel 的基本工作单元，每个工作表由若干个单元格组成，共有 16384 列，1048576 行。行号由上到下从 1 开始进行编号，列号由左到右采用字母 A 到 Z 进行编号，Z 列之后，从 AA 到 AZ，AZ 之后是 BA 到 BZ，以此类推排列下去。

### 10.1.3 单元格

#### 1. 单元格的基本概念

单元格是组成工作表的最小单位，每一行列交叉处即为一个单元格，Excel 2010 的工作表由 1048576（行）×16384（列）个单元格组成。为了便于对单元格的引用，系统给每个单元格一个地址（名字），其表示方法是"列号＋行标"。例如，D6 表示位于第 6 行 D 列交叉点上的单元格，而 A1：D4 则表示 A1 到 D4 单元格之间的连续区域。由于一个工作簿有若干个工作表，要区分不同的工作表，应在地址名前加上工作表名，并用"！"进行分隔。例如，Sheet2！A3，就表示单元格是工作表"Sheet2"中的"A3"单元格。

#### 2. 单元格的操作

（1）单元格的激活。用鼠标左键单击单元格，此时该单元格被粗边框包围，表明单元格被激活，被激活的单元格可进行各种操作。在任何时候，工作表中有且仅有一个单元格是激活的。

（2）单元格的选取。

☞ 选取单个单元格：单个单元格的选取即单元格的激活。可用鼠标左键单击选取或用键盘上的方向键移动光标到单元格中，都可选取单个单元格，也可在地址栏中输入单元格名称，按"Enter"即可。

☞ 选取多个连续单元格：用鼠标左键单击要选定的区域的左上角单元格，按住 Shift 键向下拖曳鼠标即可。另外，对于一些特殊的情况，可按表 10-1 进行操作。

表 10-1　选取多个连续单元格特殊情况列表

| 选 择 区 域 | 方　　法 |
|---|---|
| 整行（列） | 单击工作表相应的行（列）号 |
| 整个工作表 | 单击工作表左上角行列交叉的标题 |
| 相邻行或列 | 鼠标拖曳行号或列标 |

☞ 选取不连续单元格：选择一个区域（单元格）后按住 Ctrl 键不放，然后选择其他区域。

### 3. 单元格的命名

Excel 2010 允许用户重新为单元格命名。命名的方法是：选定要命名的单元格或区域，单击编辑框左侧的名称框，输入自定义的名称，按"Enter"键即可。

### 4　单元格的内容

每个单元格的内容可以是文本、数字、日期、时间或公式、图片等，最多可以容纳 32，000个字符。

## 10.1.4　Excel 2010 的基本操作

### 1. 创建工作簿

默认的情况下，启动 Excel 2010 之后，系统将自动创建一个新的工作簿（文件名为"工作簿1"）。如果还想再建立新工作簿，可采用如下的操作方法之一：

☞ 单击"文件"选项卡，选择"新建"菜单，可以建立新工作簿。

☞ 按快捷键"Ctrl + N"，重复操作，可以建立新工作簿。

☞ 如果在"自定义快速访问工具栏"中添加了"新建"按钮，直接单击该按钮即可建立新工作簿。

新建的工作簿默认文件名为"工作簿1"，用户可以按自己的喜好来重新命名。

### 2. 保存工作簿

在工作簿中输入的内容只保存在内存中，如果不保存便退出 Excel 2010，输入的数据将会丢失。为了以后使用该工作簿，必须把它保存到硬盘上。

（1）保存新建的工作簿。

☞ 选择"文件"选项卡，单击"保存"菜单，弹出"另存为"对话框，如图 10-7 所示，用户可以输入文件名、选择文件保存的位置和文件的类型。默认的位置是"文档库"中，文件类型为"Excel 工作簿"。选择后，单击"保存"按钮即可。

☞ 若要改变文件的保存位置，可在"另存为"窗口中左边列表框中选择要保存的位置。

☞ 若要更改文件名，则在"文件名"文本框中输入一个文件名，单击"保存"按钮。

（2）保存一个已经存在的工作簿。

☞ 在当前正在编辑的工作簿中，选择"文件"选项卡，单击"保存"菜单。

☞ 单击自定义快速访问工具栏中"保存"按钮。

图 10-7　"另存为"对话框

☞ 若想以别的名字保存该工作簿的一个副本，或打开一个工作簿，但不想让修改后的工作簿替换原工作簿，则选"文件"选择卡的"另存为"命令，出现"另存为"对话框，再重新选择保存的位置和输入工作簿的新名字，然后单击"保存"按钮即可。

### 3. 打开工作簿

在 Excel 2010 中，如果想打开一个已建立的工作簿，操作步骤如下：

选择"文件"选项卡，选择"打开"命令，弹出"打开"对话框，如图 10-8 所示。在"查找范围"下拉列表中选择要打开工作簿文件的文件夹，单击工作簿名称，再单击"打开"按钮，或双击工作簿名称，都可以打开一个工作簿。如果要同时打开多个工作簿，则在"打开"对话框中单击第一个工作簿，然后按住"Shift"键单击最后一个工作簿来选取两个以上连续的工作簿，按住"Ctrl"键并单击各工作簿来选取两个以上不连续的工作簿，最后单击"打开"按钮。

图 10-8　"打开"对话框

如果选择"最近所用文件"菜单，则出现"最近所用文件"窗口，在窗口的左边列出的是最近使用的工作簿文件名，右边列出的是最近使用的工作簿保存的位置。用鼠标单击要打开的工作簿名，同样可以打开工作簿，如图 10-9 所示。

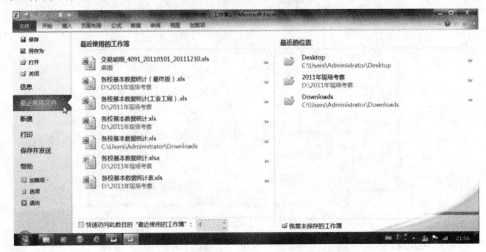

图 10-9　显示在任务窗格中的工作簿文件

## 10.1.5　处理工作簿中的工作表

### 1. 切换工作表

在一个工作簿中含有多个工作表，要实现不同工作表之间的切换，可利用工作表标签进行。在切换过程中，如果该工作表的名字在标签中，可单击相应的标签实现切换。而对未出现在工作表标签中的工作表，可以通过对滚动按钮的操作来进行切换，如图 10-10 所示。另外，快捷键 Ctrl + PrgeUp 和 Ctrl + PageDown 能实现前后工作表之间的切换。

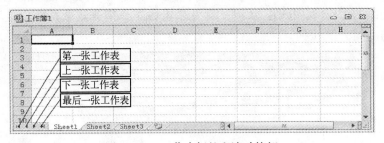

图 10-10　工作表标签和滚动按钮

### 2. 在工作表中移动

为了观察未完整显示的工作表其他部分内容，可采取下述方法进行：

☞ 用鼠标单击水平与垂直滚动条的左右或上下按钮来实现。

☞ 用快捷键来实现，如表 10-2 所示。

☞ 通过名字框来实现。在名字框中输入单元格的名字，按下回车键即可。例如，"A35"、"D23：G35"等等。

☞ 选择"开始"选项卡，单击"编辑"组中的"查找与选择"按钮，出现下拉菜单，

表 10-2　利用键盘实现工作表不同部分内容的显示

| 快　捷　键 | 功　　能 |
| --- | --- |
| ↑、↓、→、← | 相邻单元格的移动 |
| PageUp | 向上移一屏 |
| PageDown | 向下移一屏 |
| Home | 移动到一行的开头 |
| Ctrl + Home | 移动到工作表的开头 |
| Ctrl + End | 移动到工作表中含有数据的最后一个单元格 |

选择"转到"命令，弹出"定位"对话框，如图 10-11 所示，在"引用位置"框中输入要移动的单元格名称，最后按下"确定"按钮即可。

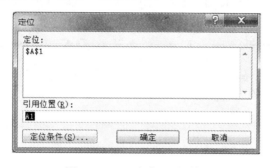

图 10-11　"定位"对话框

☞ 要精确定位，可单击"定位条件"按钮，进行设置。

### 3. 插入及删除工作表

在 Excel 2010 中，工作簿中默认的工作表有 3 个，若要增加或减少工作表的数目，可按下述方式进行。

（1）插入工作表。

☞ 选择"开始"选项卡，单击"单元格"组中"插入"按钮，从下拉菜单中选择"插入工作表"命令，或同时按下"Shift + F11"组合键，可插入一个新工作表。

☞ 单击工作表标签名右侧的"插入工作表"按钮，可插入一个新的工作表。

☞ 在要插入新表的工作表标签名处单击鼠标右键，在弹出的"插入"窗口中选择"工作表"，如图 10-12 所示。

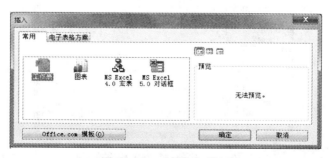

图 10-12　"插入"窗口

（2）删除工作表。

☞ 选定要删除的工作表，选择"开始"选项卡，单击"单元格"组中"删除"按钮，出现下拉菜单，选择"删除工作表"命令，当前的工作表被删除，而后一张工作表成为活动工作表。

☞ 选中要删除的工作表，在工作表标签处单击鼠标右键，在弹出的快捷菜单中选择"删除"命令。

（3）移动和复制工作表。在 Excel 2010 中，能方便地改变工作表的顺序，并能将工作表移动到不同的工作簿中。同时也能将工作表的内容复制到同一个或不同的工作簿的工作表中。

☞ 在工作簿中移动工作表：单击要移动的工作表标签，按下鼠标左键不放沿标签行拖动鼠标到新的位置，放开鼠标即可。在拖动过程中，屏幕上会出现一个黑色的三角形来指示工作表要被插入的新位置，如图 10-13 所示。

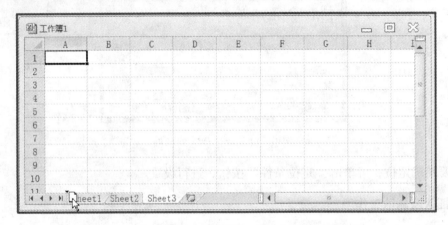

图 10-13　在同一工作簿中移动工作表的方法

☞ 将工作表移动到另一工作簿中：选中要移动的工作表，在工作表标签上单击鼠标右键，从菜单中选择"移动或者复制工作表"命令，出现"移动或复制工作表"对话框，如图 10-14 所示。在对话框中的工作簿列表框中选择目的工作簿即可。

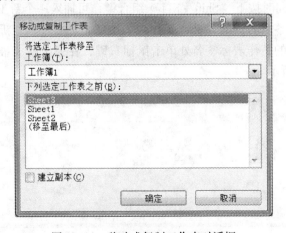

图 10-14　移动或复制工作表对话框

☞ 在同一工作簿中复制工作表：单击要复制的工作表标签，按住Ctrl键并沿着标签行拖动选中的工作表到达新的位置后，松开鼠标后即可将要复制工作表插入到新的位置。

☞ 将工作表复制到其他工作簿：选中要复制的工作表，在工作表标签上单击鼠标右键，从菜单中选择"移动或复制工作表"命令，出现"移动或复制工作表"对话框，如图10–14所示，在对话框中的工作簿列表框中选择要复制的目的工作簿，同时选择"建立副本"复选框，单击"确定"按钮。

### 4. 给工作表重新命名

要更改工作表名，用鼠标双击要更名的工作表标签，此时工作表标签会反黑显示，输入新的名字即可，如图10–15所示。

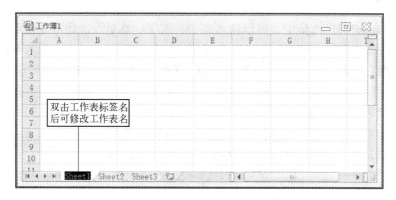

图 10–15　更改工作表标签名

### 5. 隐藏、显示工作簿、工作表、行和列

在 Excel 2010 中，允许用户把暂时不需要显示的工作簿、工作表、行或列隐藏起来，等待必要的时候再显示。

（1）隐藏或显示工作簿。

☞ 隐藏工作簿：选择"视图"选项卡，单击"窗口"组中"隐藏"按钮，可将当前工作簿隐藏起来。

☞ 显示工作簿：选择"视图"选项卡，单击"窗口"组中"取消隐藏"按钮，出现"取消隐藏"窗口，选择要显示的工作簿后单击"确定"按钮。

（2）隐藏或显示工作表、行或列。选择"开始"选项卡，单击"单元格"组中的"格式"按钮，选择下拉菜单中的"隐藏或取消隐藏"命令，再从级联菜单中选择要隐藏或显示的内容即可。

### 6. 拆分和冻结窗口

（1）拆分窗格。利用Excel 2010提供的拆分功能，将工作表的窗口进行水平拆分、垂直拆分或分成四个窗口。

☞ 选择"视图"选项卡，单击"窗口"组中"拆分"按钮，可将当前工作表拆分成四个窗口。再次单击"拆分"按钮，还原成单窗口模式。

☞ 将鼠标指针指向水平或垂直拆分条，当鼠标指针变成拆分指针后，按住鼠标左键并向下或左拖动拆分条至适当的位置，释放鼠标，可将窗口水平或垂直拆分。

（2）冻结窗格。Excel 2010 允许将拆分的窗口、标题行或列进行"冻结"，使其内容始终保持在屏幕中。

☞ 选择"视图"选择卡，单击"窗口"组中"冻结窗口"按钮，从下拉菜单中选择要"冻结"的命令：冻结拆分窗口、冻结首行、冻结首列即可。

☞ 要取消冻结的内容，重复上述操作，从下拉菜单中选择"取消冻结窗口"。

### 10.1.6　创建和编辑工作表

#### 1. 输入数据

在 Excel 2010 中的单元格中，可以输入文字、数字、日期等，还可存储声音和图形等数据。对于不同类型的数据，在 Excel 2010 中是以不同的格式显示的。要输入数据，先选中单元格，再输入内容，输入结束后，可按回车键、Tab 键或方向键来将光标移到另一单元格中，其中按 Tab 键光标向右移动，按方向键按指定的方向移动，而按回车键则可按默认是向下移动。要改变回车键的移动方向，可选择"文件"选项卡，单击"选项"命令，出现"Excel 选项"窗口，如图 10-16 所示。再单击"高级"选项，选中"按 Enter 键后移动所选内容"复选框，在"方向"列表框中选择回车键移动的方向。

图 10-16　"高级"选项窗口

（1）输入文字。Excel 2010 将汉字、字母、数字或其他特殊字符的任意组合作为文字，只要不被系统解释成数字、公式、日期、时间、逻辑值，都被视为文字，例如：姓名、ADCE、256mm 等。在默认的情况下，输入的文字是左对齐的。要改变对齐方式，可通过选择"文件"选项卡"对齐方式"组中的相应按钮来实现。

在 Excel 2010 中，每一个单元格可以容纳 32000 个字符，但单元格默认的宽度是 8 个字符。如果输入的文字超出了单元格的宽度，而紧接该单元格右边的单元格是空的，Excel 2010 便将这一文字项全部显示出来，使内容延伸到相邻单元格中去。如果其右边单元格中已有内容，则超出列宽的文字被截断而不会显示出来，如图 10-17 所示。

若输入的字符全部由数字组成，系统会将其作为数字型来处理，若第一位是 0 会被忽略。为避免这种现象，可用在输入的数字前加上"'"的方法。例如，要在 C3 单元格中输入字符串"01234567"，可以输入"'01234567"来使系统确认其为字符而不是数字，此时在单元格的左上角会出现一个绿色三角标记。当该单元格为当前单元格时，在其左边的单元格会有一个提示的标记，单击该标记，会出现一个下拉菜单，允许用户对其进行相应的操作，如图 10-18 所示。

图 10-17　输入文字的显示结果

图 10-18　提示菜单

（2）输入数字。在 Excel 2010 中，有效的数字只能含有以下字符：

0 1 2 3 4 5 6 7 8 9 + - ( ) ￥ $ % . , E e

在单元格中输入数字时，系统默认是右对齐。当输入的数字的长度超出单元格最多可显示的位数时，数字将以科学记数法表示。例如，输入"111111111111"时，将显示"1.111E+11"。输入数字时，可参照下面的规则：

☞ 输入正数时，直接输入数字即可，不必键入"+"号。

☞ 输入负数时，必须键入"-"号，或给数字加上括号。例如，输入"-5"时，可以键入"-5"，也可以键入"(5)"。

☞ 输入带分隔千位符的数字时，如："123，456，789"，Excel 2010 仍认为是"123456789"。

☞ 输入百分比数据时，例如"20%"，可以在输入数字"20"后输入百分号"%"。

☞ 输入分数时，先输入分数的整数部分，空出一个空格后，再输入小数部分。如果分数是真分数，例如"1/3"，则应键入"0 1/3"；否则，不管键入"01/3"还是"1/3"，Excel 2010 都会把它们当做日期格式处理，即认为是输入"1 月 3 日"。

☞ 输入日期和时间时与输入普通的数字不同，Excel 2010 规定了严格的输入格式。若输入的日期或时间格式能被 Excel 2010 识别，则单元格的格式将由"常规"数字格式变为内部默认的日期或时间格式；若输入的日期或时间格式不能被 Excel 2010 识别，则作为文本处理。输入日期时，年、月、日之间必须用"/"或"-"进行分隔（注：如果输入"2011/10/10"，则会以系统默认的表示法"2011-10-10"显示），如果省略年份，则把当前的年份作为默认值；输入，时间，时、分、秒之间要用冒号":"来分隔，例如，"12：10：12"、"10：38"，若要以 12 小时时间格式显示时间，则需要在时间后面留一个空格，然后键入 AM 或 PM（A 或 P），以表示上午还是下午。否则，Excel 2010 将以 24 小时来处理时间。例如，键入"2：10"（不是键入"2：10 PM"），就被理解为"2：10 AM"。（另：若要输入当天日期，可使用组合键"Ctrl +;"；若要输入当前时间，可使用组合键"Ctrl + shift +;"；同一单元格中可同时键入日期和时间，但两者之间必须用空格分隔。）

☞ 在对单元格进行计算时，如果计算的结果超过当前列的宽度，显示的是"####"，表明单元格的宽度不够，重新设置单元格的宽度即可显示正确的结果。

（3）输入日期与时间。在 Excel 2010 中，用户可用多种格式来输入一个日期。例如，要输入日期 1999 年 8 月 12 日，可以按下面的任意一种格式输入：

8 – 12 – 1999、8/12/1999、12 – Aug – 1999、1999 – 8 – 12、1999/8/12

日期在单元格内右对齐。如果输入的数据不符合日期格式，则 Excel 2010 将它们作为文字处理，在单元格内左对齐。

用户可用下面的一种格式来输入时间：

14：56、14：56：32、2：56PM、2：56：23PM、99 – 8 – 12 14：34（在同一单元格中输入日期和时间，请将日期和时间用空格隔开）

### 2. 快速输入数据

在输入数据时，当发现表格中有规律的数据时，可以使用 Excel 2010 的序列填充功能（如 1，3，5，7，9，…），当输入"星期一、星期二、…"时，可以使用自定义序列功能。

（1）输入相同的数据。要输入相同的数据，先选定相应的单元格。在活动的单元格中（在选定的单元格中不是反白显示的）输入数据，再按下"Ctrl + Enter"键，即可将输入的数据复制到其他选定的单元格中。

（2）使用记忆式键入法。在 Excel 2010 中提供了记忆式功能，即当用户在某单元格输入时，若该列已有的单元格中存在相同的内容，当输入第一个字符后，系统会自动填写，如图 10-19 所示。如果接受，按"Enter"键；不接受，继续输入。

图 10-19　使用记忆式键入法输入数据

（3）序列填充类型。在 Excel 2010 中，序列是指一系列有规律的日期、数字或文本并输入在相邻的单元格中的数据，如 1，2，3，4；一月、二月、三月等。Excel 2010 能够自动识别 4 种类型的序列，如表 10-3 所示，使用序列填充类型能够快速地输入数据。

表 10-3　Excel 2010 能够自动识别的数据序列

| 序　　列 | 初　始　值 | 扩　展　序　列 |
|---|---|---|
| 等差序列 | 1，2 | 3，4，5 |
|  | 1，3 | 5，7，9 |
|  | 100，95 | 90，85，80 |
| 等比序列 | 1，2 | 4，8，16 |
|  | 1，3 | 9，27，81 |
|  | 2，3 | 4.5，6.75，10.125 |
| 时间序列 | 9：00 | 10：00，11：00，12：00 |
|  | 1992，1993 | 1994，1995，1996 |
|  | Jan | Feb，Mar，Apr |
|  | Jan－98，Apr－98 | Jul－98，Oct－98，Jan－99 |
| 自动填充 | Mon | Tue，Web，Thu |
|  | Qtr1 | Qtr2，Qtr3，Qtr4 |
|  | 1st | 2nd，3rd，4th |
|  | 产品1 | 产品2，产品3，产品4 |
|  | 一月 | 二月，三月，四月 |

使用序列填充方法输入"一月、二月…"和"1、2、3、4…"两组数据的步骤如下：

☞ 在 A1 单元格中输入"一月"。

☞ 将鼠标移至 A1 单元格的右下角，此时鼠标的形状变成黑色的加号（填充柄）。

☞ 按下鼠标左键，同时向下或向右拖动鼠标直到最后一个需要输入数据的单元格时，松开鼠标，系统会以自动按填充序列的方法依次在单元格中填入内容，如图 10-20 所示。如果单元格数目超出了十二月，又会从一月开始重复填充。

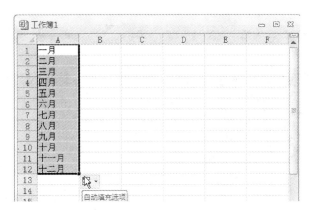

图 10-20　使用填充柄输入数据

☞ 在 B1 单元格中输入数字 1，C1 单元格输入数字 2。

☞ 选中两单元格，将鼠标移至选中单元格的右下角，出现填充柄，按住鼠标左键向右拖动填充柄，直到所需的数字为止，松开鼠标，输入的结果如图 10-21 所示。在默认的情况下选择两个单元格后，系统会以等差序列填充其他单元格。如果想复制单元格的内容，可用鼠标单击"自动填充序列"提示符，出现下拉菜单，如图 10-21 所示，选择相应的格式即可。若想按其他的方式填充序列，可单击"文件"→"编辑"组中的"⬚ ▾"按钮，弹出"填充"窗口，如图 10-22 所示，选择一种填充方式即可。

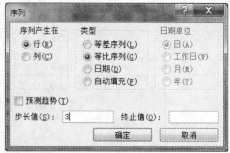

图 10-21　使用填充柄输入数据图例二　　　　图 10-22　使用不同形式的填充

（4）建立自定义填充序列。

☞ 选择"文件"选项卡中的"选项"命令，出现"Excel 选项"对话框。

☞ 单击"高级"选项，在窗口中找到"编辑自定义列表（O）…"按钮，单击该按钮，弹出"自定义序列"窗口。

☞ 单击"自定义序列"列表框中的"新序列"选项。

☞ 在"输入序列"文本框中输入自定义的序列项，每一项末尾按回车键结束。

☞ 单击"添加"按钮，新定义的序列出现在"自定义序列"框中，如图 10-23 所示。

☞ 单击"确定"按钮。

提示：如果要将工作表中输入的数据作为自定义序列，请单击⬚按钮，到当前工作表中选择内容后，单击"导入"按钮。利用自定义序列输入数据的方法与前面介绍的序列填充法相同。

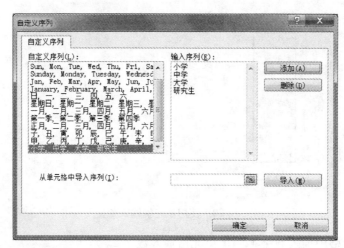

图 10-23　"选项"对话框中的"自定义序列"标签

### 3. 编辑单元格的数据

在工作表中输入数据以后，我们可以利用 Excel 2010 的编辑功能，对工作表的数据进行操作、处理。在进行操作之前，必须选取操作的对象。

（1）单元格、单元格区域的选取。

☞ 选取一个单元格：直接用鼠标单击该单元格，也可以按键盘上的方向键移到相应的单元格。

☞ 选择连续的单元格区域：如果所要选取的区域比较小，单击区域的第一个单元格，再拖动鼠标到最后一个单元格；如果要所选取的区域较大，则单击区域的第一个单元格，接着按住 Shift 键，单击这一区域的最后一个单元格。

☞ 选取不相邻的单元格或单元格区域：先选中第一个单元格或单元格区域，再按住 Ctrl 键选中其他的单元格或单元格区域。

☞ 选取行和列：选取整行（列）时，只需单击该行标或列标；选择相邻的行或列时，可沿行（列）标拖动鼠标，也可以先选取第一行（列），然后按住 Shift 键选中最后一行或最后一列；若要选取不相邻的行和列，则先选取第一行（列），然后按住 Ctrl 键单击选中其他的行或列。

☞ 选取整个工作表：单击工作表左上角的▨（全选）按钮。

☞ 要取消选定，只需单击工作表中任意单元格即可。

（2）单元格的编辑。

☞ 在编辑栏内编辑：单击要编辑的单元格，再单击编辑栏，这时会出现光标，把光标移到要修改的地方进行数据修改，修改完毕后，按编辑栏中的"√"按钮接受编辑，按"×"按钮放弃该操作。

☞ 在单元格内编辑：双击要修改内容的单元格，这时光标会出现在单元格中，把光标移到要修改的地方进行数据修改。如果单元格中的数据较长的话，在编辑栏进行修改较为方便。双击要编辑的单元格或在选定单元格后按下 F2 键即可进行编辑。

☞ 用新数据覆盖旧数据：单击该单元格，直接输入新内容，按 Enter 键确认，按 Esc 键取消。

（3）清除单元格、行或列。向单元格输入数据时，不但输入了数据的本身，还包括数据的格式、批注等。清除单元格可以有选择地删除单元格中的内容（公式、数据）、格式、批注或全部。清除单元格后，该单元格（空的单元格）仍然保留在工作表中。要清除单元格、行或列中的内容，先选定需要清除的单元格、行或列，选择"开始"选项卡，单击"编辑"组中"清除"按钮，出现下拉菜单，选择相应的命令即可。

若只是删除单元格中的内容，选中单元格后直接按 Delete 键。

（4）删除单元格、行或列。如果要将单元格中的内容、格式、批注以及单元格等全部删除，并由周围的单元格填补。操作的方法是：选定要删除的单元格、行或列，然后选择"开始"选项卡，单击"单元格"组中"删除"按钮，出现下拉菜单，选择"删除单元格"，出现"删除"对话框，从中选择一种删除方式，单击"确定"按钮。或者右击要删除的单元格、行或列，在弹出的快捷菜单中选择"删除"命令，同样可以删除单元格、行或列。

（5）插入单元格、行或列。选定一个或多个单元格，选择“开始”选项卡，单击“单元格”组中“插入”按钮，出现下拉菜单，选择插入单元格、行、列或工作表等内容。

**4. 移动和复制单元格中的数据**

（1）移动单元格中的数据。要将单元格中的数据移动，有两种方法：一是用命令；二是用鼠标。

① 命令操作。选定要移动的单元格或区域，如图 10-24 所示。选择“开始”选项卡，单击“剪切板”组中“剪切”按钮，此时被剪切的单元格或区域被波浪线包围。选定要粘贴的第一个单元格，选择“开始”选项卡，单击“剪切板”组中“粘贴”按钮，则选中的数据被移动到指定的地方。完成操作后，在选中的区域之外任一处双击鼠标，可取消被剪切的单元格或区域。

② 鼠标操作。选定要移动的单元格或区域，将鼠标指针指向选定区域的外框，待鼠标指针变成箭头状时，按下鼠标左键，将选定的区域或单元格拖到目标位置后，松开鼠标即可。见图 10-25。

（2）复制单元格数据。

① 命令操作。选定要复制的单元格或区域，如图 10-25 所示。选择“文件”选项卡，单击剪贴板组中“复制”按钮，此时选中的单元格或区域被波浪线包围。选定要粘贴区域的左上角单元格，单击“粘贴”按钮，选中的数据被复制到指定的地方。

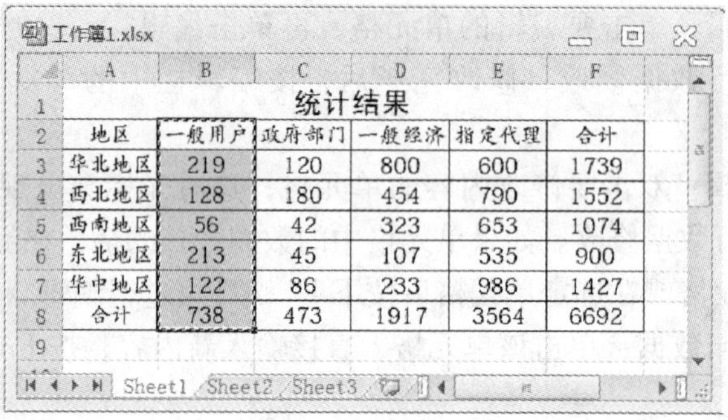

统计结果

| 地区 | 一般用户 | 政府部门 | 一般经济 | 指定代理 | 合计 |
|---|---|---|---|---|---|
| 华北地区 | 219 | 120 | 800 | 600 | 1739 |
| 西北地区 | 128 | 180 | 454 | 790 | 1552 |
| 西南地区 | 56 | 42 | 323 | 653 | 1074 |
| 东北地区 | 213 | 45 | 107 | 535 | 900 |
| 华中地区 | 122 | 86 | 233 | 986 | 1427 |
| 合计 | 738 | 473 | 1917 | 3564 | 6692 |

图 10-24　用命令复制单元格或区域

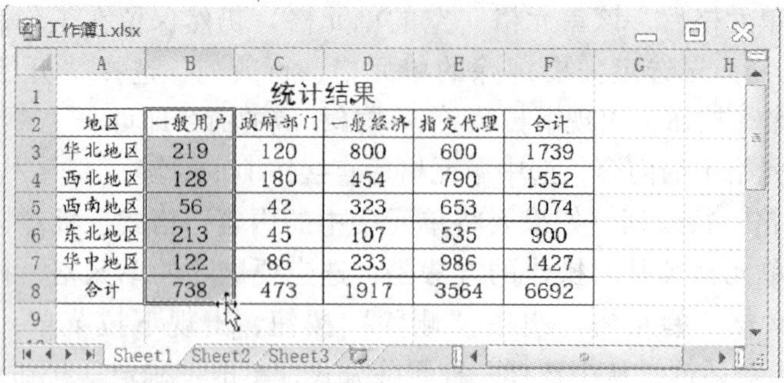

统计结果

| 地区 | 一般用户 | 政府部门 | 一般经济 | 指定代理 | 合计 |
|---|---|---|---|---|---|
| 华北地区 | 219 | 120 | 800 | 600 | 1739 |
| 西北地区 | 128 | 180 | 454 | 790 | 1552 |
| 西南地区 | 56 | 42 | 323 | 653 | 1074 |
| 东北地区 | 213 | 45 | 107 | 535 | 900 |
| 华中地区 | 122 | 86 | 233 | 986 | 1427 |
| 合计 | 738 | 473 | 1917 | 3564 | 6692 |

图 10-25　用鼠标移动的形式复制单元格或区域

② 鼠标操作。选定要移动的单元格或区域，按住 Ctrl 键，将鼠标指针指向选定区域的外框，待鼠标指针变成十字箭头状时，按下鼠标左键，将选定的区域或单元格拖到目标位置后，先松开鼠标左键再松开 Ctrl 键。

（3）以插入方式移动单元格。

☞ 选定要移动的单元格或区域。

☞ 要移动选定的单元格或区域，选择"文件"选项卡，单击"剪贴板"组中"剪切"按钮。

☞ 选定待插入剪切或复制区域的左上角单元格。

☞ 选择"文件"选项卡，单击"单元格"组中"插入"按钮，出现下拉菜单，选择"插入复制的单元格"命令，出现"插入粘贴"对话框，如图 10-26 所示。

☞ 指定周围单元格的移动方向："右移"还是"下移"后，单击"确定"按钮。

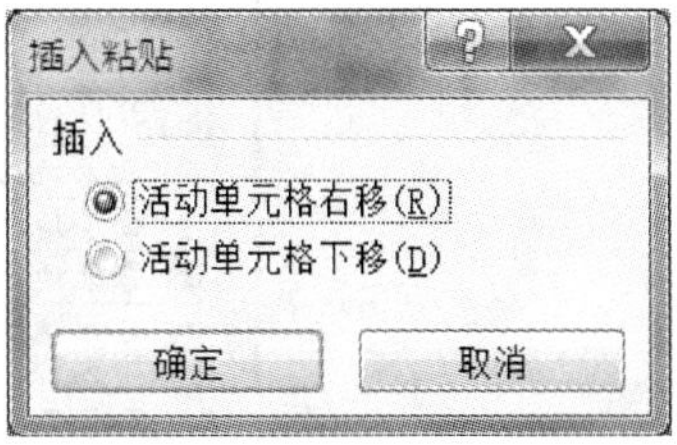

（4）复制单元格的特定内容。

☞ 选定要复制的单元格。

图 10-26 "插入粘贴"对话框

☞ 选择"文件"选项卡，单击"剪贴板"组中"复制"按钮。

☞ 选定粘贴区域。

☞ 单击"粘贴"按钮下方的按钮，出现"粘贴"窗口，如图 10-27 所示，单击"选择性粘贴"命令，出现"选择性粘贴"对话框，如图 10-28 所示。

图 10-27 "粘贴"窗口

图 10-28 "选择性粘贴"对话框

☞ 在"粘贴"区中选择一种粘贴方式：全部、公式、数值或格式等。

☞ 单击"确定"按钮。

## 10.1.7 批注

批注是作者或审阅者为文档添加的备注和批示，是隐藏的文字。要在单元格中插入批注，可按下列步骤进行：

&#9758; 选定要插入批注的单元格。

&#9758; 选择"审阅"选项卡，单击"批注"组中"新建批注"按钮，在单元格旁边会出现一个黄色的小窗口，如图 10-29 所示。

&#9758; 在窗口中输入批注的内容后，将鼠标在窗口外任一处单击，便关闭了批注窗口。同时，在插入了批注的单元格的右上角会有一个红色标记，表明此单元格插入了批注。

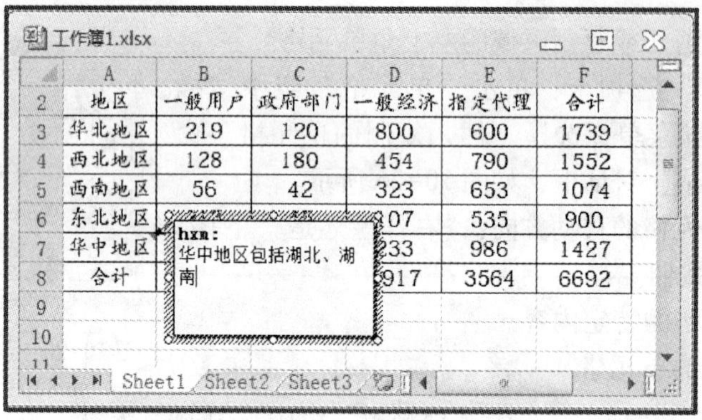

图 10-29　插入批注

要查看批注的内容：将光标移到单元格处，插入的批注内容便会显示在小窗口上，如图 10-30 所示。

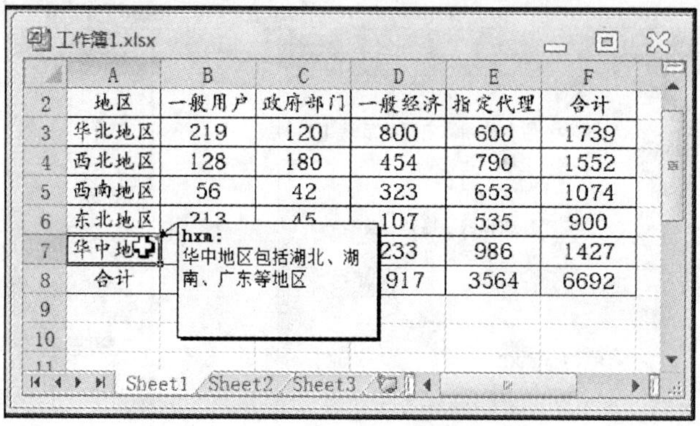

图 10-30　显示批注的内容

要编辑批注的内容：选中插入批注的单元格，单击"批注"分组中的"编辑批注"按钮。

要删除批注：选中插入批注的单元格，单击"删除"按钮，可删除当前选中的批注。

## 10.1.8　单元格或单元格区域命名

给单元格或单元格区域命名的方法是，先选定要命名的单元格或单元格区域，单击编辑栏左边的名称框，输入名字，然后按 Enter 键即可。

给单元格或单元格区域命名后，如果单击名称框右边的下拉箭头，就会打开当前工作表的名字列表，在名字列表中单击某一个名字，就会立刻选中该名字所命名的区域。

如果要删除所定义的名字，则打开"定义名称"对话框，单击在名字列表中要删除的名字，然后单击"删除"按钮，再单击"确定"按钮，退出对话框。

## 10.2　格式操作

为了使表格美观或突出某些数据，可以对单元格或工作表进行格式化。

### 10.2.1　设置列宽、行高和网格线

#### 1. 改变列宽和行高

（1）用鼠标拖动的方法改变列宽和行高。

要改变列宽：请将鼠标指针指向列标右边框上，鼠标指针变成水平双向箭头时，按住鼠标左键拖动，在拖动时，系统会显示列的宽度，如图 10-31 所示，拖动到合适的宽度时，松开鼠标左键即可。

要改变行高：请将鼠标指针指向行号的下边框上，当鼠标指针变成垂直的双向箭头时，按住鼠标左键拖动，拖动到合适的高度时，松开鼠标左键。

（2）用命令改变列宽和行高。

☞ 选定要改变列宽或行高的单元格。

☞ 要改变列宽：选择"格式"选项卡，单击"单元格"组中"格式"按钮，出现下拉菜单，选择"列宽"命令，出现"列宽"对话框，输入具体的数值即可得到所需的列宽，如图 10-32 所示。如要让系统选择该列最合适的宽度，可选择"自动调整列宽"命令。

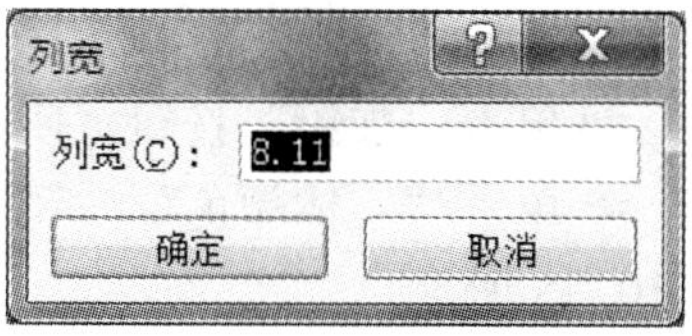

图 10-31　改变列宽对话框

☞ 要改变行高：选择"格式"选项卡，单击"单元格"组中"格式"按钮，从下拉菜单中选择"行高"命令，在打开的"行高"对话框中输入具体的数值即可，如图 10-33 所示。如要选择该行最合适的高度，可选择"自动调整行高"命令。

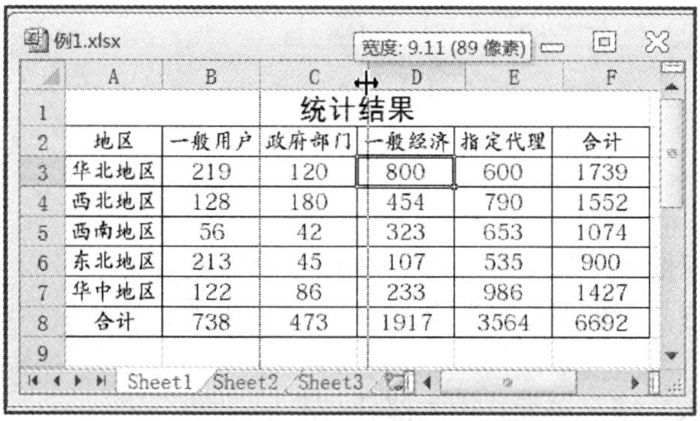

图 10-32　用鼠标改变列宽的方法　　　　　图 10-33　改变行高对话框

## 2. 取消网格线

图 10-34　"选项"对话框

当进入 Excel 2010 一个新的工作表中，都会看到在工作表里设有虚的表格线，这些表格线是为便于用户编辑的，它们在打印时是不显示的。在"视图"选项卡"显示"分组栏中，有一个"网络线"复选按钮，默认是选中的，如图 10-34 所示，若要取消网格线，可不选择此复选框，网格线便从表格中消失了。

### 10.2.2　字符的格式化

#### 1. 使用"开始"选项卡上的工具按钮

例如，要将工作表的标题设置为黑体、20 磅、加粗、红色，操作步骤如下：

☞ 选中标题所在的单元格。

☞ 选择"开始"选项卡，在"字体"分组栏的选择"字体"列表框右边向下的箭头，从下拉列表框中选定"黑体"。

☞ 选择"字体"分组栏中"字号"列表框右边向下的箭头，从下拉列表框中选定"20"。

☞ 单击"加粗"按钮，使其呈按下状态。

☞ 单击"字体颜色"按钮右边的向下箭头，出现颜色列表，从中选定所需的颜色，如图 10-35 所示。

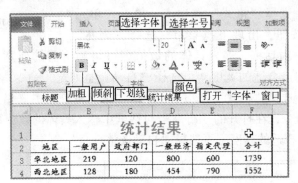

图 10-35　利用"字体"工具对字符格式化

#### 2. 使用菜单命令设置字符格式

使用"字体"分组中的快捷按钮只能对字符进行一些简单的修饰，若要对字符设置一些特殊的格式，如上下标、各种类型的下划线等，可通过菜单命令来实现。具体操作步骤如下：

☞ 选定要进行设置的单元格（区域）或是单元格中的部分文本。

☞ 选择"开始"选项卡，单击"字体"分组中"⬛"按钮，出现"设置单元格格式"窗口"字体"标签，如图 10-36 所示。

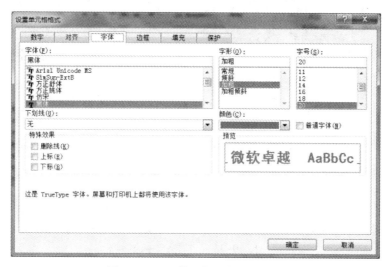

图 10-36 "单元格格式"对话框

☞ 在"字体"标签中，可对字符进行各种效果的设置。

☞ 单击"确定"按钮即可。

## 10.2.3 设置数据对齐方式

### 1. 使用"对齐方式"组中快捷按钮设置对齐方式

在"开始"选项卡的"对齐方式"组中提供了若干个快捷按钮，如图 10-37 所示。只要选定要改变对齐方式的单元格或区域后，单击相应的对齐按钮即可实现。其中"合并及居中"按钮可合并相邻的单元格并将合并后的单元格中的数据居中对齐，再单击一次还原。

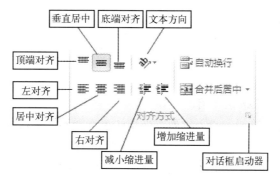

图 10-37 "对齐方式"组

### 2. 使用"设置单元格格式"对话框设置对齐方式

单击"对齐方式"分组栏中的对话框启动器，可启动"设置单元格格式"对话框，通过"对齐"标签可对单元格的格式进行设置，方法如下：

☞ 选定要设置对齐方式的单元格或区域。

☞ 选择"开始"选项卡"对齐方式"分组栏中的对话框启动器，出现"设置单元格格式"对话框的"对齐"标签，如图 10-38 所示。

图 10-38　"对齐"标签

☞ 在"水平对齐"列表框中，可选择数据在单元格中的对齐方式，如靠左、居中和靠右等多种方式。

☞ 在"垂直对齐"列表框中，可选择数据在单元格中的对齐方式，如靠上、居中、靠下、两端对齐和分散对齐等。

☞ 在"方向"区中，可以拖动"文本"指针来确定字符旋转的角度，也可以在"度"框中输入文本旋转的角度。

☞ 如果单元格中的文本过长，既可选中"自动换行"复选框，使文本在单元格中换行；也可选择"缩小字体填充"来实现在一行显示相应的内容。

☞ 单击"确定"按钮。

## 10.2.4　设置数据格式

在 Excel 2010 中提供了多种数字格式，如常规、数字、货币、特殊和自定义等，供用户选择显示。

### 1. 设置数值格式

（1）"数字"组中快捷按钮介绍。

"![]"固定格式选择按钮：在下拉列表框中快速选择不同的格式，有数字、日期、时间等格式。

"![]"货币种类选择按钮：选择不同的货币种类。单击右边的箭头，出现下拉列表框，可选择不同国家的货币种类。

"％"百分比样式按钮：将原数字乘以 100 后，再在数字后加上百分号。

"![]"千位分隔样式按钮：在数字中加入千位符。

"![]"增加小数位数按钮：使数字的小数位数增加一位。

"![]"减少小数位数按钮：使数字的小数位数减少一位。

（2）通过"数字"标签来实现。

☞ 选定要进行格式设置的数值。

☞ 选择"文件"选项卡"数字"组中右下方的对话框启动器，出现"设置单元格格式"对话框，默认自动打开"数字"标签，如图 10-39 所示。

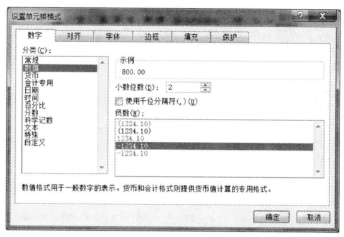

图 10-39 "单元格格式"中"数字"标签

☞ 从"分类"列表框中选择"数值"选项后，再进一步设置小数点后的位数、是否使用千位分隔符和负数的显示格式等内容。

☞ 单击"确定"按钮。

### 2. 设置货币格式

在中文 Excel 2010 中，默认的货币符号是人民币。若要给选定的区域加上货币符号，只需选定要格式化的区域。选择"开始"选项卡，单击"数字"组中"🖳货币样式"按钮，选定的单元格数字前便加上了人民币货币符号，如图 10-40 所示。

| 例1.xlsx | | | | | |
|---|---|---|---|---|---|
| | A | B | C | D | E | F |
| 1 | 统计结果 | | | | | |
| 2 | 地区 | 一般用户 | 政府部门 | 一般经济 | 指定代理 | 合计 |
| 3 | 华北地区 | ￥219.00 | ￥120.00 | ￥ 800.00 | ￥ 600.00 | ￥1,739.00 |
| 4 | 西北地区 | ￥128.00 | ￥180.00 | ￥ 454.00 | ￥ 790.00 | ￥1,552.00 |
| 5 | 西南地区 | ￥ 56.00 | ￥ 42.00 | ￥ 323.00 | ￥ 653.00 | ￥1,074.00 |
| 6 | 东北地区 | ￥213.00 | ￥ 45.00 | ￥ 107.00 | ￥ 535.00 | ￥ 900.00 |
| 7 | 华中地区 | ￥122.00 | ￥ 86.00 | ￥ 233.00 | ￥ 986.00 | ￥1,427.00 |
| 8 | 合计 | ￥738.00 | ￥473.00 | ￥1,917.00 | ￥3,564.00 | ￥6,692.00 |
| 9 | | | | | | |

图 10-40 用货币样式格式化数字

若要给数据设置其他的货币符号，可按以下步骤进行设置：

☞ 选定要格式化的区域。

☞ 单击"🖳▾"右边的下拉箭头，出现下拉列表框，从列表框中选择需要设置的货币样式即可。如果列表框中没有列出货币符号，可在列表框中选择"其他会计格式"选项进一步选择。

### 3. 设置日期与时间格式

☞ 选定要格式化的单元格或区域。

☞ 单击鼠标右键，出现快捷菜单，选择"设置单元格格式"菜单，出现"设置单元格格式"窗口。

☞ 在"数字"标签的列表框中选择"日期"或"时间"，如图10-41所示。

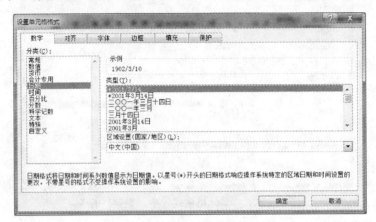

图10-41　日期格式化对话框

☞ 在"类型"列表框中设置所需的日期或时间格式。

☞ 单击"确定"按钮。

### 10.2.5　设置边框与底纹

为了使打印出来的表格有边框线，可以给表格添加不同线型的边框；为了突出显示某些重要的数据，还可以给某些单元格添加底纹。

#### 1. 添加边框

☞ 选定要添加边框的单元格或区域。

☞ 单击鼠标右键，出现快捷菜单，选择"设置单元格格式"菜单，出现"设置单元格格式"窗口。

☞ 单击"边框"标签，如图10-42所示，此时可对单元格或选定的区域的边框及内框的线型、线条的颜色、单元格的每一条框线等进行设置。设置的方法如下：在"样式"列

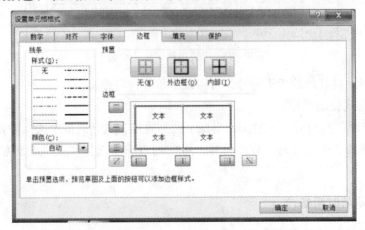

图10-42　"边框"标签

表框中选择线型，在"颜色"列表框中选择线条颜色，在"预置"中设置需要加线的外边框、内部线条、表头斜线或取消线条，在"边框"中可对每一条内外边框进行设置。如不满意，可通过对中间的预览窗口中的各线条单击进行设置，直接在预览窗口观察设置的效果。

☞ 单击"确定"按钮完成设置。

### 2. 添加底纹

☞ 选定要添加底纹的单元格或区域。

☞ 单击鼠标右键，出现快捷菜单，选择"设置单元格格式"菜单，出现"设置单元格格式"窗口，单击"填充"标签，如图 10-43 所示。

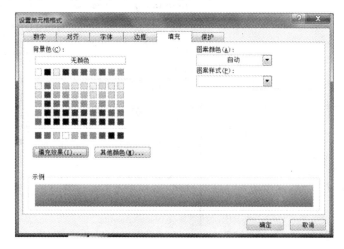

图 10-43 "图案"标签

☞ 在"背景色"中，可以选择单元格的背景颜色、填充效果等；在"图案颜色"列表框中选择单元格填充图案的颜色，在"图案样式"列表框中选择填充图案的样式。设置后在"示例框"中会显示设置后底纹图案颜色的效果。

☞ 单击"确定"按钮，设置好线型、边框和底纹的表格如图 10-44 所示。

| | A | B | C | D | E | F |
|---|---|---|---|---|---|---|
| 1 | 统计结果 | | | | | |
| 2 | 地区 | 一般用户 | 政府部门 | 一般经济 | 指定代理 | 合计 |
| 3 | 华北地区 | ￥219.00 | ￥120.00 | ￥800.00 | ￥600.00 | ￥1,739.00 |
| 4 | 西北地区 | ￥128.00 | ￥180.00 | ￥454.00 | ￥790.00 | ￥1,552.00 |
| 5 | 西南地区 | ￥56.00 | ￥42.00 | ￥323.00 | ￥653.00 | ￥1,074.00 |
| 6 | 东北地区 | ￥213.00 | ￥45.00 | ￥107.00 | ￥535.00 | ￥900.00 |
| 7 | 华中地区 | ￥122.00 | ￥86.00 | ￥233.00 | ￥986.00 | ￥1,427.00 |
| 8 | 合计 | ￥738.00 | ￥473.00 | ￥1,917.00 | ￥3,564.00 | ￥6,692.00 |

图 10-44 设置格式后的表格

## 10.2.6 自动套用表格格式

☞ 选定要排版的表格，如图 10-45 所示。

☞ 选择"开始"选项卡，单击"样式"组中"套用表格格式"按钮，出现"套用表格格式"选项列表，如图 10-46 所示。

☞ 从列表框中选择一种格式，出现"套用表格式"对话框，如图 10-47 所示，供用户做进一步选择，如选定需要套用格式的单元格、是否包含标题等。

☞ 单击"确定"按钮即可，结果如图 10-48 所示。

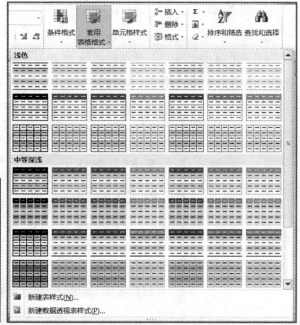

图 10-45　选定要排版的表格　　　　　图 10-46　　"套用表格格式"选项列表

图 10-47　套用表格式对话框　　　　　图 10-48　自动套用格式的表格

如果要删除已应用在单元格区域中的自动套用的格式，可以按下述步骤进行：

☞ 选择含有要删除自动套用格式的表格或区域。

☞ 选择"表格工具"→"设计"选项卡，单击"工具"组中"转换为区域"按钮，出现提示对话框，单击"确定"按钮即可还原成原来的格式。

## 10.2.7　条件格式化

在 Excel 2010 中，用户可以根据单元格数值的不同来设置单元格格式即条件格式化表格。如图 10-45 所示的工作表中，要设置"政府部门"一栏大于 100 的值用红色字体显示，可按照下述步骤进行：

☞ 选定要处理的单元格"政府部门"一列。

☞ 选择"开始"选项卡，单击"样式"组中"条件格式"按钮，出现下拉菜单，用鼠标移到"突出显示单元格规则"上，出现二级菜单，如图 10-49 所示。

☞ 单击"大于"菜单命令，出现"大于"对话框，如图 10-50 所示，在对话框中进行设置："单元格数值"大于"100"设置为"红色文本"。

☞ 单击"确定"按钮，设置后的结果如图 10-51 所示，设置了不同条件格式的结果如图 10-52 所示。

图 10-49    "条件格式"下拉菜单

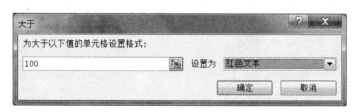

图 10-50    选定要设置条件格式的区域

图 10-51    设置了条件格式的显示结果

图 10-52    设置了不同条件格式的显示结果

要删除条件格式，单击"条件格式"菜单中的"清除规则"命令，有两个选择："清除所选单元格的规则"或"清除工作表所有的规则"，便可清除设置的条件格式。

### 10.2.8　打印工作表

为了将排好版的表格打印出来，需要进行页面设置，例如，纸张大小、页边距、页面方向、页眉页脚、工作表的设置等。另外，用户可以选择是打印整个工作簿、一个工作表或者是工作表中选定的区域等内容。

#### 1. 页面设置

打印文档要先对页面进行设置，选择"页面布局"选项卡，在"页面设置"分组中提供了多个进行页面设置的快捷按钮和一个启动页面设置对话框的启动按钮，如图10-53所示。

图10-53　"页面设置"分组

（1）页边距设置。单击"页边距"按钮，出现一个下拉列表，表中列出当前工作表的页边距的大小及一个供用户选择的菜单命令"自定义边距"，单击此命令，弹出"页面设置"对话框，选择"页边距"标签，如图10-54所示。在该标签中，可对选定的纸张确定左、右、上、下边距，页眉页脚的边距值以及表格输出时是水平居中还是垂直居中等。

（2）"页面"设置。"页面"设置主要包括选择纸张的方向、纸张的大小、缩放比例、打印的起始页码和打印质量等内容。单击"纸张方向"按钮，可从下拉列表中快速设置纸张是纵向还是横向输出；单击"纸张大小"按钮，可从下拉列表中快速设定纸张的大小。如需要进一步的设置，可单击列表中"其他纸张大小"命令，弹出"页面设置"对话框，选择"页面"标签，如图10-55所示。

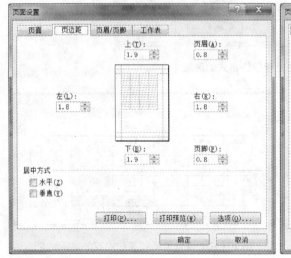

图10-54　"页面设置"对话框

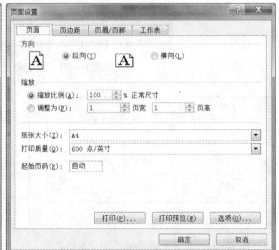

图10-55　"页面"对话框

☞ 要确定纸张的输出方向：可选定"纵向"或"横向"单选项，默认是"纵向"。

☞ 要确定输出表格的缩放比例：可改变缩放比例。

☞ 如果表格的内容多于一页，而又有可能调整到一页时，可在"缩放"中选择"调整为1页宽1页高"，这样Excel 2010就会自动将打印的内容缩小到一页中（在有可能实现的前提下）。

☞ 要确定纸张的大小：从"纸张大小"下拉列表框中进行选取。

☞ 要获得更好的打印效果：可在"打印质量"下拉列表框进行选取。

☞ 要重新确定打印的起始页码：应在"起始页码"文本框中输入起始页码值。

☞ 全部选定后，单击"打印预览"，可从屏幕中观察排版的效果；要从打印机中输出，请单击"打印"按钮。

（3）"页眉/页脚"标签。要设置输出表格的"页眉/页脚"，可单击"页面设置"对话框启动器，弹出"页面设置"对话框，选择"页眉/页脚"标签，如图10-56所示。要选用系统提供的页眉或页脚，可分别在"页眉"与"页脚"的下拉列表框中进行选取。要自定义页眉与页脚，可分别单击"自定义页眉"与"自定义页脚"按钮，在页眉、页脚区的左、中、右框中输入自定义的内容或者单击各按钮输入相应的内容。页眉与页脚中的各按钮功能依次为：改变页眉或页脚的字体、插入当前的页码、插入总页码、插入当前的日期、插入当前的时间、插入当前的工作簿名、插入当前的工作表名称。

（4）"打印标题"设置。当输出的表格超过一页分为多页输出时，单击"打印标题"按钮，弹出"页面设置"对话框，选择"工作表"标签，如图10-57所示。

图10-56 "页眉/页脚"标签

图10-57 "工作表"标签

要设置"打印区域"：可单击"打印区域"文本框右边的折叠按钮，从工作表中直接选择"打印区域"的内容。

要设置"顶端标题行"：可在"打印标题"中的"顶端标题行"的文本框直接输入内容，也可单击其右边的"折叠"按钮，用鼠标直接在工作表中进行选择。

确定"打印左端标题列"的情况与设置"顶端标题行"相同。

要设置"打印顺序"：可从"先列后行"或"先行后列"两单选框中进行选择。

（5）打印背景设置。要设置打印背景：单击"背景"按钮，弹出"工作表背景"窗口，如图10-58所示，在此窗口中，用户可自行选择需要作为背景的图片文件，单击"确定"按钮完成选择，此时"打印背景"按钮变成"删除背景"，单击此按钮可删除设置的背景图片。

（6）插入分页符。

① 插入分页符。

☞ 选定新一页的第一行或第一列单元格。

☞ 单击"分隔符"按钮，出现下拉列表，选择"插入分页符"命令，即可在当前的位置插入分页符。

② 删除分页符。如果要删除手工插入的分页符：请将光标置于分页符的下方（或右方）

图 10-58　"工作表背景"标签

的单元格中，然后单击"分隔符"按钮，从下拉列表框中选择"删除分页符"命令。

如果要删除整个工作表的分页符：请单击行号和列标交叉处的"全选"按钮，选定整个工作表，然后单击"分隔符"按钮，从列表框中选择"重设所有分页符"命令。

③ 调整分页符。

☞ 选择"视图"选项卡，单击"工作簿视图"组中"分页预览"按钮，进入分页预览状态，如图 10-59 所示。进入分页预览状态后，工作表中分页处用蓝色线条表示，且每一页都有第 X 页的水印。

图 10-59　在分页预览状态下调整分页符

要调整分页符的位置：可用鼠标拖动蓝色的分页符至所需的位置即可。

要返回正常的显示方式：可选择"视图"选项卡，单击"工作簿视图"组中"普通"按钮，则返回到普通视图状态。

### 2. 打印输出

要打印输出工作表，一是在主窗口的"自定义快速访问工具栏"中，打开下拉列表，将"打印预览及打印"添加到快速访问工具栏中，单击该按钮；二是在"文件"选项卡，选择"打印"命令。两种方式均可打开"打印预览及打印"界面，如图10-60所示。

图 10-60　打印预览窗口

在此工作界面中，右边屏幕显示的是排版后的结果，通过拖动滚动条或单击最下面一行的"查看下一页"按钮，即可逐页浏览各页的排版效果。左边屏幕是有关打印的设置，如选择打印的份数、输出的打印机名称、打印的范围、打印的区域等。设置正确后，单击"确定"按钮，即可开始打印输出。

## 10.3　数据图表化

在 Excel 2010 中，提供了许多的图表类型，用户可以根据自己的需要来决定使用何种图表类型，并且还能够对图表进行修饰，如添加标题、设置坐标轴格式或者改变填充颜色等。特别增加的迷你图功能，可以在一个单元格内，用可视化的方式在数据旁边汇总趋势。由于迷你图在一个很小的空间内显示趋势，因此对于仪表板或需要以易于理解的可视化格式显示业务情况的其他位置，迷你图尤其有用。

### 10.3.1　建立图表

Excel 2010 为用户提供了两种根据工作表建立图表的方法：一种是利用快捷键来快速生成图表，另一种是利用图表向导来建立图表。

### 1. 使用快捷键建立一个图表工作表

☞ 选定用于建立图表的数据区域，如图10-61所示。如果要使行、表标题也显示在图表中，则选定的区域还必须包含标题的单元格。

☞ 按下 F11 键，Excel 2010 会自动在当前工作簿中新建一个工作表，工作表名为"chart＋数字"，在此工作表中产生一个二维的簇状柱形图表，如图10-62所示。

图10-61　选定要生成图表的数据

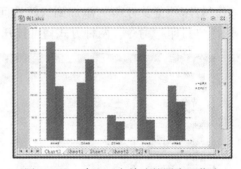

图10-62　建立一个单独的图表工作表

在此工作表中，增加了三个选项卡："设计"、"布局"和"格式"，并提供了一系列的快捷工具，允许用户对建立的图表进行重新设计，包括更换图表类型、数据系列、图表布局、图表样式、图表位置等，还可以对图表进行美化设计等。

### 2. 通过快捷工具建立图表

Excel 2010 在"插入"选项卡中增加了"图表"组，在此组内有七个快捷按钮，如图10-63所示，用户只需单击相应的图形，就可以在当前工作表中快速建立一个图表。

图10-63　"插入"选择卡"图表"组

例如，我们要根据一个企业五年的财务主要指标建立一个净资产、净利润和净资产收益率之间的图形，比较五年来该企业的这三项指标的变化情况。其操作步骤如下：

☞ 选定用于建立图表的数据区域，如图10-64所示。

图10-64　选定用于创建图表的数据区域

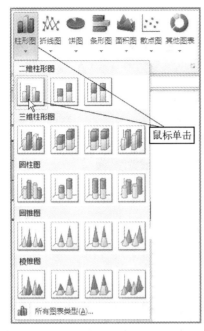

☞ 选择"插入"选项卡，单击"图表"组中"柱形图"按钮，出现柱形图下拉列表，表中列出各种柱形图样式供用户选择，如图 10-65 所示。在列表中选择"二维簇状柱形图"命令，在当前的工作表中会自动生成一个图形样式为二维簇状的图表，如图 10-66 所示。此图表悬浮于当前的工作表中，用鼠标可以拖动到某一位置上。

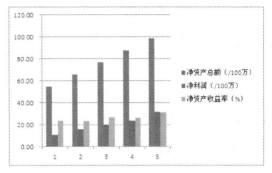

图 10-65　选择二维簇状柱形图　　　　图 10-66　生成的二维簇状柱形图

## 10.3.2　编辑图表

建立了图表后，如果觉得不是很满意，还可以进行编辑。对于一个图表而言，有图表标题、坐标轴、网格线、图例和数据系列等相关的术语，如图 10-67 所示。熟悉和掌握图表的这些基本术语，对建好一个图表是非常有益的。

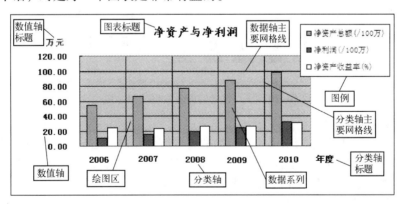

图 10-67　有关图表各部分的术语

### 1. 选定图表项

要对图表进行编辑，首先选定要编辑的图表区或其中的某一个元素。选定的方法如下：

☞ 选中图表：请单击图表中的空白区域，图表被一个较粗的边框包围着，如图 10-68 所示，此时用户可以对图表进行编辑操作。

☞ 选定图表内容：图表中的每一项内容都可以选中再进行编辑修改，修改前，用鼠标在需要修改的内容上单击即可选中，再用鼠标双击即可弹出"设置数据点格式"对话框，如图 10-69 所示，供用户选择修改。

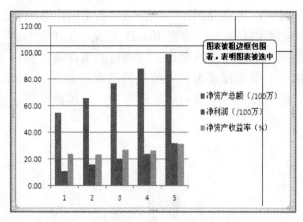

图 10-68　选定绘图区

图 10-69　设置数据点格式对话框

## 2. 增减和修改图表数据

（1）修改图表数值。当改变和图表相关的单元格内容时，Excel 2010 会自动改变图表中的图形显示。例如，将单元格 D4 的数据由 20 改为 60 时，就会看到图表自动按照新的数据重新绘制，如图 10-70 所示（与图 10-68 进行比较）。

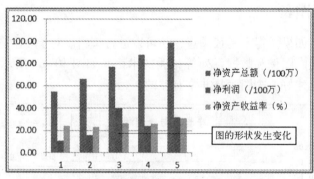

图 10-70　修改数据后图表发生的相应变化

（2）向图表添加数据。

☞ 选中图表，此时工作表中属于图表的数据区域被蓝色的边框包围，如图 10-71 所示。

☞ 将鼠标置于边框下方，此时鼠标的形状改变成双向箭头，用鼠标拖动边框到所需的数据处，此时图表会随着发生相应的变化。如将图 10-64"产销率"一行增加到图表中，图表增加数据后的结果如图 10-72 所示。

| 企业主要财务指标 | | | | | |
|---|---|---|---|---|---|
| 年度 | 2006 | 2007 | 2008 | 2009 | 2010 |
| 净资产总额（/100万） | 55.00 | 66.00 | 77.00 | 88.00 | 99.00 |
| 净利润（/100万） | 11.00 | 16.00 | | | |
| 净资产收益率（%） | 24.00 | 23.44 | 26.67 | 26.14 | 31.25 |
| 产销率（%） | 55.00 | 70.00 | 62.00 | 68.00 | 85.00 |

图 10-71　选定图表后的情况

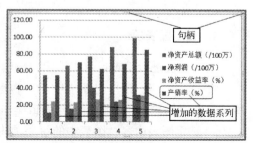

图 10-72　添加数据后的图表

（3）删除数据。

☞ 在图表上删除：首先在图表中选定要删除的数据系列（鼠标单击相应颜色的数据条），此时会看到选中的数据系列的每个图表项上外边框处有四个空心的小圆圈，鼠标移至该数据项上时，会显示该系列的名称和内容，按 Delete 键即可删除该数据系列。

☞ 在工作表中删除：先在工作表中选定要删除的数据系列，然后按 Delete 键，这时图表会自动更新，删除相应的内容。

### 3. 图表的移动与缩放

在图表上单击，图表边框上出现 8 个句柄（参阅图 10-72），将鼠标指针移到句柄上，指针变成双向箭头，拖动鼠标，就能使图表沿着箭头方向进行放大与缩小。

选中图表后，将鼠标移到图表上，指针变成十字箭头，按下鼠标左键同时移动鼠标，就能使图表移动位置。

### 4. 更改图表类型

当对创建的图表类型不满意时，可以更改图表的类型，具体操作步骤如下：

☞ 选定图表。

☞ 选择"图表工具"→"设计"选项卡，单击"类型"组中"更改图表类型"按钮，出现"更改图表类型"对话框，如图 10-73 所示。

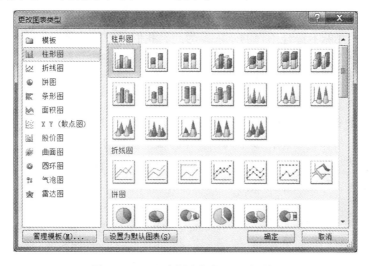

图 10-73　"更改图表类型"对话框

☞ 从对话框中选择要更改的图表类型，系统提供了 11 大类的图表类型供用户选择。

☞ 单击"确定"按钮即可。

### 5. 更改图表样式

☞ 选定要更改样式的图表。

☞ 选择"图表工具"→"设计"选项卡中"图表样式"组，从下拉列表中选择所需的样式即可。

### 10.3.3　修饰图表

为了使制作的图表更加美观，我们可以对建立的图表进行修饰。

#### 1. 增加图表、坐标轴的标题

要为图表增加标题，可按下述步骤操作：

☞ 选定图表。

☞ 增加图表标题。选择"图表工具"→"布局"选项卡，单击"标签"组中"图表标题"按钮，出现"图表标题"下拉列表框，选择"图表上方"命令，此时在图表中出现了以"图表标题"为名的标题框，可以按照对文本的操作进行修改。

☞ 增加坐标轴标题。选择"图表工具"→"布局"选项卡，单击"标签"组中"坐标轴标题"按钮，出现"坐标轴标题"下拉列表框。有两个选项："主要横坐标轴标题"和"主要纵坐标轴标题"，分别选择进行设置。例如，将横坐标轴标题修改为"年度"，排列在坐标的最右端；纵坐标轴标题选择"横排标题"，名称为"万元"，排列在坐标的最上端。

#### 2. 修改坐标轴的标签

通常情况下，图表的纵横坐标轴标签是在生成图表时，系统根据用户所选定的数据区域中的数据自动建立的。其中纵坐标主要是根据区域中的数据来确定的，而横坐标一般是按数字序列来定义的，可能不符合用户的要求，为此，我们可以修改横坐标的标签。

☞ 选定图表。

☞ 选择"图表工具"→"布局"选项卡，单击"数据"组中"选择数据"按钮，出现"选择数据源"对话框，如图 10-74 所示。

☞ 在"选择数据源"对话框中，用鼠标单击"编辑"按钮，出现"轴标签"对话框，单击"选择区域"按钮，从工作表中选择要作为横坐标标签的内容后，单击"确定"按钮，返回"选择数据源"对话框，可以看到选择的区域中的数据已替换了原来的横坐标标签，单击"确定"按钮，修改后结果如图 10-75 所示。

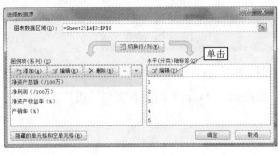

图 10-74　"坐标轴格式"对话框

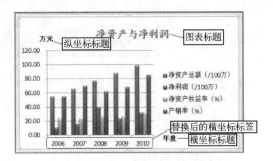

图 10-75　修改后的图表

#### 3. 修改图例

☞ 选中图例，此时图例周围会出现一个方框。若要更改文本的字体、字号和颜色等，直接按文本格式设置的方式进行修改；若要改变放置的位置，可用鼠标移动到所需的地方。若要改变排列的方式，选择"图表工具"→"布局"选项卡，单击"标签"组中"图标"按钮，出现下拉菜单，选择一种方式即可。若要添加边框，增加填充色，可双击图例，出现"设置图例格式"对话框，从中进行选择即可。

## 4. 设置绘图区或图表区的格式

要更改由系统设置的绘图区或图表区的大小、格式，可以按照下述步骤进行：

☞ 选定图表。

☞ 要改变绘图区的大小。选定绘图区，此时绘图区周边有选定的边框和八个节点，将鼠标放置在节点拖动到适当的位置放下即可。要为绘图区增加底色。选定绘图区后双击鼠标，弹出"设置绘图区格式"对话框，根据需要进行相应的设置即可。若要取消绘图区，选择"图表工具"→"布局"选项卡，单击"背景"组中"绘图区"按钮，从列表框中选择"无"（清除绘图区填充）命令。

## 5. 网格线

要为图表添加或取消网格线，可按下述步骤操作：

☞ 选定图表。

☞ 选择"图表工具"→"布局"选项卡，单击"坐标轴"组中"网络线"按钮，出现下拉列表，有两个选项："主要横网络线"、"主要纵网络线"，将鼠标移到相应的命令后，出现选择菜单，根据需要进行选择即可。经过修改后的图表如图 10-76 所示。

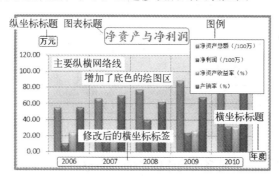

图 10-76　修改后图表

## 6. 组合图表

可以在一个图表上用不同的图表类型来反映各列数据之间的关系，实现图表之间的组合。具体的操作步骤如下：

☞ 选定要更改图表类型的数据系列，如图 10-76 中的产销率。

☞ 单击鼠标右键，从弹出的快捷菜单中选择"更改系列图表类型"命令或选择"图表工具"→"设计"选项卡，单击"类型"组中"更改图表类型"按钮，出现"更改图表类型"对话框，从中选择一种要更改的图表类型（如折线图类型的第一种），单击"确定"按钮即可。组合后的图表结果如图 10-77 所示。

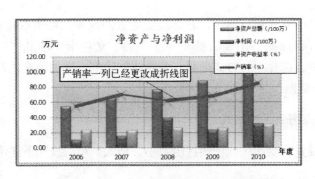

图 10-77　进行数据系列更改后的图表

### 10.3.4　迷你图

迷你图是 Excel 2010 中的一个新功能，它是工作表单元格中的一个微型图表，可提供数据的直观表示。使用迷你图可以显示一系列数值的趋势（例如，季节性增加或减少、经济周期），或者可以突出显示最大值和最小值，在数据旁边放置迷你图可达到最佳效果。

由于迷你图是一个嵌入在单元格中的微型图表，可以在单元格中输入文本并使用迷你图作为其背景。使用迷你图还有一个优点是：与图表不同，在打印包含迷你图的工作表时将会打印迷你图。

#### 1. 创建迷你图

要创建一个如图 10-78 所示的迷你图，可按下述步骤进行。

**2010年各部门销售额**

| 物品名称 | 第一季度 | 第二季度 | 第三季度 | 第四季度 | 统计分析 |
|---|---|---|---|---|---|
| 女装 | ￥ 640.00 | ￥ 447.00 | ￥ 364.00 | ￥ 516.00 | 最大值在第一季度 |
| 男装 | ￥ 325.00 | ￥ 628.00 | ￥ 401.00 | ￥ 417.00 | |
| 童装 | ￥ 475.00 | ￥ 616.00 | ￥ 461.00 | ￥ 725.00 | |
| 婴儿装 | ￥ 558.00 | ￥ 532.00 | ￥ 330.00 | ￥ 311.00 | |

图 10-78　创建的迷你图实例

☞ 选择要在其中插入一个或多个迷你图中的一个空白单元格或一组空白单元格。

☞ 选择"插入"选项卡，单击"迷你图"组中"折线图"按钮，出现"创建迷你图"对话框，如图 10-79 所示。

☞ 在对话框中，可以单击"折叠"按钮收缩对话框，在工作表上选择所需的单元格区域，然后单击"折叠"按钮还原对话框为正常大小，再单击"确定"按钮，便在指定单元格中创建一个迷你图。

图 10-79　创建迷你图对话框

#### 2. 编辑迷你图

如果要修改创建的迷你图，先选中迷你图，进入"迷你图工具"→"设计"选项卡，在此选项卡中，可以更改数据源、更换迷你图类型、为迷你图添加标记、更换迷你图的样式、为迷你图形选择不同颜色、更换迷你图的标记颜色等。

### 3. 向迷你图添加文本

可以在含有迷你图的单元格中直接键入文本，并设置文本格式（例如，更改其字体颜色、字号或对齐方式），还可以向该单元格应用填充（背景）颜色。建立的迷你图如图10-78所示。

## 10.4 公式编辑器

在编写科学报告等文档时，往往要引入大量的公式和数学表达式。下面我们以 Excel 2010 为例，介绍创建如下所示的数学公式的操作方法（注：Word 2010 中创建公式的方法与 Excel 2010 完全相同）。

$$\sigma_x = \sqrt{\lim_{T \to \infty} \frac{1}{T} \int_0^T \left[ x(t) - \mu_x \right]^2 \mathrm{d}t}$$

☞ 在 Excel 2010 中新建一个工作簿，选择"插入"选项卡"符号"组中"π 公式"按钮。如果单击按钮右边倒三角箭头，则出现一个下拉列表框，系统将常用的数学公式如圆的面积、二项式定理、傅里叶级数等公式模板直接放置在列表框中，如图 10-80 所示。如果要建立的公式在列表框中有，直接选择，对应的公式模板便出现在表格中，可以对其数据进行修改。如果没有模板，请单击"π 公式"按钮，在主功能区中会增加两个选项卡，一个是"绘图工具"→"格式"选项卡，另一个是"公式工具"→"设计"选项卡，在"设计"选项卡中有"工具"、"符号"和"结构"三个组，如图 10-81 所示。

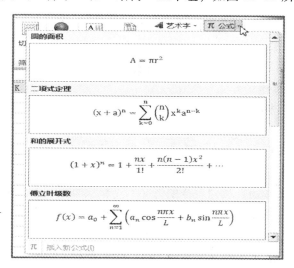

图 10-80　建立公式

☞ 在"键入公式框"中，输入公式。

① 选择"设计"选项卡，单击"结构"组中"上下标"按钮，出现下拉列表框，如图 10-82 所示。上下标的列表框中给出了多种上下标的样式，选择"下标"样式，在两个文本框中分别输入"$\sigma$"和"x"后，再按右方向键"→"，输入" = "。

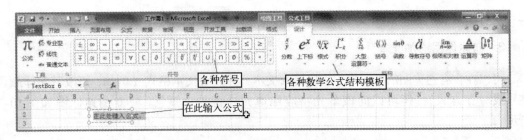

图 10-81    "公式工具"→"设计"选项卡

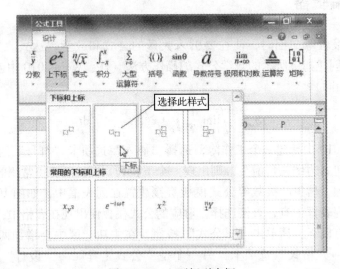

图 10-82    上下标列表框

② 单击 "结构" 组中 "根式" 按钮,从下拉列表中选择 "平方根",用鼠标在平方根内的方框内单击。

③ 选择 "极限和对数" 按钮,从下拉列表中选择 "极限" 样式,分别在下框中输入 "T→∞",在右框中再选择 "分数" 按钮。

④ 从 "分数" 列表框中选择 "分数(竖式)" 样式,在分子、分母中分别输入 "1" 和 "T" 后,按一次右方向键 "→"。

⑤ 单击 "积分" 按钮,从列表框中选择 "定积分" 样式,在积分符的上、下限中分别输入 "T" 和 "0" 后,在积分符的右框中单击鼠标。

⑥ 单击 "上下标" 按钮,从列表框中选择 "上标" 样式,在右方框中单击鼠标。

⑦ 单击 "括号" 按钮,从列表框中选择 "方框" 样式,在方框中输入 "$x(t)-\mu_x$" 后,再单击上标框,输入 "2"。再按一次右方向键 "→",输入 "dt",公式输入结束。

⑧ 公式的修饰。如果公式框大小不够,可以用鼠标单击公式框,此时公式框周边有八个方块,表明选中了公式,可用鼠标拖动边框改变大小。另外,可以通过 "绘图工具" → "格式" 选项卡,为公式添加边框、设置底纹、设置艺术字体等。可以用 "开始" 选项卡 "字体" 组中的工具,改变公式字体的大小、为公式加粗等。最终创建的公式如图 10-83 所示。

⑨ 删除公式。如果要删除创建的公式,先选中公式,按下 Delete 键即可。

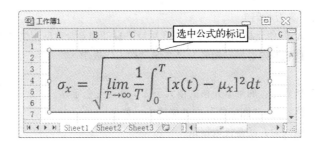

图 10-83  创建和修饰后的公式

# 习 题 9

9.1  Excel 2010 的基本操作。

（1）用 Excel 2010 建立一个工作簿，文件名为"工作表 1 "，并保存在"学生"文件夹中。

（2）分别将三个工作表命名为："表格"、"公式"和"图表"。

（3）在"表格"工作表中，建立一个如图 10-84 所示的表格。

| 数据<br>类别 | 2000～2010年均增长率(%) | | | 亚洲市场所占比例(%) | |
| --- | --- | --- | --- | --- | --- |
| | 全世界 | | 亚洲 | 2000 | 2010 |
| 液晶电视机 | 2.5 | ⬇ | 6 | 22.1 | 27.1 |
| 数码相机 | 1.9 | ↘ | 7.2 | 14.3 | 19.3 |
| 数码摄像机 | 4.2 | ⬆ | 12.2 | 9.5 | 14.8 |
| 导航装置 | 6.8 | ⬇ | 6.4 | 52.9 | 51.7 |
| 笔记本电脑 | 2.4 | ⬇ | 5 | 31.3 | 36.4 |
| 台式计算机 | -0.6 | ↗ | 10 | 10.1 | 18.5 |
| 平板电脑 | 2 | ⬇ | 6.4 | 7.9 | 10.2 |

数码市场预测分析

图 10-84  表格示例

9.2  工作表的操作。

（1）设置工作表的行、列。

● 将"类别"一列的列宽设置为 16，"全世界"与"亚洲"两列的列宽设为 12；"2000"与"2010"两列的宽度设为 10；将标题的行高设为 30；其余为默认值。

● 将"数码相机"与"数码摄像机"两行的记录对调。

● 在"数码摄像机"前插入一行，并输入相应的数据。

● 删除插入的一行。

（2）单元格格式设置。

● 标题格式设置。字体：隶书；字号：18，加粗，跨列居中；底纹：浅黄色；字体颜色：红色。

● 表头设置。字体：宋体；字号：12；底纹：浅绿色。

● 表格内容。字体：楷体；字号：10。

● 对齐方式。如图 10-84 所示，均为居中对齐。

● 边框设置。外框为粗实线，内框为细实线。

（3）定义单元格名字。

● 将标题的单元格名称定义为"数码市场"。

● 将 B6 单元格名称定义为数码 1。

（4）添加批注。为 "A5" 单元格添加批注 "包含单反、自动和专业单反相机三种"。

（5）复制工作表。将此表的内容复制到名为 "图像" 的工作表中。

（6）设置表格格式。

● 将第二列设置条件格式为：如果单元格的值大于 2.5 则用红色字体显示。

● 将第三列设置条件格式为："图标集" 中四向箭头（彩色）。

● 将第四列设置条件格式为：浅蓝色数据条。

（7）打印设置。

● 设置打印标题。在 "亚洲" 一列之前、"导航装置" 一行之前插入分页线，设置标题、表头行和姓名列为打印标题；打印顺序为先行后列。

● 设置页眉页脚。设置页眉为文件名，居中；页脚为页码，右齐。

9.3　建立图表。进入 "图表" 工作表，按照复制的工作表来建立图表。用表格的前三列的文字和数据创建一个二维簇状柱形图，图表的内容和格式如图 10-85 所示。

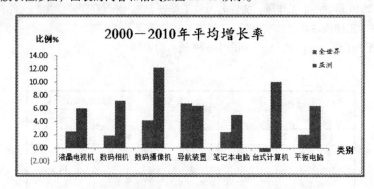

图 10-85　图表示例

9.4　输入公式。在 "公式" 工作表中，建立两个数学公式，公式如下：

$$\sum_{n-1}^{m} \partial_n^{kp} \int_0^1 \sqrt{1-x^2}\, dx$$

# 第11章　数据处理

在 Excel 2010 中，除了具有制表、排版和建立图表等功能之外，还提供了强大的数据处理功能。

## 11.1　公式处理与函数的使用

在实际工作中，除了在表格中输入原始数据外，还要进行统计计算（如小计、合计、平均值等），并把计算结果反映在表格中。Excel 2010 提供了各种统计计算功能，用户根据系统提供的运算符号和函数建立起计算公式，自动将计算结果填入相应的单元格中。当有关数据修改后，Excel 2010 会自动重新计算。

### 11.1.1　创建公式

创建 Excel 2010 中的公式遵循一个特定的语法，先选定要创建公式的单元格，再在编辑框的最前面输入"＝"，后面输入或选择所需的函数、运算符和参与运算的运算数。每个运算数可以是常量、单元格或区域的引用、标志、名称或函数等。例如，"＝PI( )＊A1^2"就是 Excel 2010 的一个公式。其中，"2"是数字；"^"和"＊"是运算符，前者表示幂，后者表示乘；"A1"表示引用，它返回单元格"A1"的数值；"PI( )"则表示函数，返回圆周率的值 3.14……。

在输入公式时经常要引用单元格，例如，在单元格 A1 中输入"24"，在单元格 A2 中输入"30"，要在单元格 A3 中求出 A1 和 A2 的和，可以输入公式"＝A1＋A2"，再单击"√"，可以看到计算结果显示在 A3 中。

#### 1. 输入公式

如果要直接输入公式（例如，要在单元格 A3 中求出 A1 与 A2 的和），可以按照下述步骤进行：

☞ 选定输入公式的单元格（如单元格 A3）。

☞ 输入等号"＝"作为公式的开始。

☞ 输入包含要计算的单元格引用和以及相应的运算符（A1＋A2）。对单元格引用，一般不需要直接输入，可以通过鼠标左键直接单击相应的单元格即可实现引用。

☞ 按 Enter 键，或者单击编辑栏中的"√"按钮，结果如图 11-1 所示。

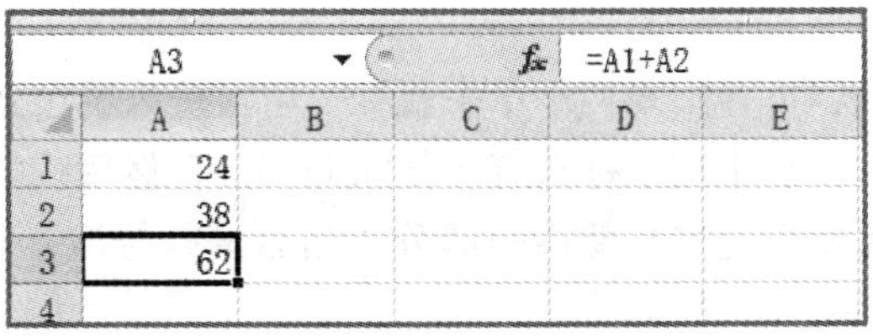

图 11-1　输入公式

### 2. 运算符的类型

在 Excel 2010 中提供了 4 种运算符：算术运算符、比较运算符、文字运算符和逻辑运算符。

（1）算术运算符。算术运算符包括加号（+）、减号（–）、乘号（*）、除号（/）、百分号（%）以及乘幂（^）等。运算符的优先级顺序是：乘幂在乘法和除法之前进行计算，乘法和除法在加法和减法之前进行。如果算术运算符处于同一级别，按照从左向右的顺序进行计算。

（2）比较运算符。比较运算符包括：=，>，<，>=（大于等于），<=（小于等于）以及 < >（不等于），其返回结果是逻辑值 True 或 False。

（3）文本运算符。文本运算符（&）仅用于将两个数据连接成一个文本字符串。在同一个公式中，可以使用多个 & 将数个数据连接在一起。在公式中可直接用文本连接，但要用双引号将文本项括起来。

（4）引用运算符。有 3 个引用运算符，它们分别是冒号（:）、空格及逗号（,）。

☞ 冒号运算符。冒号运算符可以用来表示一个区域，例如，A3: B4 代表从 A3 到 B4 的单元格，包括 A3、A4、B3 和 B4。

☞ 空格运算符。空格运算符用来表示几个单元格区域所共有（重叠）的那些单元格。如公式"SUM( C1: C5 A3: E4)"表示将 C1 到 C5 及 A3 到 E4 两个区域之间重叠部分的单元格的数字相加（此例重叠的单元格为 C3 和 C4）。

☞ 逗号运算符。逗号运算符将两个单元格引用名联合起来，这种用法在使用函数处理不连续的一系列单元格时是很方便的。如公式"SUM( A2: C3，A5: C6)"表示将 A2 到 C3 以及 A5 到 C6 单元格中的数字求和。

（5）公式的运算顺序。如果一个公式里含有多个运算符号，运算顺序按照运算符的优先级进行，对于同一个优先级的运算，则从等号的左到右进行运算，如果要改变运算的先后顺序，可使用小括号。运算符的优先级如表 11–1 所示。

**表 11–1　公式中运算符的优先级**

| 运 算 符 | 说 明 | 运 算 符 | 说 明 |
|---|---|---|---|
| :（冒号）、（空格)、，(逗号) | 引用运算符 | * 和/ | 乘和除 |
| – | 负号，如 –6 | + 和 – | 加和减 |
| % | 百分比 | & | 文本运算符 |
| ^ | 幂 | =、<、>、<=、>=、< > | 比较运算符 |

### 3. 编辑公式

先选定要编辑的公式，再在编辑栏中单击鼠标，可对输入的公式进行编辑。若要删除公式中的某些项，需要在编辑栏中用鼠标选定要删除的部分，然后按空格键或 Delete 键。要替换公式中的某些部分，需要先选定被替换的部分，然后进行修改。若在未确认前放弃修改，可以单击"×"按钮或者按 Esc 键。

在编辑公式时，系统会以彩色方式标识显示其引用的单元格，颜色与所在位置的标识颜色一致，如图 11-2 所示，便于用户跟踪公式，帮助查询分析公式。

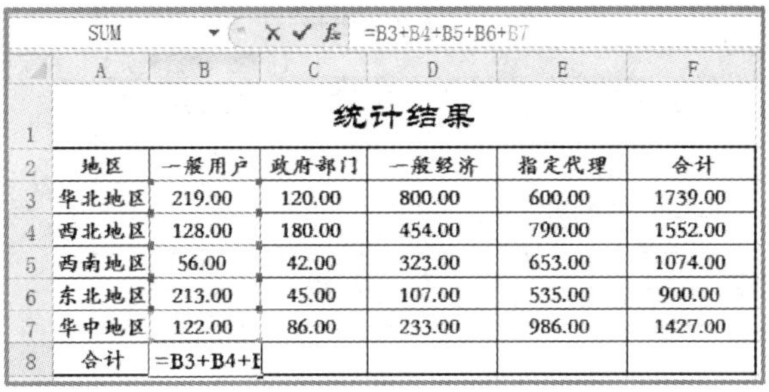

图 11-2　修改单元格中的公式

## 11.1.2　单元格的引用

单元格的引用是指使用工作表中一个单元格或者一组单元格，以便告诉公式使用哪些单元格中的值。Excel 2010 提供了 3 种引用：相对引用、绝对引用和混合引用。

### 1. 相对引用

相对引用主要是指以某一特定目标为基准来定出其他目标位置的方式。如果公式中引用了单元格位置是参照公式所在单元格的相对关系确定的，那么在复制公式时，Excel 2010 能够对其进行相应的调节，使其功能保持不变。

例如，希望将单元格 B9 的公式复制到 C9、D9、E9 和 F9 中，可以按照下述步骤进行：

☞ 选定单元格 B9，其中的公式为"＝B3＋B4＋B5＋B6＋B7"，如图 11-3 所示。

☞ 将鼠标移至单元格 B8 的右下角，当光标的形状为黑色加号（参阅图 11-3）所示时，按下鼠标左键，向右拖动鼠标覆盖 C8～F8 为止，松开鼠标，完成公式的复制，结果如图 11-4 所示。

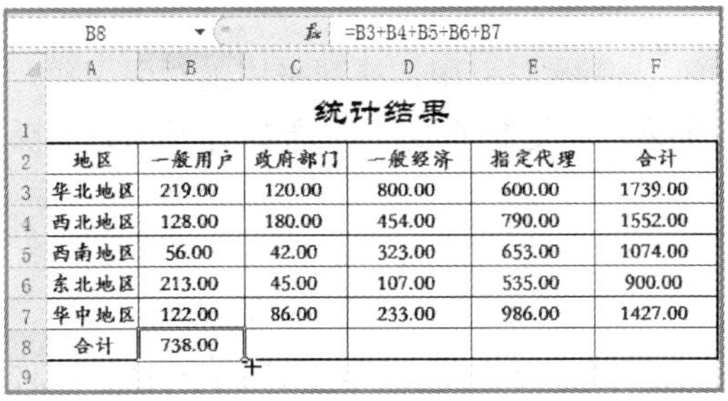

图 11-3　选定待复制的单元格

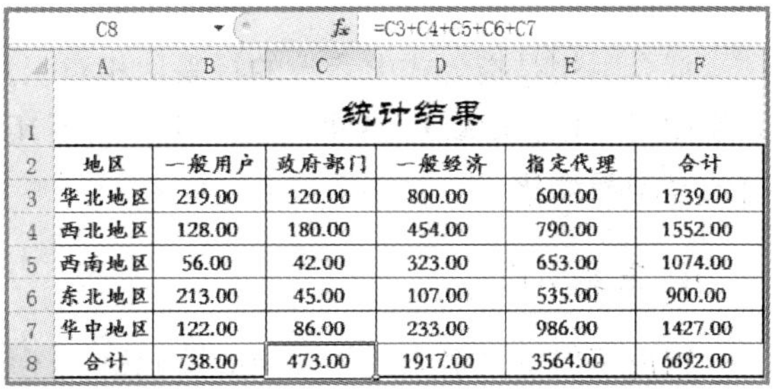

图 11-4　复制公式后的单元格引用发生改变

### 2. 绝对引用

绝对引用指向工作表中固定位置的单元格，它的位置与包含公式的单元格无关。在 Excel 2010 中，通过在单元格的列标和行号前面分别加上"＄"符号来代表绝对引用，如 ＄A＄1。当含有这一引用的单元格被复制时，＄A ＄1 是不会改变的，如果是相对引用，则该值是变化的。例如，希望将单元格 C9 的公式复制到 D9 到 F9 中，可以按照下述步骤进行：

☞ 选定单元格 C9，输入公式为"＝C8 ＊ ＄G＄3"，如图 11-5 所示。

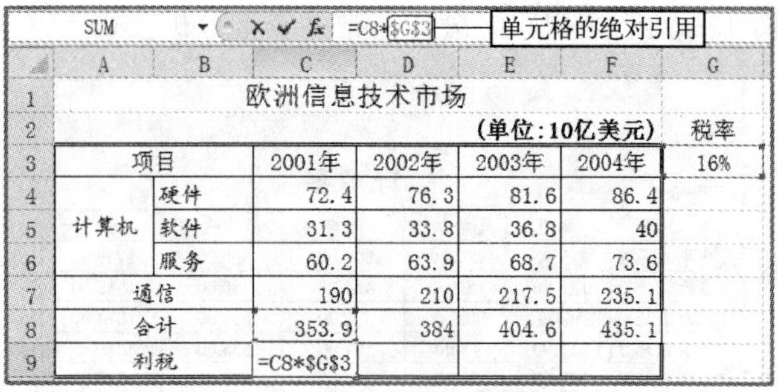

图 11-5　使用绝对引用的公式

☞ 再选定单元格 C9，将光标放到右下方，待光标改变为可复制的标志时，按下鼠标左键，拖到 F9 后，松开鼠标即可，结果如图 11-6 所示。

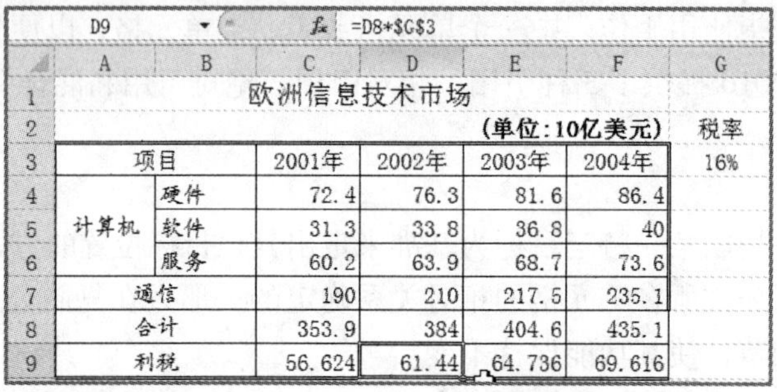

图 11-6　复制了含有绝对引用的公式

提示：如果 C9 中的公式为"C8 ＊ G3"而不是"C8 ＊ $G$2"，复制后，结果肯定都为 0。因为此时公式为相对引用而不是绝对引用，在使用中一定要注意。

### 3. 混合引用

混合引用是指公式中参数的行采用相对引用而列采用绝对引用，或列采用绝对引用而行采用相对引用，如$A1，A $1。公式中相对引用部分随公式复制而变化，绝对引用部分不随公式复制而变化。

### 4. 三维引用

用户不但可以引用工作表中的单元格，还可以引用工作簿中多个工作表的单元格，这种引用称为三维引用。例如，引用 Sheet1 的 B2 到 B6 单元格与 Sheet3 的 B3 到 C6 之间的单元格进行求和公式如下：

　＝SUM（Sheet1！B2：B6，Sheet3！B3：C6）

用户可以直接在单元格中输入该公式，输入的步骤如下：

☞ 选定要输入公式的单元格。

☞ 输入等号" ＝"，再输入函数名称，出现"函数参考"对话框，如图 11-7 所示。

☞ 单击第一个折叠按钮，从工作表中选择第一个区域，再返回对话框。

☞ 单击第二个折叠按钮，再选择需要求和的工作区域后，返回对话框。

图 11-7　函数参考对话框

☞ 单击"确定"按钮,求和的结果则显示在单元格中。

说明:如果要在不同的工作簿、工作表中用单元格,应该在单元格引用前输入工作簿名和工作表名,其中工作簿名用方括号"[ ]"分隔,工作表名用感叹号"!"分隔。例如,当前工作簿名为"Shex1.xlsx",当前工作表名为"一季度",要在公式中引用"Shex1.xlsx"中"一季度"的单元格 C8,应表示为"[Shex1:xlsx]一季度!C8"。

## 11.1.3　自动求和与快速计算

### 1. 自动求和

求和计算是最常用的公式计算,具体操作步骤如下:

☞ 选定要计算求和结果的单元格。

☞ 选择"开始"选项卡"编辑"分组工具栏中自动求和按钮"Σ",Excel 2010 将自动出现求和函数 SUM 以及推荐需要求和的数据区域,如图 11-8 所示。

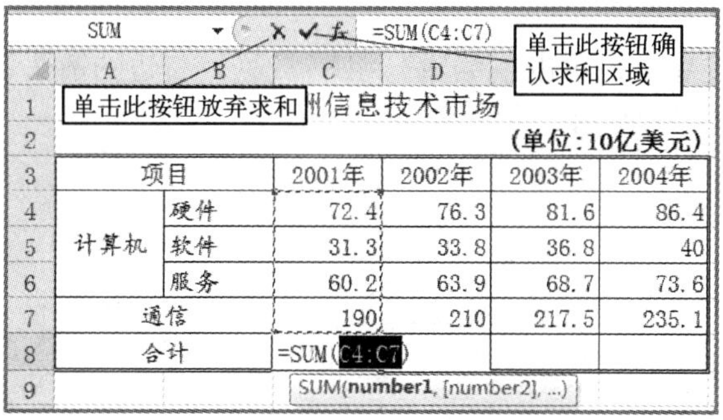

图 11-8　进行自动求和计算

☞ 如果 Excel 2010 推荐的数据并不是想要的,可以选择新的数据区域;如果 Excel 2010 推荐的数据区域正是所需的,按下 Enter 键或鼠标单击编辑框上的"√"键。

除了利用"自动求和"按钮一次求出一组的总和外,还可以利用"自动求和"按钮一次输入多个求和公式。具体方法是:

☞ 选定需求和的一列数据的下方单元格或者一行数据的右侧单元格。例如,选定如

图 11-9 所示的单元格区域，并且选定区域下方和右侧的一组空白单元格。

| 项目 | | 2001年 | 2002年 | 2003年 | 2004年 |
|---|---|---|---|---|---|
| | | 欧洲信息技术市场 | | | |
| | | | | (单位:10亿美元) | |
| 计算机 | 硬件 | 72.4 | 76.3 | 81.6 | 86.4 |
| | 软件 | 31.3 | 33.8 | 36.8 | 40 |
| | 服务 | 60.2 | 63.9 | 68.7 | 73.6 |
| 通信 | | 190 | 210 | 217.5 | 235.1 |
| 合计 | | | | | |

图 11-9　选定一组要自动求和的数据

☞ 单击"开始"选项卡"编辑"组中的自动求和按钮"**Σ**"，结果如图 11-10 所示。

| 项目 | | 2001年 | 2002年 | 2003年 | 2004年 |
|---|---|---|---|---|---|
| | | 欧洲信息技术市场 | | | |
| | | | | (单位:10亿美元) | |
| 计算机 | 硬件 | 72.4 | 76.3 | 81.6 | 86.4 |
| | 软件 | 31.3 | 33.8 | 36.8 | 40 |
| | 服务 | 60.2 | 63.9 | 68.7 | 73.6 |
| 通信 | | 190 | 210 | 217.5 | 235.1 |
| 合计 | | 353.9 | 384 | 404.6 | 435.1 |

图 11-10　求出选定区域的总和

### 2. 快速计算

Excel 2010 为用户提供了快速得到当前所选单元格区域数据的求和、均值、个数、最大值以及最小值等方法，具体操作方法如下：

☞ 选定需要计算的单元格区域。

☞ 选择"开始"选项卡，单击"编辑"组中"**Σ**"右边的箭头，出现一个快速计算公式的下拉列表，如图 11-11 所示。

图 11-11　快速计算结果

☞ 从下拉列表中选择一种需要的计算方式，计算的结果就会出现在状态栏中。

## 11.1.4　使用函数进行计算

函数是系统预定义的内置公式，函数的语法以函数名称开始，后面是左圆括号，以逗号隔开的参数和右圆括号。如果函数以公式的形式出现，请在函数名称前面键入等号"="。当生成包含函数的公式时，公式选项板将会提供相关的帮助。函数的一般形式如下：

　　=函数名称（参数1，参数2，……）

参数可以是数字、文本、逻辑值、数组或单元格引用，也可以是常量、公式或其他函数，给定的参数必须能够产生有效的值。

### 1.　常用函数的说明

在提供的众多函数中有些是经常使用的，下面介绍几个常用函数。

（1）SUM 函数。

☞ 函数格式：=SUM(Number1,Number2,Number3,…)

☞ 函数功能：返回所有参数的代数和。

例如，A1、A2、A3 单元格中的内容分别为2、5、6，则公式"=SUM(A1:A3,8)"的返回值为21。

（2）AVERAGE 函数。

☞ 函数格式：=AVERAGE(Number1,Number2,Number3,…)

☞ 函数功能：返回所有参数的算术平均值。

例如，A1、A2、A3 单元格中的内容分别为3、5、6，则公式"=AVERAGE(A1:A3,6)"返回值为5。

（3）MAX 函数。

☞ 函数格式：=MAX(Number1,Number2,Number3,…)

☞ 函数功能：返回参数中的最大值。

例如，A1、A2、A3 单元格中的内容分别为2、8、6，则公式"=MAX(A1:A3,3)"的返回值为8。

（4）MIN 函数。

☞ 函数格式：=MIN(Number1,Number2,Number3,…)

☞ 函数功能：返回参数中的最小值。

例如，A1、A2、A3 单元格中的内容分别为2、5、6，则公式"=MIN(A1:A3,1)"的返回值为1。

（5）COUNT 函数。

☞ 函数格式：=COUNT(Value1、Value2、Value3,…)

☞ 函数功能：返回参数中的数字个数。

例如，A1、A2、A3、A4、A5、A6 单元格中的内容分别为0、2、5、6、7、8、9，则公式"=COUNT(A1:A6)"的返回值为7。

## 2. 函数使用方法

（1）直接输入函数。

☞ 选定要输入函数的单元格，输入等号"＝"。

☞ 输入（选取）函数名如"Max"。

☞ 输入左括号，并选定要引用的单元格或区域。

☞ 输入右括号，按 Enter 键或单击"√"键即可。

（2）通过函数向导输入函数。

☞ 选定要插入函数的单元格。

☞ 选择"公式"选项卡，单击"插入函数"按钮，出现"插入函数"对话框，如图 11-12 所示，可以在"搜索函数"文本框中输入有关函数的说明搜索需要的函数；也可以在"选择类别"组合列表框中选择函数类别，再从"选择函数"下拉列表框选择函数的名称，单击"确定"按钮后，出现"函数参考"对话框，如图 11-13 所示。

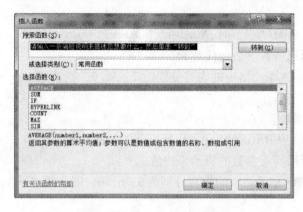

图 11-12　函数下拉列表框

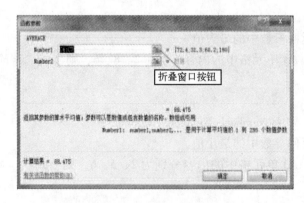

图 11-13　"函数参数"对话框

☞ 在"函数参数"对话框中，系统会根据函数和选择的单元格自动判断用户可能需要的参数范围，如系统的选择不是所需的，可单击"Number1"右边的折叠按钮，此时"函数参数"对话框会自动收缩成一行，用户可以到工作表中选择所需的单元格引用，如图 11-14 所示。选择单元格引用后，再单击折叠按钮，"函数参数"对话框又恢复原样，如果需要计算的单元格还要增加，再单击"Number2"右边的折叠按钮再进行选择。Excel 2010 允许用户选择多个不同的区域，直到选定为止，单击"确定"按钮，计算结果出现在选定的单元格中。

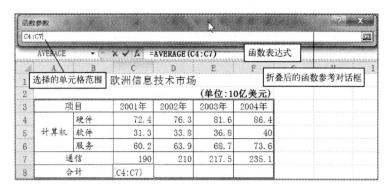

图 11-14　"函数参数"对话框折叠后的效果

提示：在 Excel 2010 中，对于常用函数的输入，还可以采用更为简单的方法来加快输入的速度。先选定单元格，用鼠标单击编辑框，输入"＝"，此时可以看到原来的"名字框"变成了常用函数列表，如图 11-15 所示。用户可以直接从列表框中选择所需的函数，此时函数名便出现在编辑框中，再选择或输入单元格范围即可。

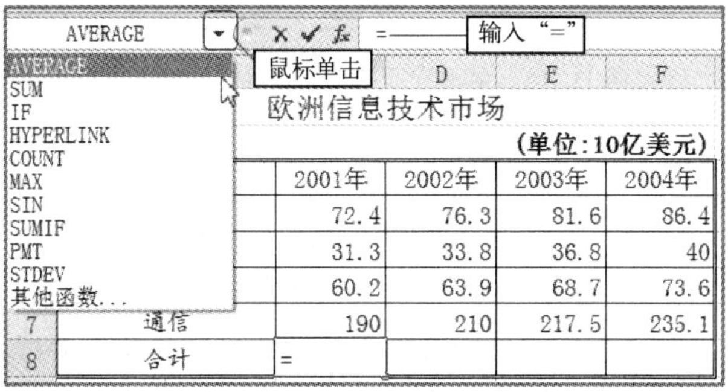

图 11-15　选择常用的函数

（3）编辑函数。输入一个函数后，可以像编辑文本一样重新选择所需的单元格，也可以通过函数列表框重新选择函数。操作步骤如下：

☞ 选定含有要编辑函数的单元格。

☞ 如果要重新选择单元格，用鼠标单击编辑框，此时被引用的单元格会用不同颜色的框显示（参考图 11-2），可以直接拖动方框的边线来选择，也可以重新选择。

☞ 如果要重新选择函数，单击编辑框后，选定原来的函数，再从函数列表框中选择新的函数来替换。

☞ 单击"√"按钮或按 Enter 键。

## 3. 公式返回的错误值

在 Excel 2010 中，当在单元格中输入的公式不符合格式或其他要求时，就无法显示运算的结果。在这种情况下，单元格会显示一个以"#"开始的错误值信息，同时在左上角显示一个三角形的错误标记。如：整个单元格充满"#"，产生这一错误的原因是列宽不够或出现负时间等。此外，错误值还有："#DIV/0!"、"#N/A"、"#NAME?"、"#REF!"、"#NUM!"、"#NULL!"、"#VALUM!"。

图 11-16 中所示的单元格 C8 中显示的就是一个错误值，如果想了解错误的原因或得到其他的帮助，可以单击出现错误值的单元格 C8，这时会出现智能标志，用鼠标单击智能标志，会出现一个下拉列表框，如图 11-16 所示。在下拉列表框中，列出了系统对出现该错误的说明——"被零除"错误，以及对此错误的处理方式等等。如选择"忽略错误"命令，则三角形的标记将从单元格中去除掉。

图 11-16 单击智能标志显示的下拉列表框

### 4. 公式审核

Excel 2010 中提供公式审核功能，可以利用这些功能跟踪选定的公式的引用或从属单元格、追踪错误等。若要使用"公式审核"功能，首先选择要审核的公式所在的单元格，然后在"公式"选项卡"公式审核"组中进行选择，若要检查错误的地方，可单击"错误检查"按钮，则会弹出显示错误内容的对话框，显示错误的内容并给出相关的处理意见；若要显示公式内容，可单击"显示公式"按钮，会显示公式的内容并给出单元格的引用情况；若要显示引用的单元格，可单击"追踪引用单元格"，这时所引用过的单元格都会有一个蓝色箭头指向公式所在的单元格，如图 11-17 所示。如果想显示该单元格被哪些单元格的公式引用过，则选择子菜单中的"追踪从属单元格"，这时单元格中出现蓝色的追踪箭头，这些箭头指向所有引用它的公式所在的单元格；如果要不显示追踪箭头，则选择"移去箭头"。

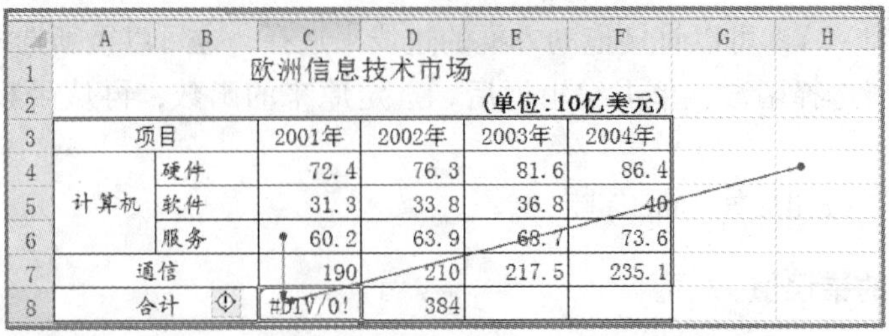

图 11-17 追踪从属单元格窗口

## 11.2 数据排序

在 Excel 2010 中，可以对一列或多列中的数据按文本（升序或降序）、数字（升序或降序）以及日期和时间（升序或降序）进行排序。还可以按自定义序列（如大、中和小）或格式（包括单元格颜色、字体颜色或图标集）进行排序。大多数排序操作都是列排序，但也可以按行进行排序。

### 11.2.1 以单列数据为关键字进行排序

若对工作表进行排序的依据是以某一列的数据为关键字，可使用"数据"选项卡"排序和筛选"组中的"升序"或"降序"按钮进行快速排序。例如，要对图 11-18 中所示工作表的"总分"一列的值进行排序，操作步骤如下：

☞ 在要排序的"总分"列中选定任一单元格，如图 11-18 所示。

☞ 若要按升序进行排序，请单击"数据"选项卡"排序和筛选"组中的"⬆️"按钮；若要按降序进行排序，请单击"数据"选项卡"排序和筛选"组中的"⬇️"按钮。图 11-19 所示即为按"总分"列升序排序的效果。

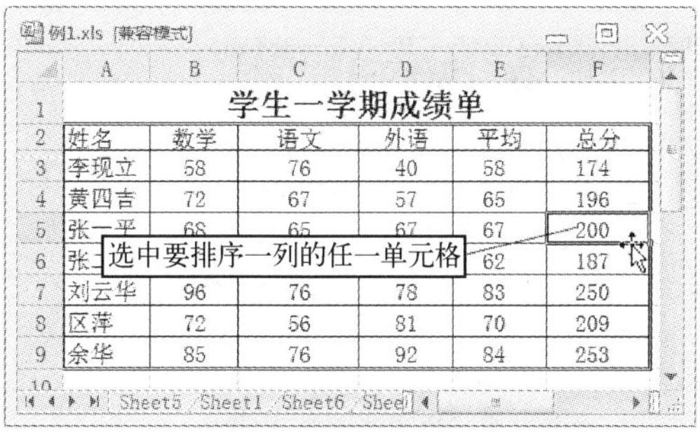

图 11-18　选定要排序的单元格 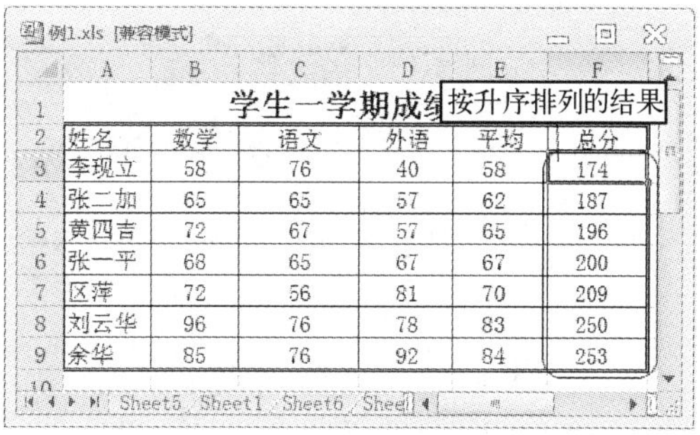　　　　　图 11-19　对"总分"列按升序排序

### 11.2.2 以多列数据为关键字进行排序

若要以多列数据为关键字对工作表进行排序，可使用"数据"选项卡"排序与筛选"分组中的"排序"按钮进行，如图 11-20 所示。

若要对图 11-8 工作表以"总分"为主要关键字、升序；"平均"为次要关键字、升序；"姓名"为次要关键字、降序进行排序，其操作步骤如下：

☞ 选定工作表中的任意一个单元格。

☞ 选择"数据"选项卡，单击"排序与筛选"组中"排序"按钮，出现如图 11-21 所示的"排序"对话框。

图 11-20　"数据"选项卡"排序与筛选"组

☞ 在"主要关键字"列表框中选择"总分"，在"排序依据"中选择"数值"，在"次序"中选择"升序"。

☞ 单击"添加条件"按钮，添加一个"次要关键字"行，在"次要关键字"中选择

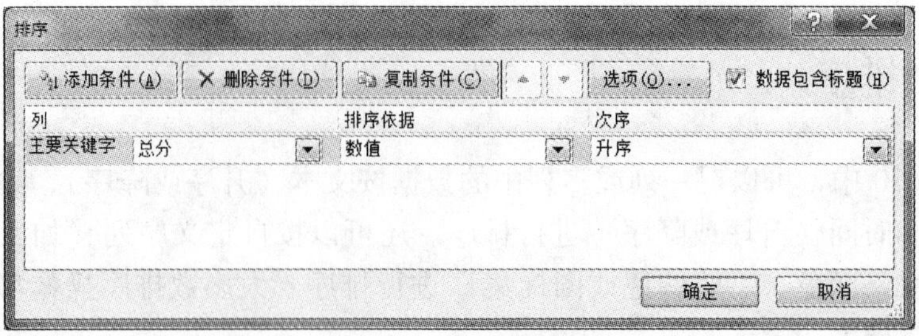


图 11-21 “排序”对话框

“平均”，在“排序依据”中选择“数值”，在“次序”中选择“升序”。

☞ 单击“添加条件”按钮，添加一个“次要关键字”行，在“次要关键字”中选择“姓名”，在“排序依据”中选择“数值”，在“次序”中选择“降序”。

☞ 确定数据区域是否有标题行，默认为有，如果没有，则不要选择“数据包含标题”复选框。

☞ 若要改变排序关键字的顺序，可选择要改变位置的排序行，再单击“▲▼”按钮改变排列顺序。若要对文本内容区分大小写，可单击“选项”按钮，弹出“排序选项”对话框，在对话框中进一步设置。最后设置的结果如图 11-22 所示。

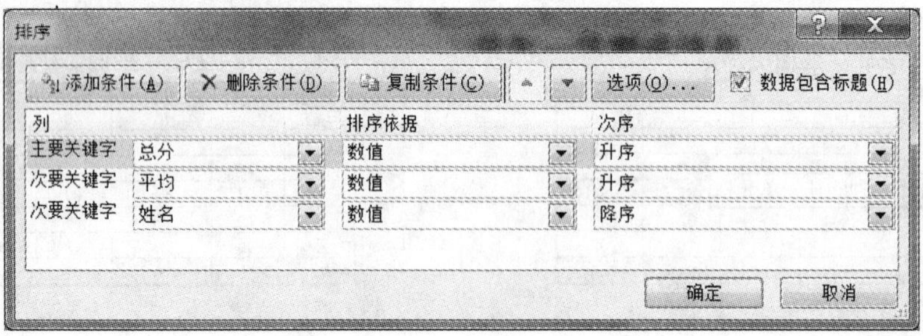


图 11-22 在排序对话框中设置排序条件

☞ 单击“确定”按钮，图 11-23 所示为以“总分”为主要关键字、“平均”为次要关键字，“姓名”为第三关键字后排序的结果。从图中可以看到，第四、五条记录的“总分”、“平均”两列的值均相同，最后排序的结果是依据“姓名”降序确定的。

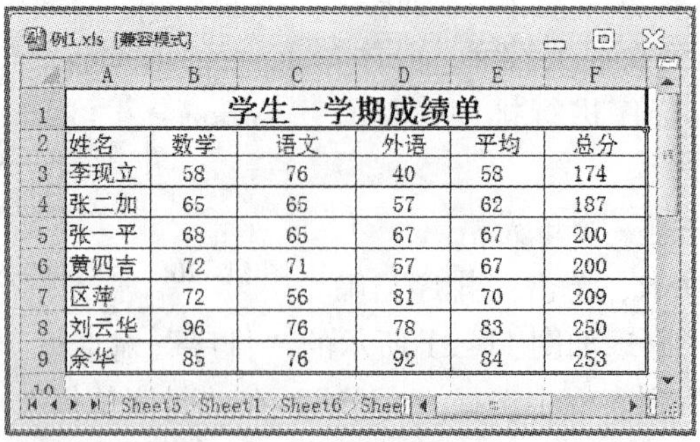
例1.xls [兼容模式]

| | A | B | C | D | E | F |
|---|---|---|---|---|---|---|
| 1 | 学生一学期成绩单 | | | | | |
| 2 | 姓名 | 数学 | 语文 | 外语 | 平均 | 总分 |
| 3 | 李现立 | 58 | 76 | 40 | 58 | 174 |
| 4 | 张二加 | 65 | 65 | 57 | 62 | 187 |
| 5 | 张一平 | 68 | 65 | 67 | 67 | 200 |
| 6 | 黄四吉 | 72 | 71 | 57 | 67 | 200 |
| 7 | 区萍 | 72 | 56 | 81 | 70 | 209 |
| 8 | 刘云华 | 96 | 76 | 78 | 83 | 250 |
| 9 | 余华 | 85 | 76 | 92 | 84 | 253 |

Sheet5 / Sheet1 / Sheet6 / Shee

图 11-23 按三个关键字排序后的结果

### 11.2.3　恢复排序

经过排序后的工作表是不能恢复到原始状况的。若要使经过多次排序的数据清单恢复到未排序前的顺序，我们可以在工作表中增加一个“编号”列，并依次输入编号 1，2，…等，如图 11-24 所示。若要恢复原始排序，只要对“编号”列按升序排序即可恢复到初始的位置。

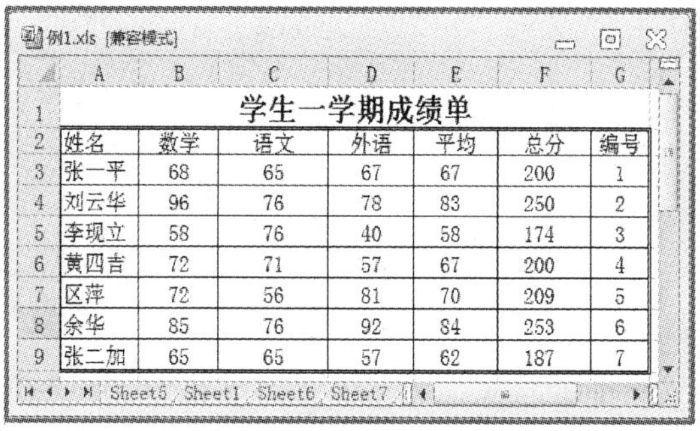



| | A | B | C | D | E | F | G |
|---|---|---|---|---|---|---|---|
| 1 | 学生一学期成绩单 | | | | | | |
| 2 | 姓名 | 数学 | 语文 | 外语 | 平均 | 总分 | 编号 |
| 3 | 张一平 | 68 | 65 | 67 | 67 | 200 | 1 |
| 4 | 刘云华 | 96 | 76 | 78 | 83 | 250 | 2 |
| 5 | 李现立 | 58 | 76 | 40 | 58 | 174 | 3 |
| 6 | 黄四吉 | 72 | 71 | 57 | 67 | 200 | 4 |
| 7 | 区萍 | 72 | 56 | 81 | 70 | 209 | 5 |
| 8 | 余华 | 85 | 76 | 92 | 84 | 253 | 6 |
| 9 | 张二加 | 65 | 65 | 57 | 62 | 187 | 7 |

图 11-24　在工作表中增加“编号”一列

## 11.3　筛选数据

为了加快操作速度，可以把那些与操作无关的记录隐藏起来，把要参加操作的数据记录筛选出来作为操作对象，以减小查找范围，这便是数据筛选。在 Excel 2010 中提供了两种方式来对数据进行筛选。

### 11.3.1　自动筛选

使用自动筛选的具体操作步骤如下：

☞ 选定工作表中的任意一个单元格。

☞ 选择“数据”选项卡，单击“排序与筛选”组中“筛选”按钮，在每个列标签的右侧出现一个下拉箭头。当然也可以选择“开始”选项卡，单击“编辑”组中“排序和筛选”按钮，从出现的下拉菜单中选择“筛选”命令。

☞ 单击要筛选列右边的下拉箭头，弹出的下拉列表框中列出了该列的所有项目，如图 11-25 所示，在每个列标题的下拉菜单中都包含以下选项：

- 升序：工作表的数据以本列为基准升序排列。
- 降序：工作表的数据以本列为基准降序排列。
- 按颜色排序：允许用户自定义按单元格颜色或字体的颜色进行排序。
- 数字筛选：允许用户使用高级条件查找满足特定条件的数值。如果数据是文本格式，显示的菜单是不一样的（可参见下一节的内容）。
- 全部：显示工作表中的所有记录。
- 指定具体的值：由该列数据的值确定。

☞ 设置筛选条件。如要显示“外语”成绩高于60 分的记录，请单击“外语”一列右边下拉箭头，从出现的下拉菜单中选择需要显示的项目，如在"外语"一列中打开筛选条件菜单，不显示分数低于60分的记录（参阅图10-25），单击"确定"按钮，筛选的结果如图11-26所示。筛选后所显示的数据行的行号是蓝色的，筛选后的数据列中的自动筛选箭头也是蓝色的。

图 11-25　从下拉菜单中选择项目

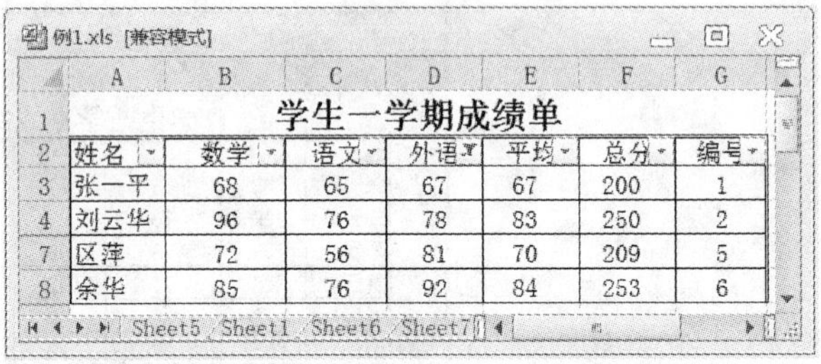

图 11-26　筛选后的结果

　要取消对工作表的筛选条件，再次单击"数据"选项卡"排序与筛选"组中"筛选"按钮，工作表的筛选条件便取消，工作表恢复到初始的状态。

### 11.3.2　条件筛选

条件筛选是在自动筛选的前提下进行的。如前上述，当我们对工作表设置了筛选后，系统允许对每一列数据进一步设置筛选条件。用鼠标单击"数据筛选"命令后，出现级联菜单，如图11-27所示。

图 11-27　数字筛选级联菜单

在"数字筛选"级联菜单中，可以对指定一列的数据设置各种筛选条件，如确定数据在一个给定的范围内，显示10个最大的值，显示高于平均值、低于平均值的记录，还可以自定义筛选条件。

　若要筛选出"外语"分数大于70分以上的记录，可单击"外语"列右边向下箭头，从级联菜单中选择"大于"命令，出现如图11-28所示的"自定义自动筛选方式"对话框，在"大于"下拉列表框中输入"70"，单击"确定"按钮，所有"外语"成绩大于70分以上的记录便筛选出来了，如图11-29所示。

　若要筛选出外语成绩在80到100的记录，可选择"介于"命令，出现"自定义自行筛选方式"对话框，按图11-30所示输入条件后单击"确定"按钮即可。

　若要筛选出姓"张"的所有记录。由于"姓名"列为文本型数据，当单击"姓名"列右边的向下箭头时，在菜单中显示"文本筛选"，鼠标移至该命令处，出现级联菜单，如图11-31所示，选择"开头是"命令，出现"自定义自动筛选"对话框，在"姓名"组合

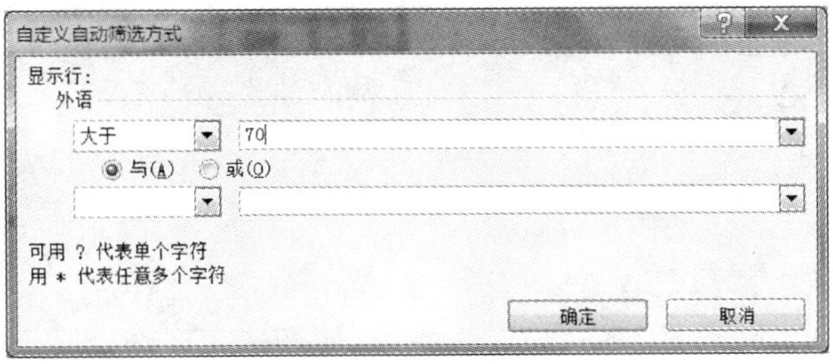

图 11-28 "自定义自动筛选方式"对话框

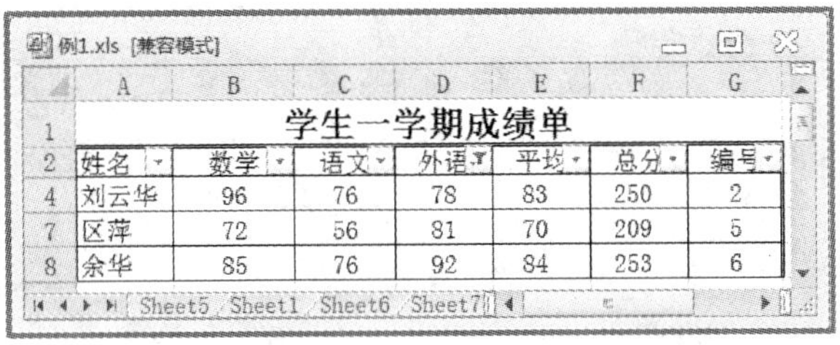

图 11-29 所有外语成绩大于 70 分的记录

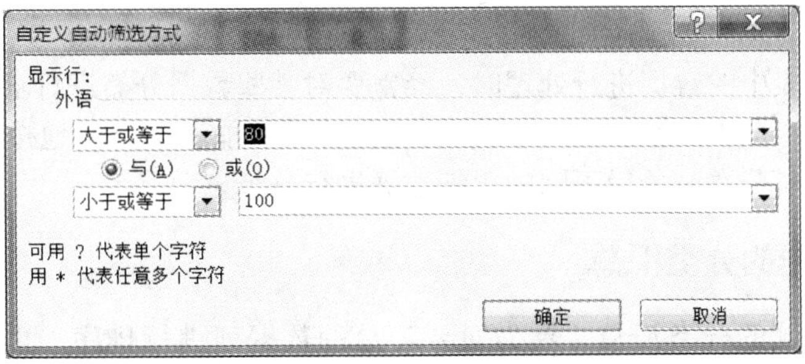

图 11-30 "自定义自动筛选方式"对话框

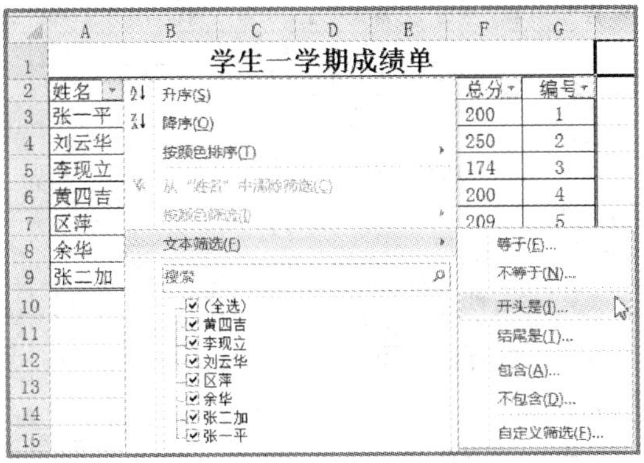

图 11-31 "文本筛选"级联菜单

框中设置"开头是",在文本框中输入"张",如图 11-32 所示。单击"确定"按钮后,所有姓张的记录则被筛选出来,如图 11-33 所示。

说明:若要限定文本字符的个数,可用"?"代表单个字符,"＊"代表任一一串字符。

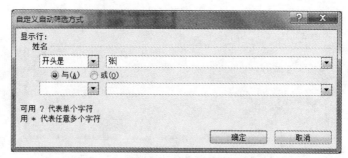

图 11-32　输入筛选条件

| | A | B | C | D | E | F | G |
|---|---|---|---|---|---|---|---|
| | 学生一学期成绩单 | | | | | | |
| 2 | 姓名 | 数学 | 语文 | 外语 | 平均 | 总分 | 编号 |
| 3 | 张一平 | 68 | 65 | 67 | 67 | 200 | 1 |
| 9 | 张二加 | 65 | 65 | 57 | 62 | 187 | 7 |

图 11-33　筛选出所有姓为"张"的记录

## 11.4　数据的分类汇总与合并计算

在用户对工作表中的数据进行处理时，经常要对某些数据分类进行求和、求平均值等运算。Excel 2010 提供了对数据清单进行分类汇总的方法，能够很方便地按用户指定的要求进行汇总，并且可以对分类汇总后不同的明细数据进行分级显示。

### 11.4.1　数据的分类汇总

要建立数据区域的分类汇总，首先对要汇总的数据列进行排序，再选择"分类汇总"命令进行分类汇总。如图 11-34 所示的数据表，我们要对"系部"一列进行分类汇总，统

| | A | B | C | D | E | F | G | H | I |
|---|---|---|---|---|---|---|---|---|---|
| 2 | 编号 | 姓名 | 年龄 | 学历 | 系部 | 上课对象 | 课程名称 | 总课时 | 教学周数 |
| 3 | 1 | 李冰 | 35 | 本科 | 计算机 | 本科 | C语言 | 120 | 20 |
| 4 | 2 | 梁明 | 28 | 研究生 | 土木 | 本科 | 计算机基础 | 80 | 18 |
| 5 | 3 | 黄川 | 46 | 本科 | 机电 | 专科 | 法律 | 90 | 16 |
| 6 | 4 | 程杰 | 36 | 研究生 | 计算机 | 本科 | C语言 | 88 | 14 |
| 7 | 5 | 沈军 | 28 | 研究生 | 管理 | 本科 | 法律 | 76 | 10 |
| 8 | 6 | 杨铭 | 45 | 本科 | 管理 | 专科 | 计算机基础 | 46 | 12 |
| 9 | 7 | 张言 | 48 | 研究生 | 机电 | 本科 | 机械制图 | 68 | 14 |
| 10 | 8 | 吴竟 | 45 | 本科 | 管理 | 本科 | 会计基础 | 68 | 12 |
| 11 | 9 | 刘丽 | 27 | 研究生 | 管理 | 本科 | 会计学 | 80 | 16 |
| 12 | 10 | 杜平 | 46 | 本科 | 管理 | 专科 | 法律 | 80 | 14 |
| 13 | 11 | 陈平 | 38 | 研究生 | 机电 | 本科 | 机械设计 | 90 | 16 |
| 14 | 12 | 沈军 | 28 | 研究生 | 管理 | 本科 | 法律 | 80 | 16 |
| 15 | 13 | 赵画 | 35 | 本科 | 机电 | 专科 | 计算机基础 | 80 | 16 |
| 16 | 14 | 徐玲 | 39 | 本科 | 计算机 | 专科 | VFP应用 | 78 | 16 |
| 17 | 15 | 李斌 | 42 | 本科 | 计算机 | 本科 | 计算机基础 | 120 | 18 |
| 18 | 16 | 彭晴 | 29 | 研究生 | 计算机 | 本科 | 专业英语 | 80 | 12 |
| 19 | 17 | 沈华 | 28 | 研究生 | 机电 | 本科 | 力学 | 80 | 14 |
| 20 | 18 | 黄川 | 46 | 本科 | 机电 | 专科 | 制图 | 80 | 16 |
| 21 | 19 | 李冰 | 35 | 本科 | 计算机 | 本科 | 力学 | 100 | 15 |
| 22 | 20 | 张平 | 32 | 研究生 | 土木 | 本科 | 测量 | 10 | 15 |

图 11-34　建立分类汇总的数据表

计出本学期各系部教师任课的总课时数。操作步骤如下：

☞ 选定工作表，将鼠标在"系部"一列单击，对该列进行排序（升序与降序均可）。

☞ 在数据区域中选定任意一个单元格。

☞ 选择"数据"选项卡，单击"分组显示"组中"分类汇总"命令，出现如图 11-35 所示的"分类汇总"对话框（如果选中的单元格不在数据区域内，则出现提示：使用指定的区域无法完成该命令。请在区域内选择某个单元格，然后再次尝试该命令）。

☞ 在"分类字段"组合列表框中，选择分类的字段为"部门"。

☞ 在"汇总方式"组合列表框中，选择汇总计算方式为"求和"。

图 11-35　分类汇总对话框

☞ 在"选定汇总项"列表框中，选择计算的列为"总课时"（如果需要分类求和的对象不止一个，可同时选择多个汇总项）。

☞ 如果想按每个分类汇总自动分页，请选中"每组数据分页"复选框。

☞ 若要指定汇总行位于明细行的上面，请清除"汇总结果显示在数据下方"复选框。若要指定汇总行位于明细行的下面，请选中"汇总结果显示在数据下方"复选框。

☞ 可以重复上述步骤，再次使用"分类汇总"命令，以便使用不同汇总函数添加更多分类汇总。若要避免覆盖现有分类汇总，请清除"替换当前分类汇总"复选框。

☞ 单击"确定"按钮，分类汇总的结果如图 11-36 所示。

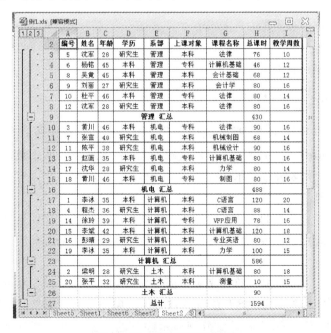

图 11-36　分类汇总的结果

若要在图 11-36 的基础上，增加对"教学周数"的汇总，同时再分类统计"上课对象"的课时总数和教学周数，请按下述步骤进行操作。

☞ 在数据表中以"系部"为主要关键字、"上课对象"为次要关键字进行排序，再选择"数据"选项卡，单击"分级显示"组中"分类汇总"按钮，弹出"分类汇总"对话框。

☞ 先选择"系部"进行分类汇总，操作步骤同图 11-36。注意在选定汇总项时增加对"教学周数"的选定。单击"确定"按钮后完成对"系部"的分类汇总。

☞ 再次单击"分类汇总"按钮，在对话框中选择分类字段为"上课对象"，汇总方式为"求和"，选定汇总项为"总课时"和"教学周数"后，不要选定"替换当前分类汇总"复选框。

☞ 单击"确定"按钮后，分类汇总的结果如图 10-37 所示。

| | A | B | C | D | E | F | G | H | I |
|---|---|---|---|---|---|---|---|---|---|
| 1 | | | | | 教师教学安排表 | | | | |
| 2 | 编号 | 姓名 | 年龄 | 学历 | 系部 | 上课对象 | 课程名称 | 总课时 | 教学周数 |
| 7 | | | | | | 本科 汇总 | | 304 | 54 |
| 10 | | | | | | 专科 汇总 | | 126 | 26 |
| 11 | | | | | 管理 汇总 | | | 430 | 80 |
| 15 | | | | | | 本科 汇总 | | 238 | 44 |
| 19 | | | | | | 专科 汇总 | | 250 | 48 |
| 20 | | | | | 机电 汇总 | | | 488 | 92 |
| 26 | | | | | | 本科 汇总 | | 508 | 79 |
| 28 | | | | | | 专科 汇总 | | 78 | 16 |
| 29 | | | | | 计算机 汇总 | | | 586 | 95 |
| 32 | | | | | | 本科 汇总 | | 90 | 33 |
| 33 | | | | | 土木 汇总 | | | 90 | 33 |
| 34 | | | | | 总计 | | | 1594 | 300 |

图 11-37　两级分类汇总后的结果（部分内容）

如果用户在进行"分类汇总"操作后，不需要分类汇总了，可以选择"数据"选项卡，单击"分级显示"组中的"分类汇总"按钮，弹出"分类汇总"对话框，选择"全部删除"按钮，数据区域的分类汇总操作便会全部被删除。

## 11.4.2　分级显示符号

从图 11-37 可以看到，对数据区域进行分类汇总后，在行标题的左侧出现了一些新的标志，称为分级显示符号，主要用于显示或隐藏某些明细数据。明细数据就是在进行了分类汇总的数据区域或工作表分级显示中的分类汇总行或列，如果表格内容比较多，则使用分组显示的效果更加明显。

在 Excel 2010 中，分级的级别系统会根据汇总的内容来确定，如果是对一列数据进行分类汇总，则默认的级别是三级，如果是对两列数据分类汇总，分级的级别是四级，最多可到八级。

用户可以通过单击分级显示符号来确定需要显示的内容。如果要显示总和与列标志，请单击分级符号 1；如果要显示分类汇总与总和时，请单击分级符号 2，以此类推。显示两级内容的结果如图 11-38 所示。如果要分别显示隐藏的数据，可单击分级显示符号的"＋"或"－"按钮。单击"－"按钮，可将当前的下一级明细数据隐藏起来；单击"＋"按钮，可将当前的下一级明细数据显示出来。

如果要取消分级显示符号在屏幕上的显示，请选择"数据"选项卡，单击"分组显示"

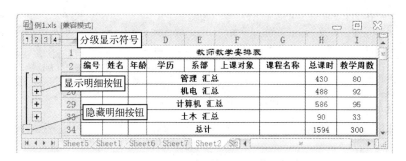

图 11-38　明细数据的分级显示

组中“取消组合”按钮，从下拉列表中选择“清除分组显示”命令，分级显示符号便消失了。若要在分类汇总时就不显示分级符号，可选择“文件”选项卡中“选项”命令，在“Excel 选项”对话框中，选择“高级”选项，从列表框中找到“如果应用了分组显示，则显示分级显示符号”复选框，如果不希望显示，则不选择此复选框，反之选择该复选框。

### 11.4.3　数据的合并计算

数据的合并计算与数据的分类汇总相似，都可以将相同的记录进行合并计算。不同之处在于分类汇总需先将工作表中的数据进行排序，而且只能在一个工作表中进行。数据的合并计算无须先将记录进行排序，且能同时对多个工作表、工作簿中的记录进行分类汇总。

合并计算的操作步骤如下。

☞ 首先要确保每个数据区域都采用列表格式，即每列的第一行都有一个标签，列中包含相应的数据，并且列表中没有空白的行或列，如图 11-39 所示两个数据区域。我们要计算每条记录的平均值，方法如下：

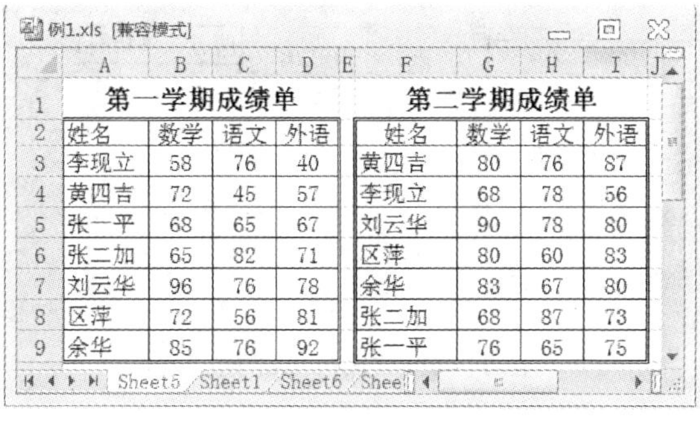

| | A | B | C | D | E | F | G | H | I |
|---|---|---|---|---|---|---|---|---|---|
| 1 | 第一学期成绩单 | | | | | 第二学期成绩单 | | | |
| 2 | 姓名 | 数学 | 语文 | 外语 | | 姓名 | 数学 | 语文 | 外语 |
| 3 | 李现立 | 58 | 76 | 40 | | 黄四吉 | 80 | 76 | 87 |
| 4 | 黄四吉 | 72 | 45 | 57 | | 李现立 | 68 | 78 | 56 |
| 5 | 张一平 | 68 | 65 | 67 | | 刘云华 | 90 | 78 | 80 |
| 6 | 张二加 | 65 | 82 | 71 | | 区萍 | 80 | 60 | 83 |
| 7 | 刘云华 | 96 | 76 | 78 | | 余华 | 83 | 67 | 80 |
| 8 | 区萍 | 72 | 56 | 81 | | 张二加 | 68 | 87 | 73 |
| 9 | 余华 | 85 | 76 | 92 | | 张一平 | 76 | 65 | 75 |

图 11-39　需要合并计算的工作区域

☞ 确定合并计算数据保存的位置。数据保存的位置可以在当前工作表中，也可是新建的工作表。用鼠标单击要保存位置的左上角的单元格，表示保存的位置从此单元格开始。

☞ 选择“数据”选项卡，单击“数据工具”组中“合并计算”按钮，弹出“合并计算”对话框，如图 11-40 所示。

☞ 确定合并计算的方式。在“函数”下拉组合框中，选择要计算的方式（如计算平均值、求和等）。

☞ 确定要引用的数据区域。如果引用的数据在当前的工作簿中，可单击折叠按钮，到

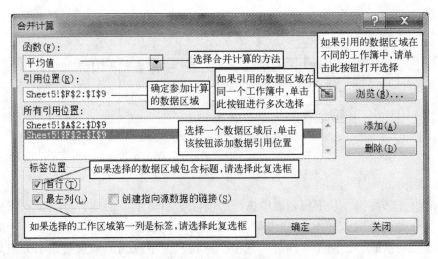

图 11-40 "合并计算"对话框

工作表中选择要引用的数据区域，再单击"添加"按钮把选择的数据区域添加到列表框中。再次重复上述的操作，将需要合并计算的数据区域全部选择好。如果参加合并计算的部分数据区域不在同一个工作簿中，请单击"浏览"按钮，打开要引用的工作簿，进行数据选择。如果发现引用的数据区域有误，可在列表框中选择该数据引用，再单击"删除"按钮。

☞ 如果选择的数据区域包含工作表的标签（行与列），请在标准位置中选择"首行"复选框和"最左列"复选框。

☞ 单击对话框的"确定"按钮，合并计算的结果便出现在以选中的单元格为左上角的工作表中，如图 11-41 所示。

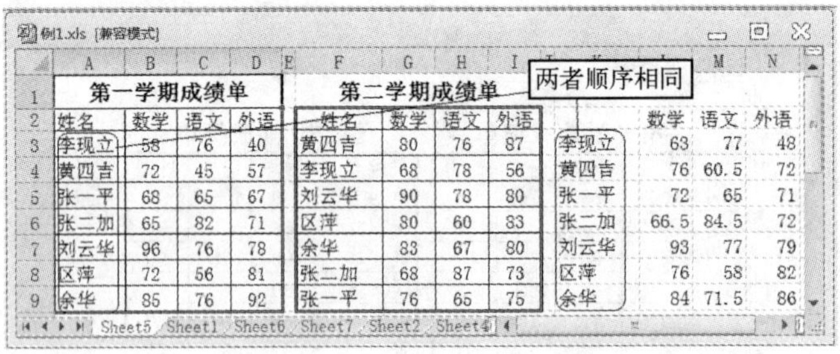

图 11-41 合并计算的结果

提示：

（1）对话框中的复选框"创建连至源数据的链接"只适用于不同的工作簿合并计算。

（2）从图 11-41 中可以看出，引用的数据并不需要预先排序，系统会自动根据第一个引用的记录逐条进行比较和合并计算。

（3）合并计算的结果与第一个引用区域数据的顺序相同。

## 11.5 数据透视表与数据透视图

在 Excel 2010 的数据管理功能中，使用最灵活的是数据透视表与数据透视图。数据透视表对于汇总、分析、浏览和呈现汇总数据非常有用。数据透视图报表则有助于形象呈现数据透视表中的汇总数据，以便轻松查看比较、模式和趋势。

数据透视图以图形形式表示数据透视表中的数据，此时数据透视表称为相关联的数据透视表。数据透视图是交互式的，我们可以对其进行排序或筛选，来显示数据透视表数据的子集。创建数据透视图时，数据透视图筛选器会显示在表格中，以便您对数据透视图中的基本数据进行排序和筛选。在相关联的数据透视表中对字段布局和数据所做的更改，会立即反映在数据透视图中。

### 11.5.1 创建数据透视表

要创建数据透视表，必须定义其源数据。若要将工作表数据用做数据源，请单击包含该数据的单元格区域内的一个单元格。同时确保该区域具有列标题或表中显示了标题，并且该区域或表中没有空行。下面以图 11-42 所示的商店销售记录为例，建立一个数据透视表，来比较、查看各商店销售的情况和各商品的销售情况。操作步骤如下：

☞ 单击数据源中的任一单元格，选择"插入"选项卡，单击"表"组中"数据透视表"，出现下拉列表，有两个选择：数据透视表、数据透视图。我们选择"数据透视表"，出现"创建数据透视表"对话框，如图 11-43 所示。

图 11-42　建立数据透视表的数据源

图 11-43　"创建数据透视表"对话框

☞ 在"创建数据透视表"对话框中，先选择数据区域。如果数据源在当前工作簿中，单击折叠按钮选择数据区域；如果数据区域在另外的工作簿，请选择"使用外部数据源"单选项，此时"选择连接"按钮可选，单击此按钮选择要选择数据区域的工作簿。再选择新建的数据透视表放置的位置，有两个选择：新工作表和当前工作表。默认是新工作表。我们在当前工作表中选择数据区域，将数据透视表建在新工作表中，结果如图 10-43 所示，选择好后，单击"确定"按钮，回到主窗口中。此时要建立数据透视表的工作表出现名为"数据透视表 1"的界面，同时在主窗口出现一个"数据透视表工作字段"列表框的活动窗口，其默认的位置在窗口的最右边，可用鼠标拖曳到其他位置。同时在主选项卡中，增加了"数据透视表工具"选项卡，其包含了"选项"与"设计"两个选项卡，如图 11-44 所示。

☞ 生成数据透视表报表。在"数据透视表字段列表"工具中，从"选择要添加到报表

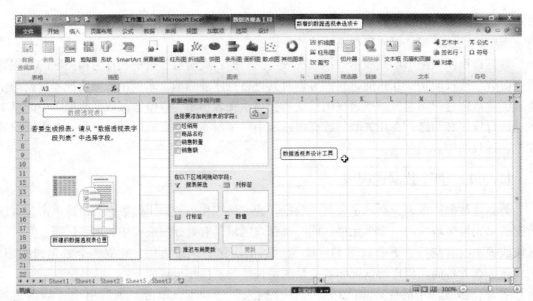

图 11-44　数据透视表设计界面和工具框

的字段"列表框中选择要添加的字段名。此时可以：

① 选中要操作的字段名，直接将其拖至"报表筛选"、"列表签"、"行标签"或"数值"任一个之中。

② 在选中的标签上单击鼠标右键，出现下拉菜单，同样是四个选项，根据需要选择一个。

均可以将选中的字段放到指定的地方，如图 11-45 所示。本例中，我们将"经销商"作为"报表筛选"，"商品名称"作为"行标签"，"销售数量"与"销售额"作为"数值"，此时便生成了一个按"商品名称"分类统计"销售数量"和"销售额"的数据透视表，如图 11-46 所示。由于没有指定列标签，系统会自动将"数值"中的字段作为列标签。

图 11-45　将选中的字段放到指定的区间方法

☞ 编辑数据透视表。利用"数据透视表工具"选项卡，可以对建立的数据表进行编辑。

● 如果要修改数据透视表的名称，可在"数据透视表工具"→"选项"选项卡的"数据透视表"组中，修改透视表名称。如将"数据透视表 1"改名为"销售情况统计"。

图 11-46　建立数据透视表的结果

● 如果要对各字段设置修改，可用鼠标选中要修改的字段，此时"活动字段"会随之改变，单击"字段修改"按钮，会弹出"字段设置"对话框，可对指定字段的相关内容进行设置与修改。

● 要重新对透视表中的数据排序，可选择"排序与筛选"组中的"排序"按钮重新排序。

● 刷新数据透视表。如果对源数据进行了修改，正常情况下数据透视表汇总的值是不会同步改变的。要使数据透视表汇总的值发生改变，请选择"数据透视表工具"中"选项"选项卡，单击"数据"组中"刷新"按钮，数据透视表会刷新其内的数据。

● 更改数据透视表的数据源。要更改数据透视表的数据源，请选择"数据透视表工具"中"选项"选项卡，单击"数据"组中"更改数据源"按钮，出现下拉菜单，从中选择"更改数据源"，出现"更改数据透视表数据源"对话框，如图 11-47 所示。单击折叠按钮，从当前工作簿中重新选择数据区域后，单击"确定"按钮。若要再次进入数据透视表设计过程，按前述数据透视表设计步骤操作即可。

图 11-47　更改数据透视表数据源对话框

● 删除数据透视表。要删除建立的数据透视表，请选择"数据透视表工具"→"选项"选项卡，单击"操作"组中"清除"按钮，出现下拉菜单，有两个选项："全部清除"和"清除筛选项"。选择"全部清除"，则会清除整个数据透视表，重新回到数据透视表的设计界面；选择"清除筛选项"，如果数据透视表是按筛选方式显示数据的，则回到全部数据显示状态。

● 移动数据透视表。默认建立新的数据透视表的位置是从 A3 单元格开始，要将数据透视表移动到新的位置，用鼠标直接拖动是不允许的。请选择"数据透视表工具"→"选项"选项卡，单击"操作"组中"移动数据透视表"按钮，出现"移动数据透视表"对话框，如图 11-48 所示。它允许数据透视表在当前工作表中移动，也可以移动到新的工作表中，选择后单击"确定"按钮即可。

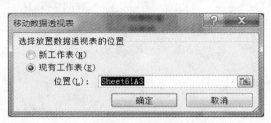

图 11-48  移动数据透视表对话框

● 修饰数据透视表。选择"数据透视表工具"→"设计"选项卡，提供了"布局""数据透视表样式选项"和"数据透视表样式"三个组，用户可以通过使用这些工具，对数据透视表的格式如分类汇总显示的方式和位置、是否对行或列进行总计、报表的布局、报表的行列标题等进行修饰；此外，还提供多种生成数据透视表的报表样式供用户选择使用，使数据透视表更加美观。

### 11.5.2  创建数据透视图

数据透视图可以在创建数据透视表的时候同时创建，也可以单独创建。

#### 1. 在创建数据透视表的同时创建

当创建了一个数据透视表后，就会出现"数据透视表工具"选项卡，带有"选项"和"设计"两个选项卡，选择"选项"选项卡，单击"工具"组中"数据透视图"按钮，则会在与数据透视表的同一个工作表中创建一个数据透视图，如图 11-49 所示。创建的数据

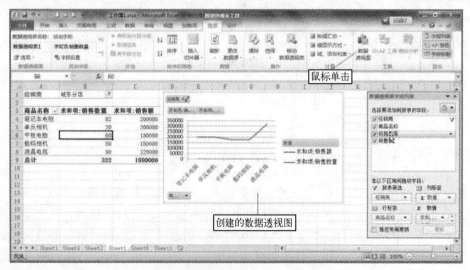

图 11-49  创建数据透视表同时创建的数据透视图

透视图与数据透视表表达的内容是完全相同的，而且可以与数据透视表的数据同步改变。当我们对数据透视表进行筛选时，数据透视图也会同步改变。

创建了数据透视图后，若选中数据透视图，会出现一个"数据透视图工具"选项卡，且包含"设计"、"布局"、"格式"和"分析"四个选项卡，利用这四个选项卡内的快捷按钮，可以完成对透视图的编辑与重新创建。

### 2. 单独创建数据透视图

继续以图 11-42 为例，创建一个销售情况的数据透视图。

☞ 选定要生成数据透视图的单元格。用鼠标在工作表的任一单元格单击后，选择"插入"选项卡，单击"表格"组中"数据透视表"按钮，出现下拉菜单，选择"数据透视图"后，出现"创建数据透视表"对话框，如图 11-50 所示。

☞ 选择数据区域。与创建数据透视表相似，在"创建数据透视表"对话框中，选择好数据区域和数据透视图放置的位置（注意数据透视图默认的位置是当前工作表）。单击"确定"按钮，出现数据透视图的图表区和字段列表。

图 11-50　创建数据透视表对话框

☞ 创建数据透视表图。这里我们把"经销商"字段拖放到"报表筛选"中，将"商品名称"拖放到"轴字段"中，将"销售数量"和"销售额"拖放到"数值"中，便自动生成了一个数据透视图，如图 11-51 所示。

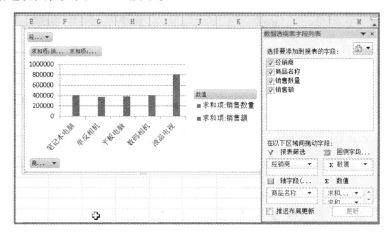

图 11-51　创建数据透视图

## 11.5.3　切片器

切片器是易于使用的筛选组件，它包含一组按钮，可以帮助我们快速地筛选数据透视表中的数据，而无须打开下拉列表以查找要筛选的项目。当使用常规的数据透视表筛选器来筛选多个项目时，筛选器仅指示筛选了多少个项目，我们必须打开一个下拉列表才能找到有关筛选的详细信息。由于切片器可以清晰地标记已应用的筛选器，并提供详细信息，以便使我们能够轻松地了解显示在已筛选的数据透视表中的数据。

要创建一个与数据透视表（如图11-46所示）相关联的切片器，先选择已经创建的数据透视表，再选择"数据透视表工具"→"选项"选项卡，单击"排序与筛选"组中"切片器"按钮，此时会出现"插入切片器"对话框，其内有一个字段列表，包含所有数据源的字段，如图11-52所示。由于字段名前面是复选框，因此允许用户对所有的字段分别创建切片器，若我们选择"商品名称"后，单击"确定"按钮，此时便插入一个以"商品名称"为名的切片器列表框，如图11-53所示，只要用鼠标单击切片器上的商品名称，数据透视表则会根据选择的结果进行筛选，并更新数据透视表的内容。若要选择多个项目，请按住 Ctrl 键，然后单击要筛选的项目。

图 11-52　插入切片器对话框

此时还会出现一个"切片器"→"选项"的选项卡，允许对切片器进行修饰，如修改切片器的题注名称，更改切片器的样式，修改切片器窗口的大小和位置等。

如果不再需要某个切片器，可以断开它与数据透视表的连接，也可将其删除。要断开切片器，可选择"数据透视表工具"→"选项"选项卡，单击"排序与筛选"组中"切片器"按钮，出现下拉菜单，选择"切片器连接"命令，出现"切片器连接"对话框，如图11-54所示，不要选择列表框中与切片器连接的透视表的复选框，便断开了切片器与数据透视表之间的联系。此时切片器仍然存在，但我们单击切片器中的商品名称时，数据透视表的数据并不会筛选改变。

图 11-53　"商品名称"插片器

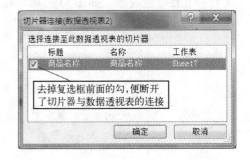

图 11-54　断开切片器的连接对话框

如果要删除建立的切片器，可以选定切片器，单击鼠标右键，从出现的快捷菜单中选择"删除商品名称"即可；或者在选中切片器后，直接按下 Delete 键即可。

# 习　题　10

10.1　公式函数的应用。

（1）打开"学生"文件夹下的自建的"Excel"工作簿，添加六个工作表，分别命名为："函数"、"排序"、"筛选"、"汇总"、"合并计算"和"数据源"，并在"函数"工作表中建立如下所示的电子表格。

"样表1"

| 姓名 | 部门 | 基本工资 | 奖金 | 津贴 | 应发工资 | 扣除 | 实发工资 |
|------|------|----------|------|------|----------|------|----------|
| 沈一华 | 政治处 | 1200.00 | 200.00 | 300.00 | | 180.00 | |
| 刘国丽 | 行办 | 1000.00 | 200.00 | 260.00 | | 160.00 | |
| 王梅萍 | 工会 | 1400.00 | 200.00 | 320.00 | | 200.00 | |
| 张 芳 | 政治处 | 1000.00 | 200.00 | 200.00 | | 100.00 | |
| 杨一帆 | 财务处 | 1200.00 | 200.00 | 300.00 | | 200.00 | |
| 高 浩 | 工会 | 1000.00 | 200.00 | 200.00 | | 180.00 | |
| 李 平 | 行办 | 1200.00 | 200.00 | 280.00 | | 200.00 | |
| 刘源源 | 财务处 | 1600.00 | 200.00 | 320.00 | | 300.00 | |
| 吴清清 | 政治处 | 1300.00 | 200.00 | 300.00 | | 300.00 | |

"样表2"

| 合计工资 | |
|----------|--|
| 平均工资 | |

（2）计算每个人的应发工资和实发工资，并将"应发工资"的合计值和平均值计算结果放到指定的单元格中。

（3）将电子表格分别复制到其他五个工作表中。

10.2　数据排序。

（1）在"排序"工作表中，对复制过来的工作表以"部门"为关键字，按"递增"的方式进行排序。

（2）再以"部门"为主要关键字，按"递增"方式、以"基本工资"为次要关键字，按"递减"方式进行排序。

10.3　数据筛选。

（1）在"筛选"工作表中，筛选出"津贴"为300元的记录，见下表。

"结果"

| 姓名 | 部门 | 基本工资 | 奖金 | 津贴 | 应发工资 | 扣除 | 实发工资 |
|------|------|----------|------|------|----------|------|----------|
| 沈一华 | 政治处 | 1200.00 | 200.00 | 300.00 | 1700.00 | 180.00 | 1520.00 |
| 杨一帆 | 财务处 | 1200.00 | 200.00 | 300.00 | 1700.00 | 200.00 | 1500.00 |
| 吴清清 | 政治处 | 1300.00 | 200.00 | 300.00 | 1800.00 | 300.00 | 1500.00 |

（2）再筛选出"部门"为"政治处"且"基本工资"大于或等于1200元的记录，见下表。

"结果"

| 姓名 | 部门 | 基本工资 | 奖金 | 津贴 | 应发工资 | 扣除 | 实发工资 |
|------|------|----------|------|------|----------|------|----------|
| 沈一华 | 政治处 | 1200.00 | 200.00 | 300.00 | 1700.00 | 180.00 | 1520.00 |
| 吴清清 | 政治处 | 1300.00 | 200.00 | 300.00 | 1800.00 | 300.00 | 1500.00 |

10.4　数据分类汇总。在"汇总"工作表，以"部门"为分类字段、对"应发工资"和"实发工资"进行"均值"分类汇总。

"结果"

| 姓名 | 部门 | 基本工资 | 奖金 | 津贴 | 应发工资 | 扣除 | 实发工资 |
|---|---|---|---|---|---|---|---|
| | 财务处平均值 | | | | 1910.00 | | 1660.00 |
| | 工会平均值 | | | | 1660.00 | | 1470.00 |
| | 行办平均值 | | | | 1570.00 | | 1390.00 |
| | 政治处平均值 | | | | 1633.33 | | 1440.00 |
| | 总计平均值 | | | | 1686.67 | | 1484.44 |

10.5 数据的合并计算。在"合并计算"工作表中，在数据清单的下方建立如下表格。以部门为单位，利用合并计算功能，计算出各部门的基本工资、奖金和津贴三项的总和。

"样表1"

| 汇 总 表 | | | |
|---|---|---|---|
| 部门 | 基本工资 | 奖金 | 津贴 |
| | | | |
| | | | |
| | | | |
| | | | |

"样表2"

| 汇 总 表 | | | |
|---|---|---|---|
| 部门 | 基本工资 | 奖金 | 津贴 |
| 财务处 | 2800.00 | 400.00 | 620.00 |
| 工会 | 2400.00 | 400.00 | 520.00 |
| 行办 | 2200.00 | 400.00 | 540.00 |
| 政治处 | 3500.00 | 600.00 | 800.00 |

10.6 建立数据透视表。

(1) 在"数据源"工作表中，对复制过来的数据清单进行记录的增删操作，详见下表。

(2) 使用"数据源"中的数据，以"性别"为分页项，以"部门"为行字段，以"学历"为列字段，以"基本工资"和"学历"为求和项，在新的工作表中建立数据透视表。

"样表"

| 姓名 | 部门 | 学历 | 性别 | 工资 |
|---|---|---|---|---|
| 沈一华 | 财务处 | 中专 | 男 | 1200.00 |
| 刘国丽 | 财务处 | 大学 | 女 | 1600.00 |
| 王梅萍 | 工会 | 专科 | 男 | 1400.00 |
| 张 芳 | 工会 | 大学 | 女 | 1000.00 |
| 杨一帆 | 行办 | 中专 | 女 | 1000.00 |
| 高 浩 | 行办 | 专科 | 男 | 1200.00 |
| 李 平 | 政治处 | 专科 | 女 | 1200.00 |
| 刘源源 | 政治处 | 中专 | 男 | 1000.00 |
| 吴清清 | 政治处 | 大学 | 女 | 1300.00 |
| 王 力 | 财务处 | 中专 | 男 | 1200.00 |
| 李玉华 | 财务处 | 大学 | 女 | 1600.00 |
| 刘思源 | 工会 | 专科 | 男 | 1400.00 |
| 万本强 | 工会 | 大学 | 男 | 1000.00 |
| 朱达军 | 行办 | 中专 | 女 | 1000.00 |
| 黄 玉 | 行办 | 专科 | 女 | 1200.00 |
| 魏芊芊 | 政治处 | 专科 | 女 | 1200.00 |
| 王二查 | 政治处 | 中专 | 男 | 1000.00 |
| 江一清 | 政治处 | 大学 | 女 | 1300.00 |

"结果"

| 性别 | (全部) | | | |
|---|---|---|---|---|
| | | 学历 | | |
| 部门 | 数据 | 大学 | 中专 | 专科 | 总计 |
| 财务处 | 求和项:工资 | 3200 | 2400 | | 5600 |
| | 计数项:学历 | 2 | 2 | | 4 |
| 工会 | 求和项:工资 | 2000 | | 2800 | 4800 |
| | 计数项:学历 | 2 | | 2 | 4 |
| 行办 | 求和项:工资 | | 2000 | 2400 | 4400 |
| | 计数项:学历 | | 2 | 2 | 4 |
| 政治处 | 求和项:工资 | 2600 | 2000 | 2400 | 7000 |
| | 计数项:学历 | 2 | 2 | 2 | 6 |
| 求和项:工资 的求和 | | 7800 | 6400 | 7600 | 21800 |
| 计数项:学历 的求和 | | 6 | 6 | 6 | 18 |

（3）在已经建立的数据透视表中，建立一个与其同步的"数据透视图"。

（4）在已经建立的数据透视表中，创建一个"部门"字段的切片器。

# 第12章　PowerPoint 基础及其应用

近年来，PowerPoint 演示文稿已成为人们工作、学习、会议和商务活动中一种重要的沟通方式。应该说，通过了大学计算机文化课的学习，完成一个普通的演示文稿已不是一件困难的事，但是，要为我们的工作和学习活动呈现一次精彩的演示并非易事，这需要平时不断练习方可熟能生巧。

## 12.1　演示文稿及其相关操作

### 12.1.1　启动 PowerPoint

启动 PowerPoint 的常规方法是：单击"开始"菜单，选择"程序"中的 Microsoft Power-Point 命令。

启动 PowerPoint 时，通常会出现如图 12-1 所示的界面，在如图 12-1 所示界面的功能区"开始"选项卡下可以对演示文稿进行新建幻灯片、对幻灯片字体、段落设置以及绘图和编辑等操作。

图 12-1　启动界面

### 12.1.2　PowerPoint 窗口简介

在对演示文稿进行操作之前，先了解一下 PowerPoint 的工作环境。图 12-2 所示是打开一个演示文稿后的 PowerPoint 窗口。

PowerPoint 的工作环境与 Word 2010 和 Excel 2010 类似，操作也一样。窗口具体情况见图 12-2 所示。下面仅对窗口中几个 PowerPoint 特有的窗格和按钮说明如下：

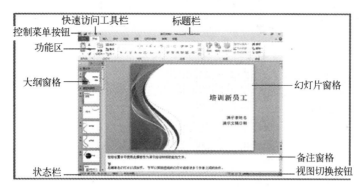

图 12-2　PowerPoint 窗口

● 大纲窗格：使用大纲窗格可组织和开发演示文稿中的内容，可以键入演示文稿中的所有文本，然后重新排列项目符号点、段落和幻灯片。

● 幻灯片窗格：在幻灯片窗格中，可以查看每张幻灯片中的文本外观，可以在单张幻灯片中添加图形、影片和声音，并创建超级链接以及向其中添加动画。

● 备注窗格：备注窗格使用户可以添加与观众共享的演说者备注或信息，如果需要在备注中含有图形，必须向备注页视图中添加备注。

● 视图切换按钮：Microsoft PowerPoint 具有许多不同的视图，可帮助用户创建演示文稿。PowerPoint 中最常使用的两种视图是普通视图和幻灯片浏览视图。

单击 PowerPoint 窗口左下角的按钮，可在视图之间轻松地进行切换。图 12-2 所示为普通视图。

### 12.1.3　退出 PowerPoint

退出 PowerPoint 的操作方法有下面几种：

● 单击"文件"菜单中的"退出"命令。

● 单击 PowerPoint 窗口标题栏右端的"关闭"按钮 ✕ 。

● 单击 PowerPoint 窗口标题栏左端的"控制菜单"图标 P ，打开控制菜单，选择"关闭"命令。

● 按 Alt + F4 组合键。

### 12.1.4　创建演示文稿

#### 1. 创建演示文稿的方法

创建演示文稿的方法有 4 种：一是创建"空白演示文稿"，二是根据"样本模板"创建演示文稿，三是根据"主题"创建演示文稿，四是"根据现有内容新建"演示文稿。用户可以在启动 PowerPoint 后，单击"开始"选项卡下的"新建"选项，从如图 12-3 所示的窗口中选择一种创建方式。

#### 2. 创建空白演示文稿

启动 PowerPoint 后，单击"文件"选项卡下的"新建"选项，在图 12-3 所示的"可用的模板和主题"下选择"空白演示文稿"选项，单击"创建"按钮，即可进入空白演示文稿创建窗口，如图 12-4 所示，之后用户就可以发挥自己的创造力来创建独具风格的演示文稿。

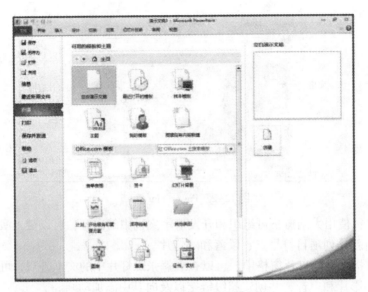

图 12-3　新建演示文稿窗口

图 12-4　"空白演示文稿"创建窗口

通过上述方法创建演示文稿后，PowerPoint 将按顺序指定名称，依次为：演示文稿 1，演示文稿 2，演示文稿 3，……，其扩展名均为". PPTX"。

### 3. 利用"样本模板"创建演示文稿

启动 PowerPoint 后，单击"开始"选项卡下的"新建"选项，然后单击选择"样本模板"选项，打开如图 12-5 所示的窗口，在窗口选择一个模板后，单击"创建"按钮，即可完成演示文稿的创建。创建后的演示文稿如图 12-6 所示。

### 4. 根据主题创建演示文稿

主题是指预先定义好的演示文稿样式，其中的背景图案、色彩的搭配、文本格式、标题层次都是已经设计好的，用户只需选择一种主题，其中的样式会自动应用到演示文稿上。

图 12-5　开始创建演示文稿

图 12-6　通过"样本模板"创建的演示文稿

　　PowerPoint 提供了四十多种主题，用户可以根据喜好选择一种主题，然后再输入文本、插入图片等其他对象，创建出演示文稿。实际上，"主题"只是提供了背景、配色方案等，其中的内容由用户自己定义。

　　利用"主题"创建演示文稿的具体操作如下：

　　☞ 启动 PowerPoint 后，单击"文件"选项卡下的"新建"选项，打开如图 12-3 所示窗口，再选择窗口中的"主题"选项，打开图 12-7 所示的窗口。

　　☞ 选择窗口中的"波形"主题，单击"创建"按钮，进入"主题"创建演示文稿窗口，如图 12-8 所示。

**5. "根据现有内容新建"演示文稿**

　　"根据现有内容新建"演示文稿。具体操作如下：

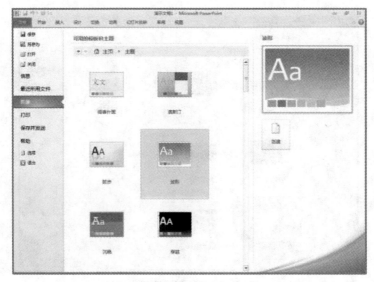

图 12-7　根据"主题"创建演示文稿窗口

图 12-8　根据"主题"创建的演示文稿

☞ 启动 PowerPoint 后，单击"文件"选项卡下的"新建"选项，打开如图 12-3 所示窗口，再选择窗口中的"根据现有内容新建"选项，打开图 12-9 所示的选择"演示文稿"对话框。

图 12-9　选择"演示文稿"对话框

☞ 选择一个演示文稿，单击"打开"按钮，即可新建基于现有演示文稿的演示文稿。

## 12.1.5　打开与保存演示文稿

在 PowerPoint 运行过程中打开演示文稿，操作方法有下面几种。

### 1. 保存演示文稿

☞ 单击"文件"选项卡下的"打开"项。

☞ 单击快速访问工具栏上的"打开"按钮📂。

☞ 按 Ctrl + O 组合键。

执行上面操作后，弹出"打开"对话框（如图 12–10 所示），选择要打开的演示文稿，单击"打开"按钮。

图 12–10　"打开"对话框

### 2. 保存演示文稿

创建好演示文稿后，可以将其保存起来，以便以后再次进行编辑。保存演示文稿的操作方法有下面几种：

☞ 单击"文件"菜单中的"保存"按钮。

☞ 单击快速访问工具栏上的"保存"按钮💾。

☞ 按 Ctrl + S 组合键。

执行上面命令后，如果当前演示文稿没保存，将会打开"另存为"对话框，在"保存位置"中设置保存位置；在"文件名"框中输入文件名称。单击"保存"按钮。

如果当前演示文稿已经保存过，则可直接执行保存命令，此时不会显示任何对话框，不过文件已经被保存了。

## 12.1.6　演示文稿视图

在 PowerPoint 中，同一个演示文稿根据不同需要，可在不同的视图方式下编辑或修改。

PowerPoint 中有 5 种视图方式，分别为普通视图、幻灯片浏览视图、备注页视图、阅读视图、幻灯片放映视图。

切换演示文稿视图的方法如下：

☞ 单击"视图"选项卡下的演示文稿视图区"视图切换"命令。

☞ 单击状态栏右边的视图切换按钮，从左到右依次为：▤（普通视图）、▦（幻灯片浏览视图）、▥（阅读视图）、▣（幻灯片放映视图），如图 12-11 所示。

下面具体讲述各个视图的作用。

### 1. 普通视图

普通视图方式是默认的视图方式，此视图中包含 3 种窗格：大纲窗格、幻灯片窗格和备注窗格。如图 12-2 所示。大纲窗格用于组织和开发演示文稿中的内容，大纲窗格中当前选定的内容与幻灯片窗格和备注窗格的显示内容是相对应的。

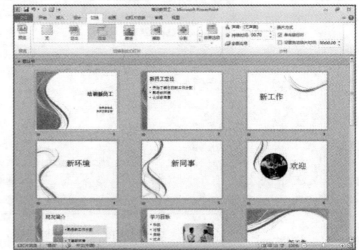

图 12-11　视图切换按钮　　　　　　图 12-12　幻灯片浏览视图

### 2. 幻灯片浏览视图

在幻灯片浏览视图下可以看到演示文稿中的所有幻灯片，这些幻灯片是以缩图的方式显示的。在此视图方式下可以很容易地在幻灯片之间添加、删除和移动幻灯片以及选择切换动画，还可预览多张幻灯片上的动画，方法是：选定要预览的幻灯片，然后单击"切换"选项卡下的"切换到此幻灯片"即可。幻灯片浏览视图方式如图 12-12 所示。

### 3. 备注页视图

备注页用于书写对幻灯片的说明或相应讲稿。幻灯片一般要求简明扼要，因此通过备注页来记录对该幻灯片的说明是非常必要的。如图 12-13 所示为备注页视图的应用。

### 4. 阅读视图

在阅读视图下演示文稿将会以适应窗口大小的幻灯片放映，如图 12-14 所示。

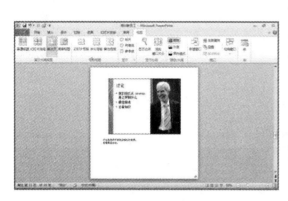

图 12-13　备注页视图

图 12-14　阅读视图

### 5. 幻灯片放映视图

该视图方式用来动态地逐一播放演示文稿的所有幻灯片。

## 12.2　幻灯片基本操作

本节讲述幻灯片的基本操作，包括插入新幻灯片、复制幻灯片、删除幻灯片、在幻灯片中插入标题、图片或文本及编辑幻灯片中的文字等操作。

### 12.2.1　插入、复制和删除幻灯片

#### 1. 插入幻灯片

一个演示文稿中可以包含多个幻灯片，每个幻灯片中可以包括不同的内容。默认情况下，创建的空白演示文稿中只包括一个幻灯片，若想插入新幻灯片，可按下列步骤操作：

☞ 打开演示文搞。

☞ 在"开始"选项卡下的"幻灯片"组中，如果希望新幻灯片具有与对应幻灯片以前相同的布局，只需单击"新建幻灯片"或按 Ctrl + M 组合键即可，而不必单击其旁边的箭头。如果新幻灯片需要不同的布局，则单击"新建幻灯片"旁边的箭头，将出现一个库，如图 12-15 所示，该库显示了各种可用幻灯片布局的缩略图，在其中选择一种幻灯片布局用于新插入的幻灯片即可。

#### 2. 复制幻灯片

如果用户想制作具有相同内容或相同样式的幻灯片，最快捷的方法就是复制幻灯片。具体操作方法如下：

☞ 在普通窗格中单击选择要复制的幻灯片，如图 12-16 所示。

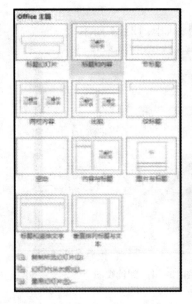

图 12-15　新幻灯片布局库

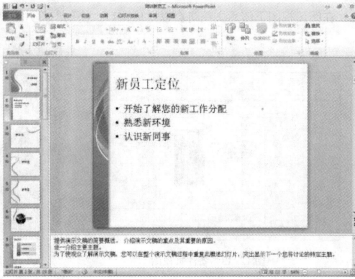

图 12-16　选定幻灯片

☞ 执行下面操作方法之一：

☞ 单击"开始"选项卡下"剪贴板"组中的 图标。

● 单击鼠标右键选择菜单中的"复制"命令。

● 按 Ctrl + C 组合键。

☞ 确定目标位置。

☞ 执行下面操作方法之一：

● 单击"开始"选项卡下"剪贴板"组中的 图标。

● 单击鼠标右键选择菜单中的"粘贴"命令。

☞ 按 Ctrl + V 组合键。

**3. 删除幻灯片**

在操作幻灯片过程中，如果幻灯片不需要了，则可以随时将其删除，具体操作步骤如下：

☞ 选择一张幻灯片。

☞ 执行下面操作方法之一：

● 单击鼠标右键选择菜单中的"删除幻灯片"命令。

● 按 Delete 键。

## 12.2.2　设置幻灯片中的文字格式

在幻灯输入文本后，可以设置其字体、字号等属性。具体操作步骤如下：

☞ 选择要设置格式的文字。

☞ 单击鼠标右键选择菜单中的"字体"命令，打开"字体"对话框，如图 12-17

所示。

&#9758; 在"字体"对话框中完成对选定文字的字体、字体样式、大小、效果和颜色的设置。"字体"对话框的运用方法与 Word 2010 相似。

&#9758; 单击"确定"按钮。图 12-18 所示是将所选文字设置为隶书、加粗、66 号并带下划线的效果。

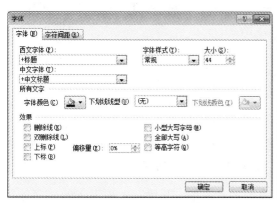

图 12-17 "字体"对话框

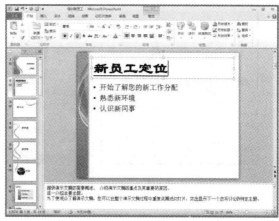

图 12-18 改变文字属性的效果

## 12. 2. 3 在幻灯片中插入图片

### 1. 在幻灯片中插入剪贴画

在幻灯片中插入剪贴画。操作方法如下：

&#9758; 单击"插入"选项卡下"图像"组中的"剪贴画"。

&#9758; 在打开的"剪贴画"窗格中单击"搜索"，然后在下面列出的图片中选择一张插入即可。

### 2. 插入来自文件的图片

如果要插入来自文件的图片，可以按下列步骤操作：

&#9758; 单击"插入"选项卡下"图像"组中的"图片"。

&#9758; 在打开的"插入图片"对话框中，选择一幅要插入的图片，单击"插入"按钮，将插入的图片插到幻灯片中即可。

调整图片大小、改变图片位置的操作与 Word 2010 相同。

## 12. 2. 4 在幻灯片中插入艺术字

为了使幻灯片更加丰富多彩，用户可以插入艺术字，插入艺术字的方法与 Word 2010 基本相同，具体操作方法如下：

&#9758; 选定一张要插入艺术字的幻灯片。

&#9758; 单击"插入"选项卡下"文本"组中的"艺术字"，打开"艺术字样式库"，如

图 12-19 所示。

☞ 选择一种艺术字样式如图 12-20 所示。

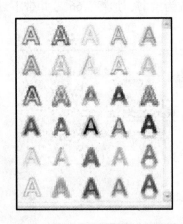

图 12-19 "艺术字库"列表

图 12-20 编辑"艺术字"文字窗口

☞ 在窗口的"请在此放置您的文字"区域输入文字，在"开始"选项卡下的"字体"组中设置字体、字号、字形。

☞ 在"格式"选项卡下设置艺术字的形状样式、艺术字文本效果格式以及艺术字样式。

### 12.2.5 在幻灯片中插入图表和表格

#### 1. 在幻灯片中插入图表

使用图表可以更直观地反映数据。在幻灯片中插入图表的具体操作步骤如下：

☞ 单击"插入"选项卡下"插图"组中的"图表"，打开如图 12-21 所示的"插入图表"对话框。

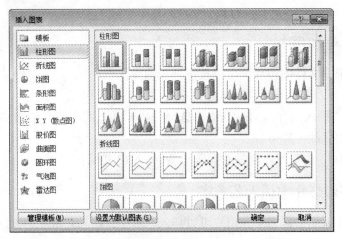

图 12-21 "插入图表"对话框

☞ 在对话框中选择一种图表样式，单击"确定"按钮，即可在相应的位置插入图表，此处图表的设置方法与 Excel 2010 相同，大家可参考前面章节的相关内容。

### 2. 制作带有表格的幻灯片

制作带有表格的幻灯片的操作方法如下：

☞ 单击"插入"选项卡下"表格"组中的"表格"，在下拉列表中单击"插入表格"命令，出现如图 12-22 所示的对话框。

图 12-22 "插入表格"对话框

☞ 在"列数"框中输入表格列数，在"行数"框中输入表格行数，单击"确定"按钮，即可插入表格。

## 12.3 幻灯片的修饰

创建好幻灯片之后，往往需要进一步设计幻灯片，以使幻灯片达到更美观的效果。本节讲述如何使用主题改变所有幻灯片的外观、设置幻灯片的配色方案及背景等操作。

### 12.3.1 应用主题改变所有幻灯片外观

为了使整个演示文稿达到统一的效果，用户可以在演示文稿创建后，通过"应用主题"为整个演示文稿设置统一的样式，具体操作步骤如下：

☞ 打开演示文稿，切换到幻灯片视图下。

☞ 在"设计"选项卡的"主题"组中，用鼠标右键单击任何一种主题，可以作为选定幻灯片或所有幻灯片的主题，如图 12-23 所示。

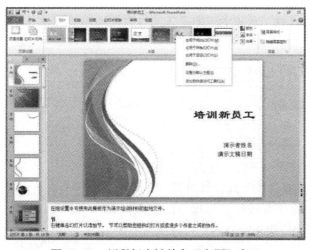

图 12-23 用鼠标右键单击"主题"窗口

### 12.3.2　应用幻灯片母版改变所有幻灯片外观

幻灯片母版适合于需要个性化模式的设计者，而且幻灯片母版可以将标题幻灯片区别于其他幻灯片，因为幻灯片母版都是由标题幻灯片母版和幻灯片母版搭配组成，标题母版只对版式为标题型的幻灯片生效。

要进行幻灯片母版设计，可以通过"视图"选项卡中的"母版视图"组中的"幻灯片母版"打开幻灯片母版视图，在其中完成幻灯片母版设计。具体方法如下：

☞ 切换到幻灯片母版视图，如图 12-24 所示。

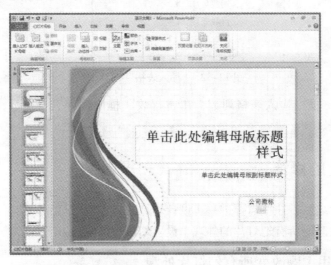

图 12-24　幻灯片母版视图

☞ 初始状态下窗口内已经有多张不同幻灯片母版，它可以提供用于创建不同的幻灯片。幻灯片母版的设计与普通幻灯片的设计相似，在此完成母版幻灯片的制作。

☞ 如果需要标题幻灯片与其他幻灯片具有不同风格，可以在幻灯片母版视图中选择一种幻灯片母版版式进行设置，方法是用鼠标单击要设置的幻灯片母版，在幻灯片母版编辑区完成标题母版的设计即可。

☞ 单击"幻灯片母版"选项卡中的"关闭母版视图"，返回幻灯片普通视图。

说明：标题母版幻灯片是依附于幻灯片母版的，一张幻灯片母版只能有一张标题母版。

### 12.3.3　设置幻灯片背景

幻灯片的背景可以通过设置背景样式实现，用户可根据自己的设计思想选择。具体操作步骤如下：

☞ 选定要设置背景的幻灯片。

☞ 单击"设计"选项卡下的"背景"组中的"背景样式"选项，打开"背景样式"库，如图 12-25 所示。

☞ 用鼠标右键单击"背景样式"库中的某个样式，可以将选定的背景样式应用于选定的幻灯片或所有的幻灯片。

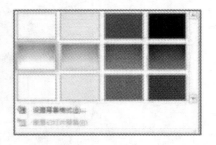

图 12-25　"背景样式"库

## 12.4 幻灯片的放映

设计演示文稿的目的是将设计结果展示在观众面前。一个成功的演示文稿不仅其构思要新颖，它的播放顺序及切换方式也尤为重要。

### 12.4.1 改变幻灯片的演示顺序

#### 1. 改变幻灯片的排列顺序

如果不特别设置，幻灯片的排列顺序就是演示顺序。在幻灯片浏览视图中可以清楚地看到每张幻灯片下面都标有序号（1、2、3、…），它表示幻灯片播放的顺序。如果要改变播放顺序，可以通过下列步骤操作：

☞ 切换到幻灯片浏览视图方式下。

☞ 在要移动的幻灯片上按下鼠标并拖动到目标位置。

☞ 在目标位置会出现一条竖线，表示幻灯片要出现的位置，如图 12-26 所示。

☞ 松开鼠标即可改变位置，如图 12-27 所示为将第 6 张幻灯片移到第 4 张幻灯片之后的效果。

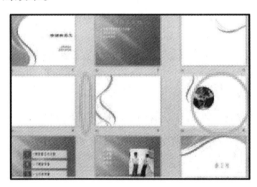

图 12-26　移动前

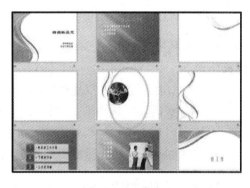

图 12-27　移动后

#### 2. 在幻灯片上添加动作按钮

多数情况下，幻灯片的播放是按幻灯片的排列顺序进行的，但是有时也需要在演示中改变这种自然顺序，或临时切换到某指定的幻灯片上。实现这些功能往往是通过在幻灯片上安放一些动作按钮来实现。

PowerPoint2010 中已经预先定义了一些动作按钮，用户只需从中选择使用即可，具体操作如下：

☞ 单击"插入"选项卡的"插图"组中的"形状"，打开一个下拉列表，在列表最下面的"动作按钮"形状中选择适当的动作按钮，如，上一张、第一张、开始、后退、结束等等。

☞ 在幻灯片的适当位置单击，打开动作设置对话框，如图 12-28 所示。

☞ 在对话框中完成相关的设置，如，链接的位置、同时行动的程序和播放的声音等。

设置后幻灯片上将出现如图12-29所示的动作按钮，幻灯片播放时单击动作按钮可以切换到指定幻灯片。

图12-28 设置动作按钮

图12-29 添加了动作按钮的幻灯片

### 3. 在幻灯片的对象上链接动作

如果要利用幻灯片上已有的对象来设置动作按钮，可以通过"动作设置"来完成，具体操作如下：

☞ 在幻灯片上选定要添加链接动作的对象。

☞ 单击"插入"选项卡下"链接"组中的"动作"，出现如图12-28所示的对话框。

☞ 选中"超链接到"单选按钮，并从其下的下拉列表中指定链接的目的地址。

☞ 完成其他相关设置后单击"确定"，退出设置。

## 12.4.2 切换幻灯片

切换幻灯片就是在演示文稿中从一张幻灯片更换到下一张幻灯片的操作。用户可以通过鼠标单击切换、定时切换和按排练时确定的间隔时间切换等三种方式来切换幻灯片。

### 1. 鼠标切换和定时切换幻灯片

操作方法如下：

☞ 打开演示文稿，切换到浏览视图方式下。

☞ 选定要设置切换效果的一张或多张幻灯片。

☞ 单击"切换"选项卡，打开如图12-30所示的"幻灯片切换"窗口。

☞ 在"声音"下拉列表框中可以选择一种换片时的声音效果。

☞ 在"持续时间"处设置换片持续的时间。

☞ 在"换片方式"下的复选框中完成单击鼠标时切换和定时切换：

● 鼠标切换：选定"单击鼠标时"复选框，则单击鼠标时便可切换幻灯片。

● 定时切换：选定"设置自动换片时间"复选框，然后在后面的数值框中输入时间间隔，则按指定间隔时间切换幻灯片。

☞ 单击"计时"中的"全部应用"，则应用到演示文稿中所有幻灯片上。

提示：设置了切换效果的幻灯片，左下角会出现标志，如图 12-30 所示，单击" "标志可以在"幻灯片浏览"视图中观看相应的幻灯片播放效果。

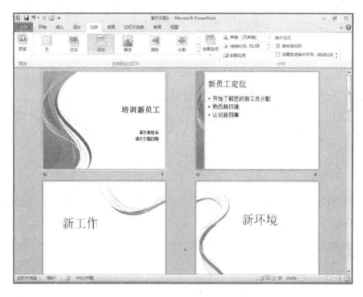

图 12-30 "幻灯片切换"窗口

### 2. 按排练时间确定幻灯片切换时间

通过播放幻灯片的排练，可以更好地确定幻灯片的切换时间。按排练播放幻灯片其本质是通过播放幻灯片的排练计时，并依据计时来设置幻灯片切换的间隔时间，所以它本质上也属于前面的定时切换。通过排练计时设定幻灯片的切换间隔时间的具体操作如下：

☞ 切换到幻灯片浏览视图，选择幻灯片。

☞ 单击"幻灯片放映"选项卡下"设置"组中的"排练计时"。

☞ 执行上述操作后，系统开始从第一张幻灯片开始放映，同时出现"录制"对话框，如图 12-31 所示。随着幻灯片的播放，"录制"对话框中的时间会改变

☞ 单击对话框上的"下一项"按钮 ➡，切换到下一张幻灯片，当所有幻灯片放映完成后，系统会弹出一个对话框，提示放映整个演示文稿所使用的时间，如图 12-32 所示。

图 12-31 "录制"对话框

图 12-32 提示放映时间

☞ 若按该排练时间放映，单击"是"按钮，否则单击"否"按钮，重新设置。

☞ 设置定时切换后，每个幻灯片下面会出现播放时间，提示用户播放幻灯片所需要的时间。

### 12.4.3　设置幻灯片的动画效果

幻灯片的切换定义了幻灯片的整体呈现方式。为了使幻灯片的呈现能够更具特色，并使其中各个对象能以不同方式呈现出来，以便更好地配合演讲，对幻灯片中的对象分别设置各具特色的呈现方式是必要的。幻灯片的动画定义，就是设置幻灯片中各类、各个对象在幻灯片播放时的呈现方式。

设置幻灯片中对象的动画效果。对于一些要求较高的演示任务，可以通过对幻灯片中的指定对象设置动画来达到更好效果。具体操作如下：

☞ 切换到幻灯片普通视图，选定要设计的幻灯片中对象，在"动画"选项卡下的"动画"组中选择一种动画效果，如图12-33所示，立即可以在视图中看到对象的动画效果。

☞ 单击"动画"组中的"效果"选项，可以设置当前所选动画的不同效果。

☞ 在图12-33所示的动画窗格中可以对同一个对象设置的多个动画进行详细设置，包括动画播放顺序的改变、动画开始方式的设置、动画持续时间以及动画延时等设置。

图12-33　动画设置窗口

#### 3.　放映幻灯片

幻灯片设置完成后，即可将其放映出来。具体操作步骤如下：

☞ 打开演示文稿。

☞ 执行下列操作方法之一：

● 单击"幻灯片放映"选项卡下的"开始放映幻灯片"组中的"从头开始"或"从当前幻灯片开始"。

● 单击状态栏右边区域的"幻灯片放映"按钮 。

● 按 F5 键。

执行上面操作方法后，打开幻灯片放映窗口，此时幻灯片将按设置播放。如图 12-34 所示为一张幻灯片的播放。

幻灯片放映完成后，在窗口上单击鼠标右键，打开一个快捷菜单，根据当前需要，选择"下一张"或"上一张"命令，继续放映幻灯片。

若想在放映过程中停止放映幻灯片，则在幻灯片上单击鼠标即可。

图 12-34　幻灯片放映窗口

### 12.4.4　录制旁白

在 PowerPoint 中可以录制旁白，然后将旁白插入到幻灯片中，播放幻灯片时，旁白提供解说词的功能。录制旁白的具体操作步骤如下：

☞ 打开演示文稿。

☞ 单击"幻灯片放映"选项卡下的"设置"组中的"录制幻灯片演示"，打开"录制幻灯片演示"对话框，如图 12-35 所示，其中显示有两个复选框，分别是"幻灯片和动画计时"以及"旁白和激光笔"选项。

☞ 当对话框中的两个复选框都选中后，单击"开始录制"按钮，进入幻灯片放映窗口，这时就可以录制旁白了，录制过程中，系统会记录录制的时间。

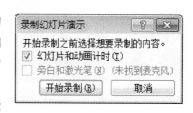

图 12-35　"录制幻灯片演示"对话框

☞ 录制完成后，关闭演示文稿，系统会询问是否保存录制时间，根据需要进行设置。

## 习　题　12

12.1　建立演示文稿的方法有哪几种？建好的幻灯片能否改变其版式？

12.2　PowerPoint 中的视图有哪几种？在什么视图中可以对幻灯片进行移动、复制、排序等操作？在什么视图中不能对幻灯片的内容进行编辑？

12.3　在幻灯片放映中，如果想放映已隐藏的幻灯片，该如何操作？

12.4　如何进行超级链接？代表超级链接的对象是否只能是文本？

12.5　如果要设置从一个幻灯片切换到另一个幻灯片的方式，应使用"幻灯片放映"中的什么命令？

12.6　请设计一个为入学新生介绍本校情况的幻灯片，其内容包括学校概况、学校发展规模、学校组织结构等。具体要求如下：

（1）在母版中放置学校校徽、校名及制作时间，并将上述主要内容设计为菜单，放置在母版中，使用户在每一个画面中都可以进行跳转操作。

（2）使用图片、图表、组织结构图等来表现幻灯片。

（3）设计定时自动放映。

（4）为每一张幻灯片设计切换动画。

# 第13章 综合应用

## 13.1 Word 2010 与 Excel 2010 之间的数据共享

Office 的一个最大优点是数据可以在多个应用程序之间共享，而且操作非常简单。一般有两种方法来实现：一种是通过剪贴板；另一种是使用对象的链接和嵌入技术。

### 13.1.1 使用剪贴板来实现数据共享

#### 1. 将 Excel 2010 中数据复制到 Word 2010 中

将 Excel 2010 中数据复制到 Word 2010 中的操作步骤如下：

☞ 在 Excel 2010 中选定要复制的表格，如图 13-1 所示。

☞ 选择“开始”选项卡，单击“剪贴板”组中“ -”（复制 Ctrl + C）按钮或单击鼠标右键，从弹出的快捷菜单中选择“复制”命令。

☞ 启动 Word 2010，打开要插入数据的文档，并将插入点移到目标位置。

☞ 选择“开始”选项卡，单击“剪贴板”组中“粘贴”按钮或单击鼠标右键，从弹出的快捷菜单中选择“粘贴”命令（或用粘贴 Ctrl + V），Excel 2010 中的工作表便复制到 Word 2010 中，如图 13-2 所示。

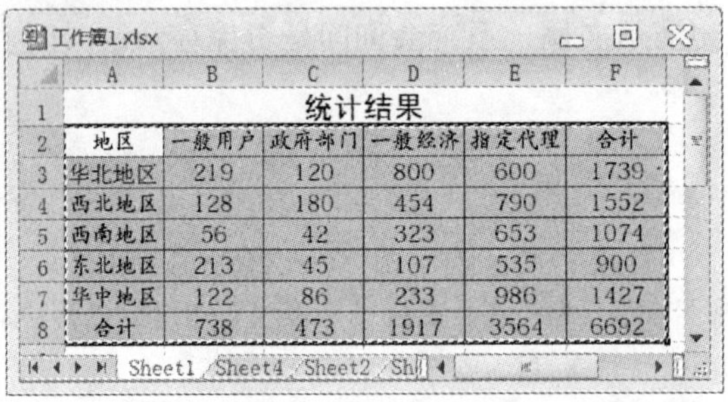


| 地区 | 一般用户 | 政府部门 | 一般经济 | 指定代理 | 合计 |
|---|---|---|---|---|---|
| 华北地区 | 219 | 120 | 800 | 600 | 1739 |
| 西北地区 | 128 | 180 | 454 | 790 | 1552 |
| 西南地区 | 56 | 42 | 323 | 653 | 1074 |
| 东北地区 | 213 | 45 | 107 | 535 | 900 |
| 华中地区 | 122 | 86 | 233 | 986 | 1427 |
| 合计 | 738 | 473 | 1917 | 3564 | 6692 |

图 13-1　选定要复制的 Excel 2010 工作表

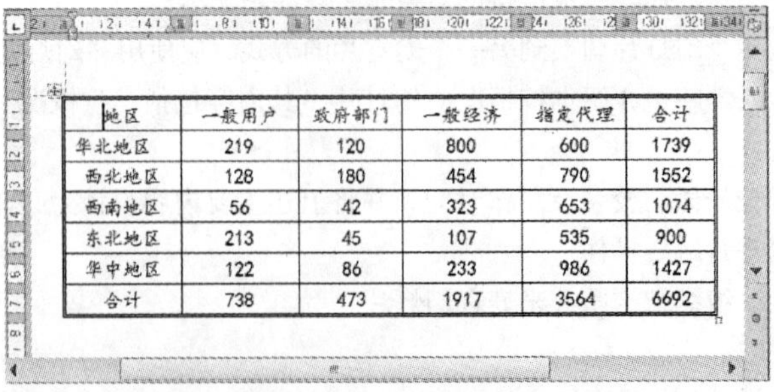

| 地区 | 一般用户 | 政府部门 | 一般经济 | 指定代理 | 合计 |
|---|---|---|---|---|---|
| 华北地区 | 219 | 120 | 800 | 600 | 1739 |
| 西北地区 | 128 | 180 | 454 | 790 | 1552 |
| 西南地区 | 56 | 42 | 323 | 653 | 1074 |
| 东北地区 | 213 | 45 | 107 | 535 | 900 |
| 华中地区 | 122 | 86 | 233 | 986 | 1427 |
| 合计 | 738 | 473 | 1917 | 3564 | 6692 |

图 13-2　插入到 Word 2010 中的表格

#### 2. 将 Word 2010 中数据复制到 Excel 2010 中

同样，Word 2010 中的表格也可复制到 Excel 2010 中，操作的方法与上述相似。

☞ 在 Word 2010 中选定要复制的表格，如图 13-3 所示，选择“开始”选项卡，单击“剪贴板”组中“”（复制）按钮。

五号
粘贴
剪贴板
字体
段落
样式
编辑
复制 (Ctrl+C)
复制所选内容，并将其放入剪贴板。
名称 电视大学 职工高校 管理干校 独立学院
电教设备 10478999 87133312 5199656 131787
图书资料 3741392 10000831 433653 9687
影像资料 3751234 1056344 2334899 3109844


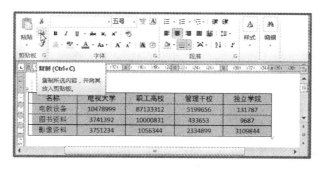

图 13-3　在 Word 2010 中选定要复制的表格

☞ 切换到 Excel 2010 中。

☞ 用鼠标单击“常用”工具栏中的“粘贴”按钮，Word 2010 中的表格便复制到 Excel 2010 中，如图 13-4 所示。

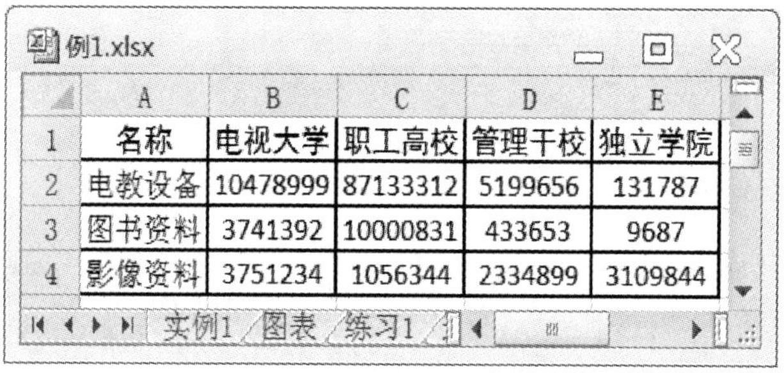

例1.xlsx
A B C D E
1 名称 电视大学 职工高校 管理干校 独立学院
2 电教设备 10478999 87133312 5199656 131787
3 图书资料 3741392 10000831 433653 9687
4 影像资料 3751234 1056344 2334899 3109844
实例1 图表 练习1


图 13-4　插入到 Excel 中的表格

提示：

（1）当我们将 Excel 2010 中的数据复制到 Word 2010 中时，在使用“剪贴板”组中的“ ▾”按钮时，可以看到右边有一个倒三角箭头，单击该箭头时会出现一个下拉菜单，有两个命令：复制、复制为图片。默认为复制方式，若选择“复制为图片”，则复制到其他应用程序时，被复制成图片格式，数据不可编辑。

（2）无论在 Word 2010 或 Excel 2010 中粘贴复制的对象时，系统允许用户对粘贴的内容在格式上有多种选择，如仅需要内容不需要格式、粘贴成纯文本、粘贴成图片等，可根据需要选择，系统默认的方式是原样照复。

### 13.1.2　将 Excel 2010 的表格以对象的方式粘贴到 Word 2010 文档中

在 Excel 2010 中的表格也可以使用“对象嵌入”的方式插入到 Word 2010 中。插入后，只要双击该表格，便可打开 Excel 2010 进行编辑，这样我们就可以在 Word 2010 中用 Excel 2010 来对插入的工作表进行各种编辑。具体的操作步骤如下：

☞ 在 Excel 2010 中选定要嵌入的工作表，如图 13-5 所示，选择"开始"选项卡，单击 "剪切板"组中"🖺 ▾"按钮。

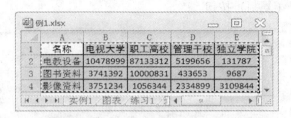

图 13-5　选定要插入的工作表

☞ 启动 Word 2010，打开要嵌入表格的文档，并将插入点移至要嵌入工作表处。

☞ 选择"开始"选项卡，单击"剪切板"组中"粘贴"按钮的下半部分（有倒三角箭头处），出现下拉菜单，选择"选择性粘贴"命令，弹出"选择性粘贴"对话框，如图 13-6 所示。

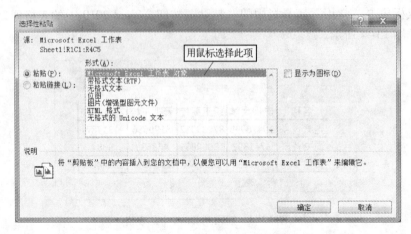

图 13-6　"选择性粘贴"对话框

☞ 从"形式"列表框中选择"Microsoft Excel 工作表对象"，单击"确定"按钮，Excel 表格便以对象嵌入的方式粘贴到 Word 中，如图 13-7 所示。当用鼠标单击该表格，可以看到表格周围有八个小方块，表明该部分是以对象的形式嵌入的。当用鼠标双击该表格时，便可在 Word 2010 中直接打开 Excel 2010，并能对表格进行编辑。编辑结束后在表格之外的空白处单击鼠标，便可返回到 Word 2010。

提示：若在对话框中选中"粘贴链接"单选项（参阅图 13-6），则工作表是以"链接"的形式粘贴到 Word 2010 中。当我们双击工作表时，会直接进入 Excel 2010，而不是在 Word 中打开 Excel。此外，当我们在 Excel 中对原工作表的内容进入修改后，嵌入的内容也会相应改变，这就是嵌入与链接的区别。

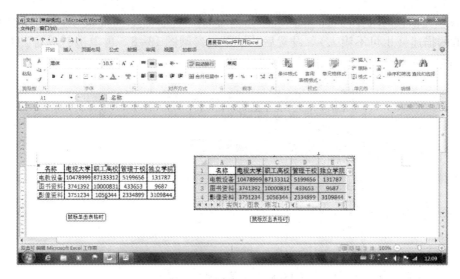

图 13-7　作为对象嵌入 Word 2010 后的表格

## 13. 2　宏

在 Office 中，为用户的操作提供了一个功能很强的宏语言。所谓宏，实际上是一个记录器，它能记录下用户所做的击键操作和鼠标单击操作，并保存下来，在需要时进行调用。因此当我们要在 Microsoft Excel 或 Word 中重复执行多个任务时，则可以录制一个宏来自动执行这些任务。

在 Word 2010 与 Excel 2010 中，都可以创建宏，且操作方法基本相同。下面以 Excel 2010 为例，说明创建、保存和调用宏的方法。首先要确定宏的功能，如为某个单元格设置一个复杂的格式；其次要为宏取一个名字和确定操作的快捷键，以便今后进行调用。例如，我们要在某一文件中创建一个宏，宏名为"ABC"，快捷键为 Ctrl + Shift + Z，其功能是将选定的单元格设置为：字体为华文楷体、10 号，下划线，并设置填充色为茶色、背景 2、深色 25%。下面介绍具体操作步骤。

### 13. 2. 1　创建宏

☞ 创建宏的准备工作。首先确保"开发工具"选项卡在功能区中，如果不在，请选择"文件"选项卡，从菜单中选择"选项"命令，出现"Excel 选项"对话框，选择"自定义功能区"列表项，在"自定义功能区"下的"主选项卡"组合列表框中，选中"开发工具"复选框后，单击"确定"按钮，"开发工具"选项卡便加载到主功能区。

☞ 打开"录制宏"对话框。选择"开发工具"选项卡，单击"代码"组中"录制宏"按钮，出现"录制新宏"对话框，如图 13-8 所示。

☞ 设置新宏。在宏名文本框中，输入"ABC"（系统默认的宏名为"宏 + 序号"。需要说明的是，当我们给宏命名时，要遵循以下原则：以字母或汉字开始，名字中可包含字母、数字或下划线，不能含有空格或标点符号，名字最多不超过 255 个字符）；在快捷键的文本框中，同时按下"Shift + Z"键（注意 Ctrl 键不需按），设置调用宏的快捷键为"Ctrl + Shift

+Z"；在保存位置的组合列表框中，选择"当前工作簿"；在宏的说明文本框中，可输入有关宏功能的描述（也可不输入）。设置后的结果请参阅图13-8。再单击"确定"按钮，此时"录制宏"按钮变成"停止录制"按钮。

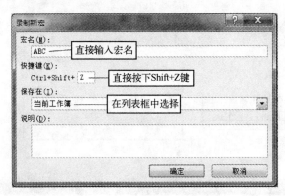

图13-8 "录制新宏"对话框

☞ 录制宏。现在我们可以在工作表中选中单元格，开始按照要求对单元格进行设置，系统会将所有的操作过程记录下来，保存在宏中。选中某一单元格，执行所要进行的设置：将选定的单元格字体字号设置为"华文楷体，10号"，并添加下划线，将填充色设置为"茶色，背景2，深色25%"，设置的结果如图13-9所示。

| | A | B | C | D | E | F |
|---|---|---|---|---|---|---|
| 1 | | | 设置了字体、下划线和底纹的单元格 | | | |
| 2 | 地区 | 一般用户 | 政府部门 | 一般经济 | 指定代理 | 合计 |
| 3 | 华北地区 | 219.00 | 120.00 | 800.00 | 600.00 | 1739.00 |
| 4 | 西北地区 | 128.00 | 180.00 | 454.00 | 790.00 | 1552.00 |
| 5 | 西南地区 | 56.00 | 42.00 | 323.00 | 653.00 | 1074.00 |
| 6 | 东北地区 | 213.00 | 45.00 | 107.00 | 535.00 | 900.00 |
| 7 | 华中地区 | 122.00 | 86.00 | 233.00 | 986.00 | 1427.00 |
| 8 | 合计 | 738.00 | 473.00 | 1917.00 | 3564.00 | 6692.00 |

图13-9 记录宏

☞ 结束录制宏。对单元格设置完成后，选择"开发工具"选项卡，单击"代码"组中"停止记录"按钮，对该单元格所有的操作过程都保存在一个名为"ABC"的宏中。

## 13.2.2 运行宏

要运行定义的宏，按下述步骤进行：

☞ 选定目标单元格。

☞ 选择"开发工具"选项卡，单击"代码"中的"宏"按钮，出现"宏"对话框，如图11-10所示，从对话框中选中刚定义的宏名字"ABC"，再单击"执行"按钮即可运行定义的宏。当然，我们也可以直接按下"Ctrl + Shift + Z"来执行宏（创建好的宏可以反复调用，这样便简化了操作，加快了编辑的速度）。

☞ 要删除定义的宏。在"宏"对话框中，选中要删除的宏，单击"删除"按钮即可（参阅图 13-10）。

提示：

（1）在 Word 2010 中创建宏的方法与之相似。

（2）宏可自动执行经常使用的任务，从而节省键击和鼠标操作的时间。由于有许多宏是使用 Visual Basic for Applications（VBA）创建的，并由软件开发人员负责编写，但是某些宏可能会引发潜在的安全风险。具有恶意企图的人员（也称为黑客）可以在文件中引入破坏性的宏，从而在您的计算机或网络中传播病毒，所以当应用程序打开带有宏的文件时，会出现安全警告提示，询问用户是否启用"宏"，如图 13-11 所示。只有单击"启用内容"按钮后，宏才能被加载。

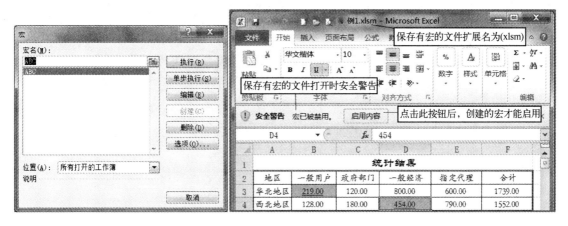

图 13-10 "宏"对话框          图 13-11 打开带有宏的 Excel 2010 工作簿

## 13.3 表格与文本的相互转换

文字与表格之间的相互转换，这是 Office 的又一特色，它主要是在 Word 中使用。

### 13.3.1 将文字转换成表格

在将文字转换成表格前，应先在文字之间添加分隔符，以便在转换时将文字依次放在不同的单元格中。Word 2010 的分隔符有：段落标记、制表符、逗号、空格或其他自定义的符号。

要将文字转换成表格，首先输入文本，输入时，要用上述的分隔符进行分隔，如图 13-12 所示。操作步骤如下：

☞ 选定要转换成表格的文字。

☞ 选择"插入"选项卡，单击"表格"组中"表格"按钮，出现下拉菜单，选择" 文本转换成表格（V）…"命令，出现如图 13-13 所示对话框。

☞ 此时，Word 已经判断出该文字区域中有几行几列，文字之间的分隔符是什么，参阅图 13-13。如果认为系统判断的不符合要求，可以重新设置，再单击"确定"按钮，即可将文字转换成表格，如图 13-14 所示。

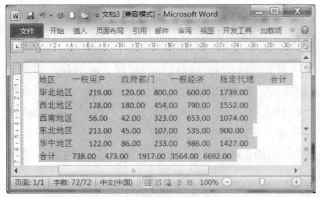

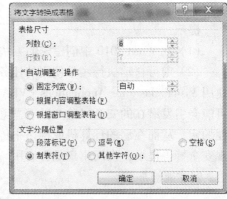

图 13-12 选定需要转换为表格的文字    图 13-13 "将文字转换成表格"对话框

图 13-14 将文字转换成表格后的结果

### 13.3.2 将表格转换成文本

在 Word 2010 中，同样可以将表格转换成文本，转换的步骤如下。

☞ 选定要转换成文本的表格，此时在主功能区中会增加一个"表格工具"选项卡，其内包含"设计"和"布局"两个选项卡。

☞ 选择"布局"选项卡，单击"数据"组中"  转换为文本"按钮，弹出"表格转换成文本"对话框，如图 13-15 所示。

☞ 在对话框中，确定表格之间的分隔符后（系统会自动进行判断），单击"确定"按钮，便完成了将表格转换成字符。

图 13-15 "表格转换成文本"对话框

## 13.4　邮件合并

在工作中，可能会遇到编辑一些内容基本相同的如信封、标签、电子邮件、通知书、请柬等函件给不同的人或单位。在这些函件当中，除了少量的内容不同之外，其余的内容都是相同的。如果每份都单独建立，这样工作效率就太低了。在 Word 2010 的主功能区中，专门有一个"邮件"选项卡，有五个组，分别是"创建"、"开始邮件合并"、"编写和插入域"、"预览结果"和"完成"，依次执行"邮件"选项卡提供的功能，便可以完成邮件合并操作。

下面我们以创建一个如图 13-16 所示的学期教师任课通知书为例，说明邮件合并功能的使用方法。

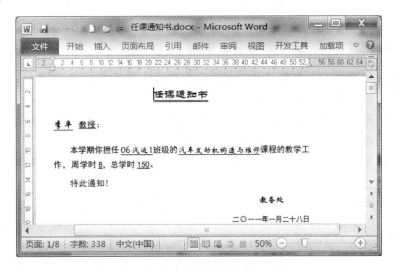

图 13-16　创建邮件合并的示例

#### 1. 创建主文档

主文档是邮件中相同的内容，此文档最好在邮件合并之前创建好。此文档可利用当前窗口创建，也可另外新建。当然，如果主文档是信封、标签，可选择"邮件"选项卡，单击"创建"组中"中文信封"、"信封"或"标签"按钮，利用系统提供的模板来创建。本例中，我们要创建的是任课通知书，没有固定的格式，只能在 Word 2010 中创建。在创建主文档时，将相同的内容输入，并排好版，不同内容的位置空着。创建好的主文档如图 13-17 所示。

#### 2. 选择主文档类型

选择"邮件"选项卡，单击"开始邮件合并"组中"开始邮件合并"按钮，出现下拉菜单，列出主文档的类型供用户选择，如图 13-18 所示。这里我们选择"普通 Word 文档"命令。

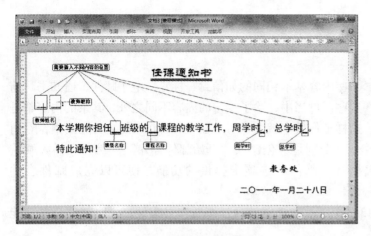

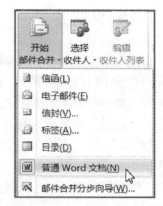

图 13-17　创建的主文档　　　　　　　　图 13-18　"开始邮件合并"菜单

### 3. 选择收件人

选择"邮件"选项卡，单击"开始邮件合并"组中"选择收件人"按钮，出现下拉菜单，选择"键入新列表"命令，弹出"新建地址列表"对话框，如图 13-19 所示。在此对话框中，系统按照收件人信息的格式给出了一个联系人列表，如果直接使用系统提供的格式，可直接在列表框中输入相关的信息，若不止一条信息，可单击"新建条目"来增加联系人的信息。如果不满意系统提供的联系人信息的格式，可单击"自定义列"按钮，出现"自定义地址列表"对话框，如图 13-20 所示。这里，可以全部删除地址列表，重新输入需要的地址名，当然也可以直接在原来的地址列表中进行修改。由于我们需要插入的内容是：姓名、职称、班级名称、课程名称、周学时和总学时这几个字段，因此可以在原来地址列表的基础上进行修改即可，修改完成后单击"确定"按钮，返回"新建地址列表"对话框中，我们可以在对话框中输入任课教师的相关信息，如图 13-21 所示。单击"确定"按钮，此时系统提示要保存输入的通讯录名单，选择好保存的位置和文件名，系统将联系人名单保存在一个 Access 的数据库中。

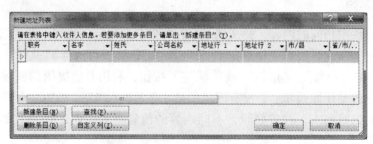

图 13-19　"新建地址列表"对话框

### 4. 编辑收件人列表

在完成了对收件人的列表输入后，可以看到"编辑收件人列表"按钮可用，单击此按钮，出现"邮件合并收件人"对话框，如图 13-22 所示。在该对话框中列出了所有的联系人，供用户选择哪些联系人将作为收件人，可以通过选择联系人前面的复选框来决定，选择后，单击"确定"按钮。

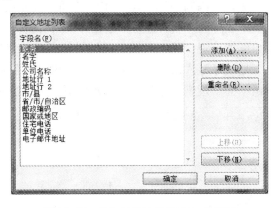

图 13-20 "自定义地址列表"对话框

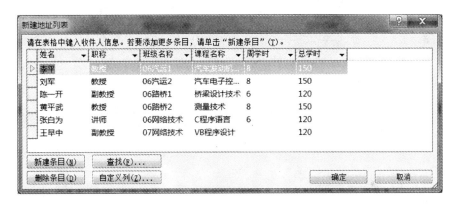

图 13-21 在"新建地址列表"对话框中输入数据

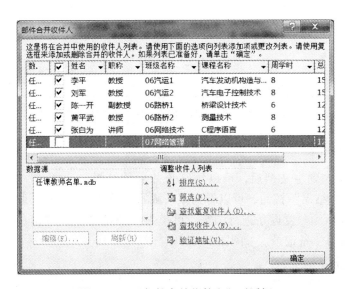

图 13-22 "邮件合并收件人"对话框

## 5. 插入合并域

选择"邮件"选项卡，单击"编写与插入域"组中"插入合并域"按钮，出现"插入合并域"对话框，如图 13-23 所示。选择插入源为"数据库域"，再将域列表框中的字段逐一插入到主文档中。为了使通知更加美观，可以对插入的域进行必要的修饰，如姓名的字体选为"行楷"，所有的域都加上下划线等等，如图 13-24 所示。如果对联系人还要进行必要的筛选，可单击"编写和插入域"组中的"规则"按钮，从出现的下拉菜单中选择需要设置的条件。

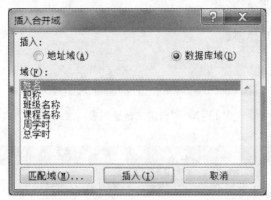

图 13-23　"插入合并域"对话框

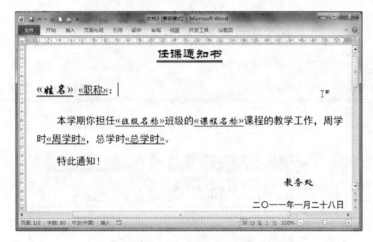

图 13-24　在主文档中插入合并域后的情况

## 6. 邮件合并的结果

将所有的域插入到主文档后，可以预览合并后的结果。选择"邮件"选项卡，单击"结果"组中"预览结果"按钮，可以看到原来域的位置已经被第一个联系人的相关信息替换了，如图 13-25 所示。要逐条进行浏览，可单击"浏览结果"按钮右边的向后、向前显示按钮，逐条预览每一条记录。参阅图 13-25。

## 7. 完成并合并

经过预览后，如果生成的邮件没有问题，就可以真正合并输出了。选择"邮件"选项卡，单击"完成"组中"完成并合并"按钮，出现下拉菜单，有三个选项："编辑单个文档"、"打印输出"和"发送电子邮件"，可以选择"编辑单个文档"命令，出现"合并到新文档"对话框，如图 13-26 所示。在合并记录中，可以选择全部记录、当前记录或是指定从某一记录开始到某一记录为止的记录范围。选择好后，单击"确定"按钮，则生成一个新的文档。如果我们选择的"合并记录"是全部记录，则新生成的文档包含全部联系人的邮件，每个邮件单独一页，如图 13-27 所示。

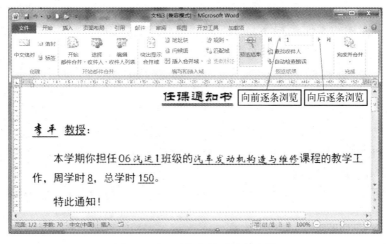

图 13-25　预览合并后的主文档

图 13-26　"合并到新文档"对话框

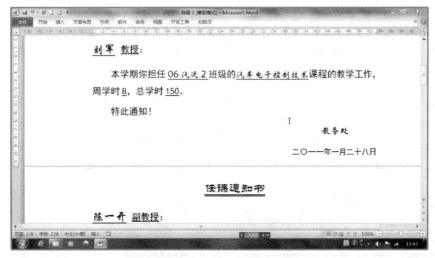

图 13-27　插入合并域后的效果

提示：

（1）在键入邮件收件人信息时，如果不能一次全部录入所有联系人的记录，可分次录入。要再次录入记录，可选择"邮件"选项卡，单击"开始邮件合并"组中"编辑收件人列表"按钮，出现"邮件合并收件人"对话框，参见图13-22。在"数据源"列表中选择数据库名称后，单击"编辑"按钮，会再次进入"编辑数据源"对话框，参见图13-21，在此对话框中，可以增加、修改联系人记录。

（2）如果对上述的操作过程不是很熟悉，可直接从"开始邮件合并"的下拉菜单中，选择"邮件合并分步向导"命令来创建。

## 习 题 13

13.1　数据共享。在 Word 2010 中建立一个新文档，将"Excel"工作簿中的"函数"工作表中的表格分别以"粘贴"和"选择性粘贴"两种形式复制到新建的 Word 2010 中，其中"选择性粘贴"以"对象"的形式粘贴。并保存好新建的文件中。

13.2　文本转换成表格。按给定的样文输入，分隔符为"Tab"键，输入后，将其转换成表格；

"样文"

| 订阅单位 | 订阅者姓名 |
| 单位地址 | 邮政编码 |
| 电话 | E-mail |
| 杂志名称 | 份数 |
| 单价 | 合计 |

"结果"

| 订阅单位 | | 订阅者姓名 | |
|---|---|---|---|
| 单位地址 | | 邮政编码 | |
| 电话 | | E-mail | |
| 杂志名称 | | 份数 | |
| 单价 | | 合计 | |

13.3　表格转换成文字。将从"Excel"文件中通过复制过来的表格转换成文字。

13.4　录制宏。在该文档中创建一个宏名为"M1"，并保存在该文档中。使用 Alt + Shift + Z 快捷键，其功能是将选定的内容设置成楷体小三号。

13.5　邮件合并。

（1）建立如下表所示的主文档。

**基本情况表**

| 姓名 | 性别 | 学历 | 部门 | 基本工资 |
|---|---|---|---|---|
| | | | | |

（2）按照文档的内容自建数据源，并输入相关的内容。

（3）将数据源中的有关内容插入到相应的位置。

**基本情况表**

| 姓名 | 性别 | 学历 | 部门 | 基本工资 |
|---|---|---|---|---|
| 《姓名》 | 《性别》 | 《学历》 | 《部门》 | 《工资》 |

（4）主文档与自建的数据源进行邮件合并，并保存合并后的结果。

**基本情况表**

| 姓名 | 性别 | 学历 | 部门 | 基本工资 |
|------|------|------|------|----------|
| 沈一华 | 男 | 中专 | 财务处 | 1200.00 |

**基本情况表**

| 姓名 | 性别 | 学历 | 部门 | 基本工资 |
|------|------|------|------|----------|
| 刘国丽 | 女 | 大学 | 财务处 | 1600.00 |

**基本情况表**

| 姓名 | 性别 | 学历 | 部门 | 基本工资 |
|------|------|------|------|----------|
| 王梅萍 | 男 | 专科 | 工会 | 1400.00 |

**基本情况表**

| 姓名 | 性别 | 学历 | 部门 | 基本工资 |
|------|------|------|------|----------|
| 张芳 | 女 | 大学 | 工会 | 1000.00 |

**基本情况表**

| 姓名 | 性别 | 学历 | 部门 | 基本工资 |
|------|------|------|------|----------|
| 杨一帆 | 女 | 中专 | 行办 | 1000.00 |

**基本情况表**

| 姓名 | 性别 | 学历 | 部门 | 基本工资 |
|------|------|------|------|----------|
| 高浩 | 男 | 专科 | 行办 | 1200.00 |

# 《新编计算机应用基础教程（第4版）》读者意见反馈表

尊敬的读者：

感谢您购买本书。为了能为您提供更优秀的教材，请您抽出宝贵的时间，将您的意见以下表的方式（可从 http://www.huaxin.edu.cn 下载本调查表）及时告知我们，以改进我们的服务。对采用您的意见进行修订的教材，我们将在该书的前言中进行说明并赠送您样书。

姓名：＿＿＿＿＿＿＿＿＿＿＿　　电话：＿＿＿＿＿＿＿＿＿＿＿＿＿＿＿

职业：＿＿＿＿＿＿＿＿＿＿＿　　E-mail：＿＿＿＿＿＿＿＿＿＿＿＿＿＿

邮编：＿＿＿＿＿＿＿＿＿＿＿　　通信地址：＿＿＿＿＿＿＿＿＿＿＿＿＿

1. 您对本书的总体看法是：

　□很满意　　□比较满意　　□尚可　　□不太满意　　□不满意

2. 您对本书的结构（章节）：□满意　□不满意　改进意见＿＿＿＿＿＿＿＿＿

＿＿＿＿＿＿＿＿＿＿＿＿＿＿＿＿＿＿＿＿＿＿＿＿＿＿＿＿＿＿＿＿＿＿＿＿

3. 您对本书的例题：　　□满意　□不满意　改进意见＿＿＿＿＿＿＿＿＿

＿＿＿＿＿＿＿＿＿＿＿＿＿＿＿＿＿＿＿＿＿＿＿＿＿＿＿＿＿＿＿＿＿＿＿＿

4. 您对本书的习题：　　□满意　□不满意　改进意见＿＿＿＿＿＿＿＿＿

＿＿＿＿＿＿＿＿＿＿＿＿＿＿＿＿＿＿＿＿＿＿＿＿＿＿＿＿＿＿＿＿＿＿＿＿

5. 您对本书的实训：　　□满意　□不满意　改进意见＿＿＿＿＿＿＿＿＿

＿＿＿＿＿＿＿＿＿＿＿＿＿＿＿＿＿＿＿＿＿＿＿＿＿＿＿＿＿＿＿＿＿＿＿＿

6. 您对本书其他的改进意见：

＿＿＿＿＿＿＿＿＿＿＿＿＿＿＿＿＿＿＿＿＿＿＿＿＿＿＿＿＿＿＿＿＿＿＿＿

＿＿＿＿＿＿＿＿＿＿＿＿＿＿＿＿＿＿＿＿＿＿＿＿＿＿＿＿＿＿＿＿＿＿＿＿

7. 您感兴趣或希望增加的教材选题是：

＿＿＿＿＿＿＿＿＿＿＿＿＿＿＿＿＿＿＿＿＿＿＿＿＿＿＿＿＿＿＿＿＿＿＿＿

＿＿＿＿＿＿＿＿＿＿＿＿＿＿＿＿＿＿＿＿＿＿＿＿＿＿＿＿＿＿＿＿＿＿＿＿

请寄：100036　北京市海淀区万寿路 173 信箱职业教育分社　陈晓明　收

电话：010－88254575　　E-mail：chxm@phei.com.cn